普通高等学校机械基础课程规划教材

机械原理课程设计

主　编　汪建晓　孙传琼

副主编　王良文　邓援超　纪莲清

参　编　任爱华　左惟炜　王祖辰

华中科技大学出版社

中国·武汉

内 容 简 介

本书是为了满足普通高等学校机械原理课程设计教学的需要，由五所院校富有教学经验的任课教师联合编写而成的。

本书较为全面地介绍了机械原理课程设计的内容、方法、步骤和要求，并给出了示例；精选了设计题目与方案提示；较为全面地提供了常用的设计资料。

全书共分为两篇，其中第1篇为机械原理课程设计指导，包括机械原理课程设计概述、执行机构系统的运动方案设计、原动机的选择与机械传动系统的方案设计、机构的设计与分析、设计方案的评价与设计示例、机械原理课程设计题目与指导共6章内容；第2篇为设计资料汇编，包括常用字符、数据与一般标准，常用机构简介，常用机械传动设计简介共3章内容。

本书可作为普通高等学校机械类专业本科学生的教材，也可供其他专业师生和工程技术人员参考。

图书在版编目(CIP)数据

机械原理课程设计/汪建晓　孙传琼　主编.—武汉：华中科技大学出版社，2013.2(2024.1重印)
ISBN 978-7-5609-8472-8

Ⅰ.机…　Ⅱ.①汪…　②孙…　Ⅲ.机构学-课程设计-高等学校-教材　Ⅳ.TH111-41

中国版本图书馆CIP数据核字(2012)第257802号

机械原理课程设计　　汪建晓　孙传琼　主编

策划编辑：万亚军
责任编辑：吴继根
封面设计：刘　卉
责任校对：祝　菲
责任监印：张正林
出版发行：华中科技大学出版社(中国·武汉)　　电话：(027)81321913
武汉市东湖新技术开发区华工科技园　　邮编：430223
录　　排：武汉楚海文化传播有限公司
印　　刷：广东虎彩云印刷有限公司
开　　本：787mm×1092mm　1/16
印　　张：11.75
字　　数：297千字
版　　次：2024年1月第1版第8次印刷
定　　价：38.00元

前　言

为了满足普通高等学校机械原理课程设计教学的需要，在不断总结教学实践经验的基础上，佛山科学技术学院、湖北汽车工业学院、郑州轻工业学院、湖北工业大学和昆明学院五所院校的任课教师联合编写了本教材。

机械原理课程设计的主要目的，是在完成机械原理课程教学之后，为学生提供一个较为完整的从事机械运动方案设计与机构设计的机会，从而加深学生对机械原理课程教学内容的理解，培养学生的创新意识和机械设计的初步能力。教育部高等学校机械基础课程教学指导分委员会于2009年12月发布的《高等学校机械原理教学基本要求》中对机械原理课程设计提出的要求是："按照一个简单机械系统的功能要求，综合运用所学知识，拟定机械系统的运动方案，并对其中的某些机构进行分析和设计。"按照这一要求，本书较为全面地介绍了机械原理课程设计的内容、方法、步骤和要求，并给出了示例；精选了设计题目与方案提示；较为全面地提供了常用的设计资料。

本书内容涉及机械原理课程设计的各方面知识，在教材体系上力求完整，在内容上尽量精简，在教材体系和内容上都有一定创新。在第6章中精选了参编院校在教学中使用的12个题目。其中前10个题目可在1～2周内完成，最后两个题目（标有*者）具有较大难度，时间可适当延长，或选择其中部分内容作为设计任务，也可作为一些专业课（如自动机械设计）课程设计的题目。

参加本书编写工作的有：佛山科学技术学院汪建晓（第1、5、7章，第6章6.1～6.4，第8章8.1、8.2），湖北汽车工业学院孙传琼（第2、10章，第6章6.5～6.7）和任爱华（第4章4.2.1，第6章6.8，第8章8.5、8.6），郑州轻工业学院王良文（第3章，第6章6.10～6.12）和纪莲清（第6章6.9，第9章），湖北工业大学邓援超（第4章4.1.1，第8章8.7～8.10）和左惟炜（第4章4.1.2、4.2.2、4.3、4.4，附录），昆明学院王祖辰（第8章8.3、8.4）。本书由汪建晓和孙传琼任主编，王良文、邓援超和纪莲清任副主编，由汪建晓负责全书统稿工作。

在本书编写过程中，编者参阅了大量的同类教材、技术标准和文献资料等，在此对其编著者表示衷心的感谢！由于编者水平所限，书中难免存在不当及错漏之处，敬请使用本书的广大师生和其他读者指正。

编　者

2012年6月

目　　录

第1篇　机械原理课程设计指导

第2篇 设计资料汇编

第1篇　机械原理课程设计指导

第1章　概　　述

1.1　机械原理课程设计的目的与任务

1.1.1　机械原理课程设计的目的

机械原理课程设计是机械类各专业学生在学完机械原理课程后进行的一个重要的实践性教学环节。通过机械原理课程设计，学生将得到一次较完整的设计方法的基本训练，可以达到以下目的。

(1)综合运用所学的知识，分析和解决与机械原理课程有关的工程实际问题，使学生更好地掌握和加深理解机械原理课程的基本理论和方法，培养学生分析问题、解决问题的能力。

(2)使学生得到机械运动方案设计的完整训练，使其具有初步的机构选型、组合以及确定传动方案的能力，培养学生的创新意识和创新机械产品的能力。

(3)使学生对机构运动学和动力学的分析与设计有一个完整的概念。

(4)进一步提高学生查阅技术资料、设计计算与分析、绘制工程图、编制说明书和应用计算机等能力。

1.1.2　机械原理课程设计的任务

教育部高等学校机械基础课程教学指导分委员会2009年12月发布的《高等学校机械原理教学基本要求》中对机械原理课程设计提出的要求是："按照一个简单机械系统的功能要求，综合运用所学知识，拟定机械系统的运动方案，并对其中的某些机构进行分析和设计。"按照这一要求，机械原理课程设计的任务主要是以下两方面。

1. 机械系统运动方案设计

(1)根据机械的功能要求，进行机构选型与组合。

(2)拟定几种机械系统运动方案，并对各方案进行对比与选择，确定机械系统运动方案。

(3)制订机构运动循环图。

2. 机构设计与分析

(1)对方案中的某些机构(如连杆机构、凸轮机构等)进行尺度设计。

(2)对选定方案中的某些机构进行运动分析。

(3)进行机械动力分析与设计，如机构的动态静力分析、飞轮设计等。

1.2　机械原理课程设计的内容、步骤与注意事项

1.2.1　机械原理课程设计的内容

典型的机械原理课程设计主要包括以下几部分内容。

1. 机械功能原理方案的设计

根据给定简单机械的工作(功能)要求，采用有关的工作原理，设计和构思工艺动作过程，这就是功能原理方案的设计。值得指出的是，一个好的功能原理方案是创造新机械的出发点和归宿。

2. 机械运动方案的设计

机械运动方案通常用机械运动示意图来表示。先根据功能原理方案中提出的工艺动作过程及各个工艺动作的运动规律要求，选择相应的若干执行机构，并选择原动机和传动机构，然后按一定的顺序把它们组合起来，便形成了机械运动示意图。这个机械系统应能合理、可靠地完成所要求的工艺动作。机械运动示意图中所画出的机构结构形式和机构相互连接方式等是进行机械运动简图尺度设计的依据。

对于有多个执行构件的机械系统，应选择定标件，并根据工艺动作要求拟定机械运动循环图，保证各机构运动的协调配合。

3. 机构的尺度综合

将机械运动方案中的各个执行机构和传动机构，根据工艺动作运动规律和运动循环图的要求进行尺度综合。各机构的运动尺寸都要通过分析、计算加以确定，如有高副机构(如凸轮机构等)还应确定高副的形状。当各机构的尺寸都确定后，就可按比例绘制机械运动简图。当然，在学生尚未学习机械设计课程时，对传动机构的尺度综合只是初步的，部分参数可由指导教师指定。

4. 机构的运动分析与动力设计

在进行机构尺度综合时，应该同时考虑其运动条件和动力条件，否则不利于设计性能良好的机械。因此，设计中常需进行机构运动分析、力分析、动力设计等。

机械原理课程设计的内容应根据课程设计的时间和题目的要求而定，可能包含上述内容的全部或若干部分。课程设计的时间一般不应少于1.5周。课程设计的题目，可根据各校的具体情况及不同专业(方向)的需要由教师选定，也可由学生自选。为了保证课程设计的基本内容以及一定程度的综合性和完整性，课程设计的选题应注意以下几方面。

(1)一般应包括三种机构——凸轮机构、连杆机构和齿轮机构的分析与综合。

(2)应具有多个执行机构的运动配合关系，即包括机械运动循环图的设计。

(3)应包括运动方案的选择与比较。

1.2.2　机械原理课程设计的步骤与注意事项

1. 机械原理课程设计的步骤

(1)充分理解课程设计任务书中所规定的设计任务，弄清设计对象的工作(功能)要求。

(2)根据设计任务，认真阅读课程设计指导资料或查阅有关书刊文献，有条件时可到相关工厂参观同类机器的工作情况。

(3)根据给定机械的工作要求，确定机械中各执行构件应完成的运动及其限制条件，并将其分解为若干基本动作。合理选择能完成基本动作的机构类型，并进行恰当的组合，初步拟定多个机械系统(包括原动机、传动系统和执行机构系统)的运动方案。

(4)分组讨论机械系统运动方案，对所提出的各种方案进行对比分析，找出其优缺点并提出改进意见，最后确定机械系统运动方案，绘制机械运动示意图。

(5)当设计方案有多个执行构件且各执行构件间有运动协调关系时，需拟定机械运动循环图，以保证各执行构件的运动相互协调而不产生干涉。

(6)确定各基本机构的运动学尺寸，并进行运动分析、机械动力分析与设计(如机构动态静力分析、飞轮设计、原动机功率计算等)，以获得良好的运动学或动力学特性。

(7)按比例绘制机械系统和其中部分机构的运动简图，标注必要的运动学尺寸，并绘制运动线图、受力分析图等。

(8)编写设计说明书，准备答辩。

2. 机械原理课程设计的注意事项

在设计过程中应注意以下事项。

(1)学生应在认真思考的基础上积极参与方案讨论，提出自己的见解，而不是简单地向指导教师索取答案。

(2)充分发挥自己的创造性，而不是简单地抄袭或没有根据地臆造。

(3)精心构思和绘图，培养严谨的工作作风。

(4)平时注意收集设计中的计算资料及设计中对有关问题思考的结论、解决的方法，以备编写设计说明书时参考。

1.3　机械原理课程设计的技术文件

机械原理课程设计完成后应提交的技术文件包括设计图样和设计说明书。

1.3.1　设计图样

设计图样是课程设计成果的主要表达形式。设计图样要达到题目规定的要求，一般应完成2～3张设计图样，包括机械系统和其中部分机构的运动简图、机构运动线图、机构受力分析图等。图1-1所示为机械系统运动方案的图样布局。该图样包括整个机械系统的运动简图、机械运动循环图、主要执行构件的运动线图以及机械的主要设计参数表等内容。图1-2所示为凸轮机构设计的图样布局。该图样包括凸轮机构运动简图、推杆位移线图、凸轮轮廓曲线以及凸轮的主要参数等内容。

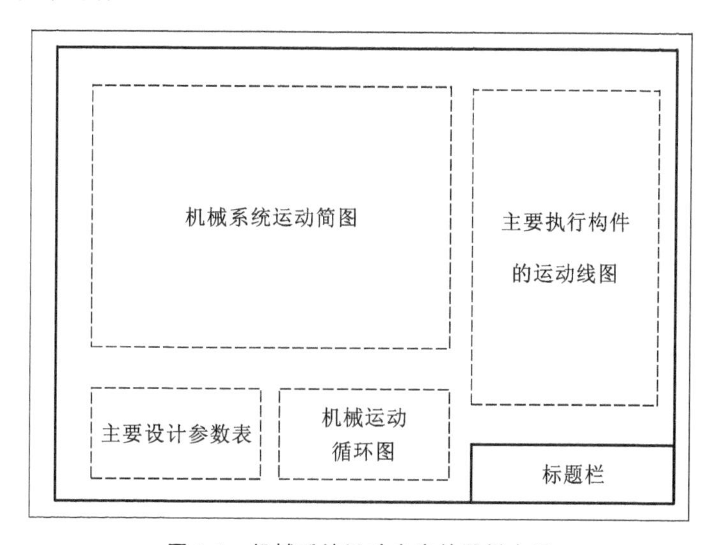

图1-1　机械系统运动方案的图样布局

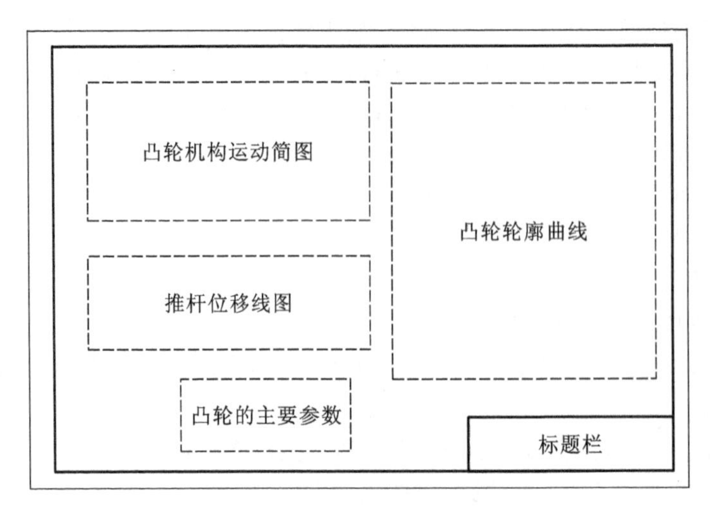

图 1-2 凸轮机构设计的图样布局

对设计图样的基本要求如下。

(1)作图准确,布图均匀,图面整洁,标注齐全。

(2)图纸规格、图样线型、运动副的符号、尺寸标注和文字说明等均应符合现行机械制图国家标准。

(3)作图辅助线可保留,但必须细而浅,以突出主要线条。

1.3.2 设计说明书

设计说明书是整个设计计算过程的整理和总结,同时也是审核设计结果的主要技术依据。设计说明书的内容依不同的设计题目而定,其内容大致包括以下几个部分。

1. 设计题目(或设计任务书)

2. 机械的功能和设计要求

简要介绍机械的功能、规定的动作,并列出具体设计要求和原始数据等。

3. 执行机构系统的运动方案设计

(1)列出能实现规定运动要求的几种机构组合方案,画出机构运动示意图,并简要说明其特点和性能。

(2)分析比较上述各方案的优缺点,确定运动方案,并说明理由。

(3)拟定机械运动循环图,并作简要说明。

4. 原动机的选择与机械传动系统的方案设计

选择原动机和机械传动系统的形式,计算总传动比,并进行传动比分配。

5. 机械传动系统和执行机构的设计与分析

1)机械传动系统的初步设计

初步确定各级机械传动的主要参数,写出其计算公式及计算结果。

2)平面连杆机构设计

推导平面连杆机构的设计计算公式,确定其主要设计参数。

3)凸轮机构设计

确定凸轮机构的主要设计参数,说明凸轮从动件运动规律选定的理由及过程。

4)机构的运动学、动力学分析与设计

推导机构运动分析、动态静力分析的方程式,计算飞轮转动惯量等。

用解析法进行上述设计与分析时,需列出设计计算公式、程序框图,附上自编程序和计算结果清单,并说明自编程序的主要功能及标识符的意义。

6. 结果分析与讨论

分析设计方案的合理性、设计计算的正确性,评价设计结果是否满足设计任务书的要求;对不合理的设计方案或出现的错误做出一一剖析,并提出改进的设想;简要总结主要收获、心得体会等。

7. 参考文献

列出所参考的主要文献资料。对于书籍,其著录项顺序是:序号、主要责任人、书名、文献类型标志、版本、出版地、出版者、出版年份。其中,主要责任人是指前 3 名作者,当责任人超过 3 名时,以"等"表示。书名后需加文献类型标志[M],表示该文献为书籍。若版次为第 1 版则可省略版本项。各著录项之间必须用规定的标点符号分隔,举例如下。

[1] 姜琪. 机械运动方案及机构设计[M]. 北京:高等教育出版社,1991.

[2] 孙桓,陈作模,葛文杰. 机械原理[M]. 7 版. 北京:高等教育出版社,2006.

[3] 钟毅芳,杨家军,程德云,等. 机械设计原理与方法[M]. 武汉:华中科技大学出版社,2002.

设计说明书的编写要求如下。

(1)字迹清楚,文字通顺,叙述简明。

(2)插图清晰,用仪器绘制,不准徒手勾画。

(3)数据必须与图样上的标注相符。

(4)条理分明,各部分内容应有大、小标题。

(5)要附有计算程序框图、标识符说明、源程序及打印的计算结果。

(6)用课程设计用纸(通常为 16K 或 A4 纸)书写或打印,并按规定顺序装订成册。封面格式可参考图 1-3。

××××大学(学院)

机械原理课程设计说明书

设计题目:＿＿＿＿＿＿＿＿＿＿

＿＿＿＿＿＿＿＿＿＿

学生姓名:＿＿＿＿＿＿＿＿

专　　业:＿＿＿＿＿＿＿＿

班　　级:＿＿＿＿＿＿＿＿

学　　号:＿＿＿＿＿＿＿＿

指导教师:＿＿＿＿＿＿＿＿

日　　期:＿＿年＿＿月＿＿日

图 1-3　设计说明书封面格式

1.4　机械原理课程设计的考核

除了在设计过程中对学生的平时表现进行考核外,在课程设计结束时进行答辩是一个重要的考核环节。课程设计结束后,指导教师要综合各方面因素对学生的课程设计进行成绩评定。

1.4.1　答辩

学生通过答辩,可以总结设计方法、步骤,巩固分析和解决工程实际问题的能力。答辩也是检查学生对课程设计中有关问题理解的深度、广度及基本理论掌握程度的重要方式,对提高课程设计的质量大有好处。

1.4.2　成绩评定

课程设计的成绩应根据学生在课程设计期间的表现、设计图样和设计说明书的水平以及在答辩中回答问题的情况综合评定。课程设计的成绩单独计分,按学校的规定采用百分制或五级分制(优、良、中、及格、不及格)记分。

第2章　执行机构系统的运动方案设计

执行机构系统的运动方案设计是机械系统总体方案设计的核心，对机械能否实现预期的功能，机械系统性能的优劣、经济效益的好坏以及产品市场竞争力的强弱，都起着决定性的作用。它涉及如何根据功能要求选定工作原理；如何根据工作原理选择运动规律；如何根据运动规律和动力性能的要求来选择或创新不同的机构形式并将其巧妙地组合，构思出各种可能的运动方案来满足这些性能或运动规律要求。设计者不仅应对各种基本机构及其演化、工作原理、特性和适用场合及设计方法有较全面的了解，而且需要具备一定的专业知识，充分发挥自己的想象力和创造才能，灵活运用各种设计技巧，才能使所设计的执行机构系统运动方案新颖高效、实用可靠。因此，执行机构系统的运动方案设计是一项极富创造性的工作。

2.1　执行机构系统的功能原理设计

任何机械产品的设计都是为了实现某种预期的功能要求，包括工艺要求和使用要求。所谓功能原理设计，就是针对设计任务书中规定的机械功能，构思和选择机械的工作原理或工艺方法来实现这一功能目标。

实现机械某种预期的功能目标，可以采用多种不同的工作原理或工艺方法。不同的工作原理需要不同的工艺动作，执行机构系统的运动方案也必然不同。例如，要求设计一个齿轮加工设备，其预期实现的功能是在轮坯上加工出轮齿。为了实现这一功能要求，既可以选择仿形原理，也可以采用展成原理。若选择仿形原理，则工艺动作除了有切削运动、进给运动外，还需要有准确的分度运动；若采用展成原理，则工艺动作除了有切削运动和进给运动外，还需要有刀具与轮坯对滚的展成运动等。又如，加工螺栓上的螺纹，既可以采用车削加工原理，也可以采用套丝工作原理，还可以采用滚压工作原理。这几种不同的螺纹加工原理适用于不同的场合，满足不同的加工需要。加工时其工作原理或工艺方法不同，则刀具和工件的运动形式不同，加工工件的表面质量不同，所设计出的执行机构系统的运动方案也各不相同。这说明，实现同一功能要求，可以选择不同的工作原理或工艺方法；选择的工作原理或工艺方法不同，其执行机构系统的运动方案也必然不同。这样，所设计的机械在工作性能、工作品质和适用场合等方面就会有很大差异。

功能原理设计的任务，就是根据机械预期实现的功能要求，充分发挥自己的想象力和创造性思维，构思拟定出所有可能的工作原理，加以认真的分析比较，并根据使用要求或工艺要求，从中选择出既能很好地满足机械预期的功能要求，工艺动作又简单的工作原理。拟定机械工作原理的过程就是将功能目标转化为工艺动作的过程，即是在功能分析的基础上，创新构思、搜索探求、优化筛选工艺动作的过程。

2.2　执行机构系统的运动规律设计

工作原理确定之后，机械的功能便通过执行机构的工艺动作来实现。复杂的工艺动作可分解为几种简单运动的合成，选用适当的机构实现这些运动就是机械执行机构系统运动方案设计的主要任务。运动规律设计的任务，就是根据工作原理所提出的工艺要求构思出能够实现该工艺要求的多种运动规律，然后从中选取最为简单、适用、可靠的运动规律，作为机械的运动方案。运动方案确定得是否合理，直接关系到机械运动实现的可能性、整机的复杂程度和机械的工作性能，对机械的设计质量具有非常重要的影响。

2.2.1 工艺动作的分解和运动方案的选择

实现一个复杂的工艺过程，往往需要多种工艺动作，而任何复杂的工艺动作都是由一些最基本的运动合成的。因此，运动规律设计通常是对工艺方法（工作原理）所提出的工艺动作进行分析，将其分解成若干个基本动作，也就是将机器要完成的工艺动作过程分解为几个执行构件的独立运动。工艺动作分解的方法不同，所得到的运动规律也不同，所形成的运动方案也不同。由于机械最容易实现的运动形式是转动和直线移动，故可以将机械复杂的运动形式分解成多个执行构件的转动和直线移动。

例如，同样是采用展成原理加工齿轮，工艺动作可以有不同的分解方法：一种方法是把工艺动作分解成齿条插刀（或齿轮插刀）与轮坯的展成运动、齿条插刀（或齿轮插刀）上下往复的切削运动及刀具的进给运动等，按照这种工艺动作分解方法，得到的是如图 2-1 所示的插齿机床的方案；另一种方法是把工艺动作分解成滚刀与轮坯的连续转动和滚刀沿轮坯轴线方向的移动，按照这种工艺动作分解方法，就得到了如图 2-2 所示的滚齿机床的方案。前者由于切削运动是不连续的，因此其生产速度受到了影响；后者当滚刀连续转动时，相当于一根无限长的齿条连续向前移动，其切削运动和展成运动合为一体，因而生产速度大大提高。

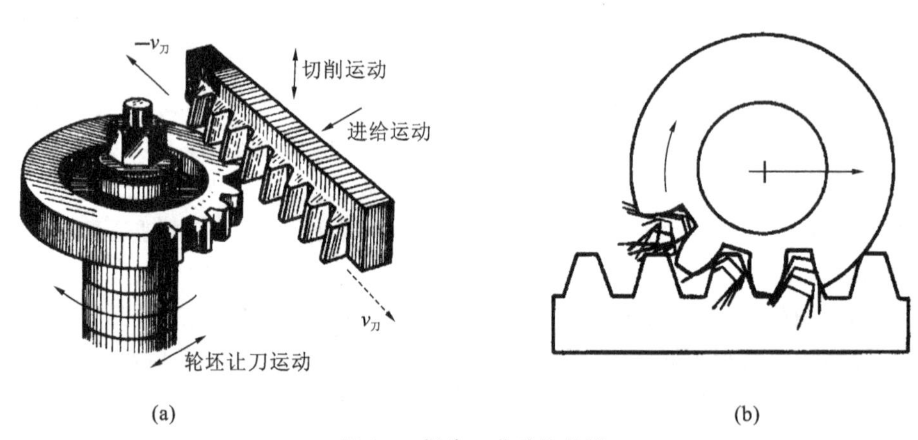

图 2-1 插齿工艺动作分解

(a)齿条插刀加工齿轮；(b)展成运动

又如，要求设计一台加工内孔的机床，根据刀具与工件间相对运动的不同，加工内孔的工艺动作可以有不同的分解方法：一种方法是工件作连续等速转动，刀具作轴向等速移动和径向进给运动，由此得到如图 2-3(a)所示的镗内孔的车床方案；第二种分解方法是工件固定不动，刀具既绕被加工孔的轴线转动，又沿轴向和径向进给运动，则形成了如图 2-3(b)所示的镗内孔的镗床方案；第三种分解方法是工件固定不动，采用不同尺寸的专用刀具（如钻头、铰刀等），让刀具作等速转动的同时还作轴向移动，形成了如图 2-3(c)所示的加工内孔的钻床方案；第四种方法是工件和刀具均不转动，而只让刀具作直线运动，从而形成了如图 2-3(d)所示的加工内孔的拉床方案。

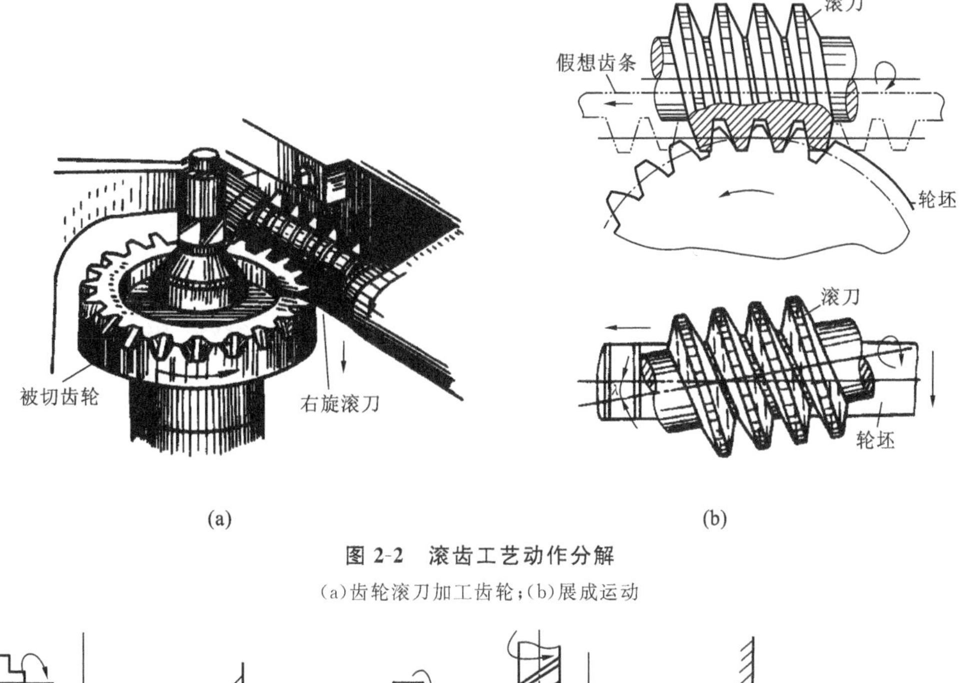

图 2-2　滚齿工艺动作分解

(a)齿轮滚刀加工齿轮；(b)展成运动

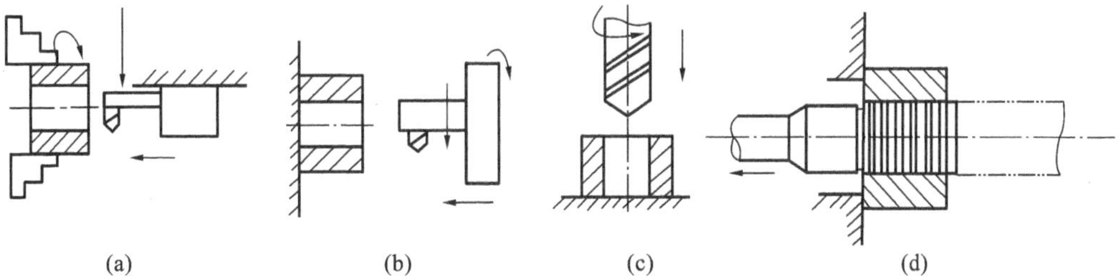

(a)　(b)　(c)　(d)

图 2-3　加工内孔的工艺动作分解

(a)镗内孔的车床方案；(b)镗内孔的镗床方案；(c)钻床方案；(d)拉床方案

由以上分析可知，同一个工艺动作可以分解成各种不同的简单运动。工艺动作分解的方法不同，所得到的运动规律和运动方案也各不相同，它们在很大程度上决定了机械工作的特点、性能、生产速度、适用场合和复杂程度。例如，在加工内孔的例子中，车、镗、钻、拉几种方案各具特点和用途。当加工小的圆柱形工件时，选用车床镗内孔的方案比较简单；当加工尺寸很大且外形复杂的工件（如加工箱体上的主轴孔）时，由于将工件装在车床主轴上转动很不方便，此时适宜采用镗床的方案；钻床的方案取消了刀具的径向进给运动，工艺动作虽然简化了，但带来了刀具的复杂化，且加工大的内孔时会出现困难；拉床的方案不但动作最简单，而且生产速度也高，适合大批量生产，但是所需拉力大，刀具价格昂贵且不易制造，拉削大零件和长孔时有困难，而且在拉孔前还需要在工件上预先制出拉孔所用的预制孔和支承工作端面。因此在进行运动规律设计和运动方案选择时，应综合考虑机械的工作性能、生产速度、生产批量、应用场合、经济性等多种因素，根据实际情况对各种运动规律和运动方案加以认真分析和比较，从中选择出最佳方案。

2.2.2　运动规律设计的创造性

运动规律设计是一个创造性过程，需要设计者既熟练掌握和灵活应用基本设计理论、设计方法等专业知识，同时充分发挥创造性思维和创新潜能，冲破传统观念的束缚，才能别出心裁，构思设计出结构简单、性能优良、生产速度高、具有市场竞争力的新产品。运动规律设计的创新方法主要有下列两种。

1. 仿生法

所谓仿生法就是模仿人或动物的动作将工艺动作进行分解、产生新的构思。在进行运动规律设计中，人们成功地采用仿生法创造出了六自由度机器人、仿动物行走的四足步行机器人。此外，建筑工地上使用的挖掘机，其运动规律就是模仿人手挖土的工艺动作，它由腰部、上臂、肘、挖斗等组成，是一种很成功的设计。又如图 2-4 所示的搓元宵机，其运动规律也是模仿人手搓元宵的动作而设计的。整个装置是由旋转圆盘 1、连杆 2 和 3、转动构件 4 和机架 5 所组成的空间五杆机构，运动由旋转圆盘 1 输入，通过装在圆盘外侧的球形铰链带动连杆 2、3 和转动构件 4 运动，从而使与连杆 2 固结的工作箱作空间振摆运动，工作箱内的元宵馅在稍许湿润的元宵粉中经多方向滚动即可搓成元宵。

2. 思维扩展法

思维扩展就是要求设计者拓宽自己的思路，从传统的定式思维方式转向发散思维方式。没有发散思维，很难有新的发现。例如，滚动轴承厂要经常对大量轴承钢珠按不同直径进行分选。为了提高分选效率，同时又避免设计复杂的对钢珠直径的测量动作，设计者避开传统的设计思路，让被测钢珠也参与到运动规律的设计中去，使钢珠沿着两条斜放的不等距棒条滚动，如图 2-5 所示。当钢珠沿这两条棒条移动时，尺寸小的钢珠由于棒条夹不住靠自重先行落下，大一些的钢珠则可多移动一段距离。钢珠落下的先后顺序与其直径大小有关，设计者采用思维扩展法，只需设计一个输送钢珠的动作，即可成功达到钢珠尺寸分选的目的。这是一个构思巧妙、结构简单又经济实用的设计。

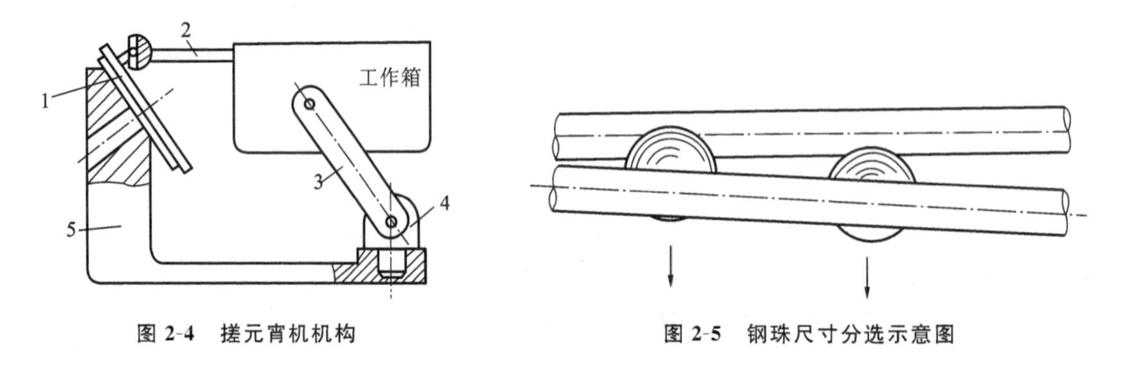

图 2-4　搓元宵机机构　　　　图 2-5　钢珠尺寸分选示意图

2.3　执行机构系统的型综合

当完成了功能原理设计和运动规律设计，并确定了执行构件(执行机构的输出构件)的数目和各执行构件的运动规律后，即可进行执行机构系统的型综合了。执行机构系统的型综合，就是根据各执行构件所要完成的动作或运动规律，从现有常用机构中选择或创造合适的机构类型来实现这些动作或运动规律。

实现同一种运动规律可以选用不同类型的机构。例如，为了实现刀具的上下往复运动，既可以采用齿轮齿条机构、螺旋机构，也可以采用曲柄滑块机构、凸轮机构，还可以通过机构组合或结构变异创造发明新的机构等。究竟选择哪种机构，还需要考虑机构的动力特性、机械效率、制造成本、外形尺寸等因素，根据所设计机械的特点进行综合考虑、分析比较，抓住主要矛盾，从各种可能使用的机构中选择出合适的机构。

2.3.1　执行机构系统型综合的基本原则

为了得到工作质量高、结构简单、制造容易、动作灵巧的执行机构系统，在进行执行机构系统的型综合时，应遵循以下一些基本原则。

1. 满足执行构件的工艺动作和运动要求

这是进行执行机构系统型综合时首先要考虑的要求。执行构件所需的工艺动作和运动要求包括运动形式要求（如转动、移动、摆动等）和运动规律要求（如执行构件的位移、速度、加速度和运动轨迹等）。一般高副机构和组合机构容易实现较复杂的运动要求。满足同一动作和运动要求的机构类型有多种，可以多选几个，比较分析，择优而取。

例如，若要求执行构件实现精确而连续的位移规律，可选的机构类型有凸轮机构、连杆机构、液压或气动机构等。但经分析比较，最理想的还是凸轮机构，它能够准确实现预期运动规律，且结构简单、设计容易。若采用连杆机构，则结构复杂，且设计困难；若采用液压或气动机构，则不妥当，因为液体或气体的泄漏及环境温度的变化均会影响其运动的准确性。液压或气动机构最适合应用于要求始、末位置准确，而中间过程不需要准确定位的情况。

2. 结构简单，运动链短

所用的执行机构，从主动件到执行构件的运动链要尽可能短；当几种机构可以实现同样的运动要求时，应尽量采用构件数和运动副数较少的机构。其优点是：降低成本，减轻重量；减小运动链的积累误差，提高工作质量；减少运动副摩擦带来的功率损耗，提高机械的效率；构件数目的减少有利于提高机械系统的刚性，降低机械系统的故障率，提高其工作可靠性。

图 2-6 所示的例子充分说明了机构简单的优势。图 2-6(a)所示为近似实现直线运动的较简单的机构，它利用铰链四杆机构 $ABCD$ 连杆上点 E 的一段近似直线轨迹（有理论误差）来满足工艺动作要求，而图 2-6(b)所示为一种理论上能精确实现直线轨迹的较复杂的八杆机构。实践表明，在同一制造精度条件下，后者实际的运动误差比前者大。这是因为后者的积累误差超过了前者的理论误差与积累误差之和：各构件的尺寸在加工中不可避免地会产生误差，且构件的数目越多，积累误差越大；各运动副中不可避免地有间隙存在，运动副的数目越多，积累误差越大。因此在进行执行机构系统型综合时，往往采用具有较小设计误差但结构简单的近似

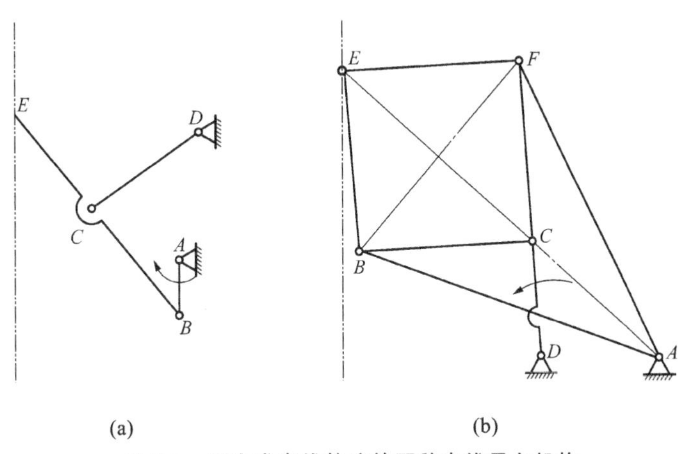

图 2-6　可生成直线轨迹的两种直线导向机构

(a)产生近似直线轨迹的简单机构；(b)产生精确直线轨迹的复杂机构

机构，而不采用理论上没有设计误差但结构复杂的机构。

此外，应尽量少采用移动副，因为这类运动副容易发生楔紧或自锁现象。

3. 使执行机构系统有尽可能好的动力性能

好的动力性能要满足两个方面的要求：一方面是要尽量增大机构的传动角，以便增大机械的传力效益，减小功率损耗，这对于重载机械尤为重要；另一方面是要尽量减小机械运转中的动载荷，这对于高速、构件质量较大的机械极为重要。

对于传力大的机构要尽量增大机构的传动角或减小压力角，以防止机构发生自锁，增大机械的传力效益，从而减小原动机功率及其损耗。在2K-H行星传动中应优先采用负号机构，因为通常它的效率比正号机构高；增速机构效率一般较低，应尽量避免采用。

对于高速运转的机构，应选用易于实现平衡的机构和构件。如在高速部分采用回转构件组成的机构（如齿轮机构、带传动机构等），避免选用带有滑块、摆杆和连杆等构件组成的机构。因为前者可通过平衡技术使惯性力处于最佳的平衡状态，而后者一般只能实现机构的部分平衡，故不宜用于高速运转的机构。

一般情况下尽量少用或不用虚约束。这是因为采用虚约束必然要求提高加工和装配精度，否则将会产生很大的附加内应力，虚约束就可能变为约束，使机构运动不灵活，甚至产生楔紧现象而将机构卡死。若为了克服运动的不确定性、改善受力状况或增加机构刚度而必须引入虚约束时，则必须注意结构、尺寸等方面设计的合理性，保证必要的加工和装配精度。

4. 充分考虑动力源的形式

选择合适的动力源，有利于简化机构结构和改善机械性能。机构选型时，应充分考虑工作要求、生产条件和动力源情况。当有气动、液力源时，常采用液压和气动机构。这样既可以省去电动机、传动机构、转换运动的机构而使运动链缩短，又具有减振、易于调速和操作方便等优点。特别是对于具有多个执行构件的工程机械、自动生产线或自动机械等，更应优先考虑这些因素。例如，为了使执行构件K作等速往复直线运动，有多种设计方案。若采用图2-7(a)所示的方案，不仅需要单独的电动机通过传动机构（图中未示出）来驱动原动件，而且需要采用连杆机构把转动变为执行构件的近似等速往复移动；而采用图2-7(b)所示的液压驱动方案，不仅可以用一个动力源驱动多个执行构件，而且可以省去传动机构和运动转换机构，使机构简单、结构紧凑、体积小，反向时运转平稳、易于调节移动速度。

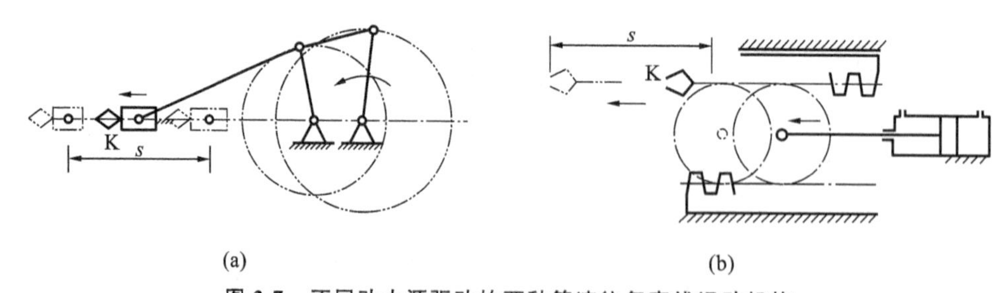

图2-7　不同动力源驱动的两种等速往复直线运动机构

(a)双曲柄-曲柄滑块组合机构；(b)液压缸-齿轮齿条组合机构

当然，任何事情都是一分为二的：气动机构有传动效率低、不能传递大功率、载荷变化时传递运动不够平稳和排气噪声大等缺点；液压、液力传动有效率低、制造安装精度要求高、对油液质量和密封性要求高等缺点。应特别指出，若现场不具备某种动力源，只是为了简化机构而特别设置一个新的动力源，未必是合适的。

5. 使机械操作方便、调整容易、安全可靠

为了使机械操作方便，可适当地加入一些启，停，离合，正、反转和手动等装置；为了使机械调整容易，应注意适当设置调整环节，或选用能调节、补偿误差的机构；为了使机械安全可靠，防止机械因过载而损坏，应在其中加入过载保护装置或摩擦传动机构，对于反行程会出现危险的机械，如起重机械，应在运动链中设置具有自锁功能的机构。

2.3.2　执行机构系统型综合的方法

执行机构系统型综合的方法有两大类，即机构的选型和构型。可以将两者结合在一起使用，即先用选型的方法满足大多数要求，再通过构型满足选型无法满足的小部分要求。

1. 机构的选型

所谓机构的选型，是指利用发散思维的方法，将前人创造发明出的各种机构按照运动特性或实现的动作功能进行分类，然后根据设计对象中执行构件所需要的运动特性或动作功能进行搜索、选择和比较，选出执行机构的合适类型。

在机构选型时，应注意能完成某一运动形式转换的机构常常不止一种。例如，能将转动转变为移动的机构，不但有曲柄滑块机构和直动从动件凸轮机构，还有齿轮齿条机构和螺旋机构等。因此，设计者必须充分了解并掌握各种基本机构和常用机构的运动形式、功能特点、适用场合等基本知识，弄清原动机的类型和它的输出运动、执行构件的运动要求后，再根据上述基本原则对多种机构进行比较、选择。

为了便于选型，现将执行机构常用的运动形式及其对应的机构列于表 2-1 中，常用机构的性能和特点列于表 2-2 中。

表 2-1　执行机构常用的运动形式及其对应的机构

<table>
<tr><th colspan="2">执行机构运动形式</th><th colspan="2">对应机构示例</th></tr>
<tr><td rowspan="5">连续转动</td><td rowspan="3">定传动比匀速</td><td>平行轴</td><td>圆柱齿轮机构，平行四杆机构，同步齿形带机构，轮系，双万向铰链机构，摩擦传动机构，摆线针轮机构，挠性传动机构，谐波传动机构等</td></tr>
<tr><td>相交轴</td><td>双万向铰链机构，锥齿轮机构等</td></tr>
<tr><td>交错轴</td><td>交错轴斜齿轮机构，准双曲面齿轮机构，蜗杆机构等</td></tr>
<tr><td>变传动比匀速</td><td colspan="2">轴向滑移圆柱齿轮机构，混合轮系变速机构，摩擦传动机构，行星无级变速机构，挠性无级变速机构等</td></tr>
<tr><td>非匀速</td><td colspan="2">非圆齿轮机构，双曲柄机构，转动导杆机构，单万向铰链机构，某些组合机构等</td></tr>
<tr><td rowspan="2">往复运动</td><td>往复移动</td><td colspan="2">曲柄滑块机构，直动从动件凸轮机构，齿轮齿条机构，移动导杆机构，正弦机构，正切机构，楔块机构，螺旋机构，气动、液压机构，挠性机构等</td></tr>
<tr><td>往复摆动</td><td colspan="2">曲柄摇杆机构，曲柄摇块机构，摆动从动件凸轮机构，双摇杆机构，摆动导杆机构，空间连杆机构，摇杆滑块机构，某些组合机构等</td></tr>
<tr><td rowspan="3">间歇运动</td><td>间歇转动</td><td colspan="2">棘轮机构，槽轮机构，不完全齿轮机构，凸轮式间歇运动机构，某些组合机构等</td></tr>
<tr><td>间歇摆动</td><td colspan="2">特殊形式的连杆机构，摆动从动杆凸轮机构，齿轮-连杆组合机构，利用连杆曲线上的圆弧段或直线段组成的多杆机构等</td></tr>
<tr><td>间歇移动</td><td colspan="2">棘齿条机构，从动件作间歇往复移动的凸轮机构，反凸轮机构，气动、液压机构，移动构件有停歇的斜面机构等</td></tr>
</table>

续表

执行机构运动形式		对应机构示例
预定轨迹	直线轨迹	连杆近似直线机构，八杆精确直线机构，某些组合机构等
	曲线轨迹	利用连杆曲线实现预定轨迹的多杆机构，凸轮-连杆组合机构，齿轮-连杆组合机构，行星轮系-连杆组合机构等
特殊运动要求	换向	双向式棘轮机构，三星轮（定轴轮系）换向机构，离合器，滑移齿轮换向机构等
	超越	齿式棘轮机构，摩擦式棘轮机构等
	过载保护	带传动机构，摩擦传动机构等
	微动、补偿	螺旋差动机构，谐波传动机构，差动轮系，杠杆式差动机构等

表 2-2　常用机构的性能和特点

评价指标	具体项目	评　　价			
		连杆机构	凸轮机构	齿轮机构	组合机构
运动性能	运动规律和轨迹	任意性较差，只能实现有限个精确位置	基本上能任意	一般为定传动比转动或移动	基本上可以任意
	运动精度	较低	较高	高	较高
	运动速度	一般	较高	很高	较高
工作性能	效率	一般	一般	高	一般
	使用范围	较广	较广	广	较广
	可调性	较好	较差	较差	较好
动力性能	承载能力	较大	较小	大	较大
	传力特性	一般	一般	较好	一般
	振动、噪声	较大	较小	小	较小
	耐磨性	好	差	较好	较好
经济性	制造难易	易	较难	较易	较难
	维护方便性	方便	较麻烦	较方便	一般
	能耗	一般	一般	较小	一般
结构紧凑	尺寸	较大	较小	较小	较小
	重量	较轻	较重	较重	较重
	结构复杂性	简单	复杂	一般	复杂

需要说明的是，表中所列机构只是很少一部分，具有表中所列几种运动特性的机构有数千种之多，在各种机构设计手册中均可查到。

随着计算机技术的发展，一些研究者尝试通过对机构的运动形式、特点和应用场合等进行整理和表达，建立机构库，从而通过应用软件可以方便地实现对机构库中的各种机构进行浏览、查询和修改等工作。设计者可根据机构库中对机构的描述、执行机构系统型综合的基本原则以及设计者自身的经验来选择合适的机构类型。

利用这种方法进行机构选型方便直观。设计者只需根据给定工艺动作的运动特性，从有关手册或机构库中查阅相应的机构即可，故使用普遍。若所选机构的类型不能令人满意，则需构造新的机构类型，以满足设计任务的要求。

2. 机构的构型

在根据执行构件的运动特性或功能要求采用类比法进行机构选型时，若选出的机构类型不能完全实现预期的要求，或虽能实现功能要求但存在结构较复杂、运动精度较差、动力性能欠佳、占据空间较大等缺点时，就需要通过机构构型进行新机构的设计。这一环节的创新性远大于机构选型阶段的工作。机构构型的常用方法如下。

1）变换机架法

一个基本机构中，以不同的构件为机架，可以得到不同功能的机构。这一过程称为机构的机架变换或机构倒置。例如，铰链四杆机构在满足曲柄存在条件的情况下，取不同的构件为机架，就可以分别得到曲柄摇杆机构、双曲柄机构和双摇杆机构三种不同的机构。又如图 2-8 所示，图 2-8(a)、图 2-8(b)中左边分别为平行轴的外啮合、内啮合定轴齿轮机构，其中构件 3 为机架。若把机架由构件 3 改为大齿轮 2，则相应得到右边所示的行星轮系。

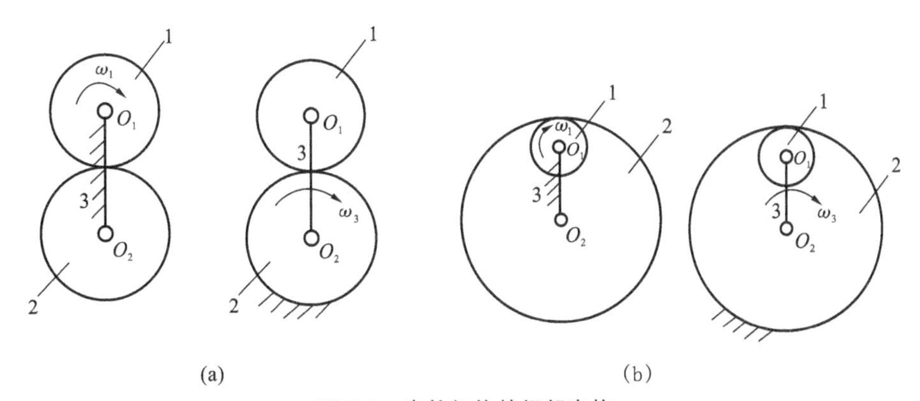

图 2-8　齿轮机构的机架变换

(a)外啮合齿轮机构转化为行星轮系；(b)内啮合齿轮机构转化为行星轮系

在机架变换过程中，机构的构件数目和构件之间的运动副类型没有发生变化，但变换后机构的性能却可能发生很大变化，这为机构的创新设计提供了良好的手段。

2）变换运动副法

运动副是机构运动变换的主要元素，通过运动副变换可以生成新的机构类型。常见的运动副变换有转动副变换为移动副、高副变换为低副（高副低代）、低副变换为高副（低副高代）、多个平面运动副等效代换一个空间运动副等。

变换运动副法也称运动副的等效代换，即在不改变运动副自由度的条件下，用平面运动副代替空间运动副，或是低副与高副之间的代换，而不改变运动副的运动特性。例如，将转动副转化为移动副后，由曲柄摇杆机构可以得到曲柄滑块机构，再由曲柄滑块机构可以得到正弦机构。又如，利用高副低代方法，可由一种高副机构得到另一种运动等效的低副机构。低副高代与高副低代的原理相同，只是代换过程相反。再如图 2-9(a)所示的球面副 S，可用三个轴线汇交于球心的转动副 R 来代换，如图 2-9(b)所示，图 2-9(c)所示的单万向联轴器就是一个应用实例。该机构减少了一个球面副，而代之以十字形杆连接，提高了联轴器的强度和刚度。

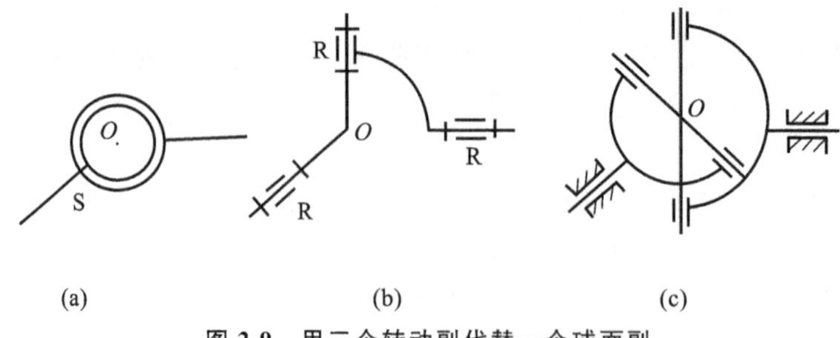

图 2-9　用三个转动副代替一个球面副

(a)球面副 S;(b)轴线汇交于球心的三个转动副;(c)代替后的实例——单万向联轴器

3)局部变异法

局部变异法是指通过改变机构的局部组成以得到具有某种特殊运动特性机构的机构构型方法。如图 2-10 所示,将图 2-10(a)中的摆动导杆机构 ABC 的导杆 CD 做成导杆槽,将直槽改为带有一段圆弧的曲线槽,且使圆弧的半径等于曲柄长 AB,其中心与曲柄转轴 A 重合,并将 B 处滑块改成滚子,如图 2-10(b)所示。经过这样的变异后,当曲柄 AB 运动至导杆曲线槽圆弧段位置时,E 处滑块将获得准确的停歇。

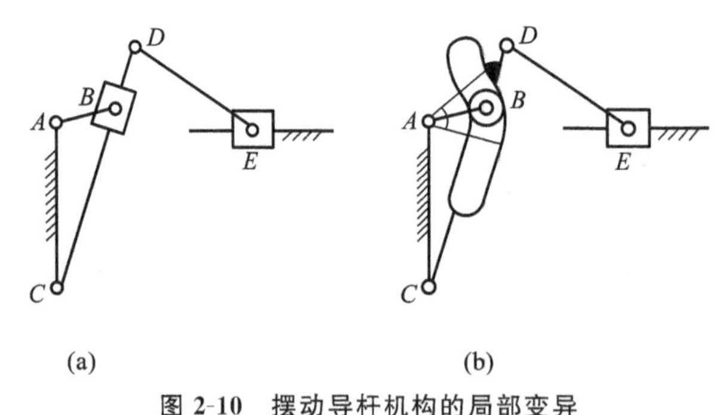

图 2-10　摆动导杆机构的局部变异

(a)无停歇的机构;(b)有准确停歇的机构

4)机构扩展法

机构扩展法是根据机构的组成原理创新机构的一种方法。当用选型法选择的基本机构在满足运动特性或功能上有欠缺时,可以以此机构为基础,在其上连接若干基本杆组构成新的机构类型。这种方法的优点是在不改变机构自由度的情况下能增加或改善机构的功能。

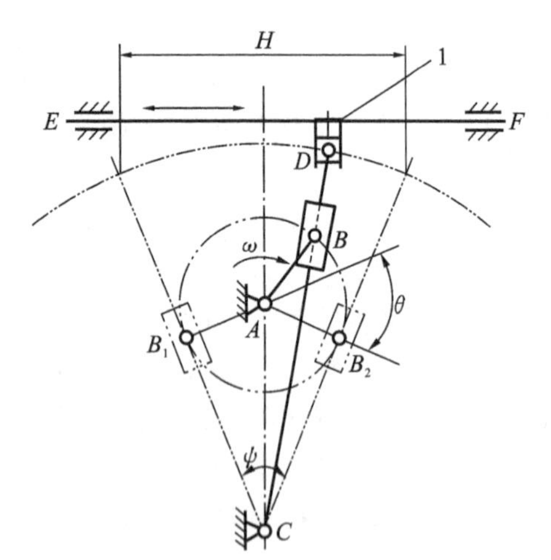

图 2-11　用扩展法增大机构的运动行程

例如,要求设计一个急回特性比较显著、运动行程比较大的急回机构带动执行构件作往复移动,当常用的具有急回特性的基本机构不能满足此要求时,可以选择如图 2-11 所示的摆动导杆机构 ABC 作为基本机构,合理设计该机构的参数,可以使其具有较显著的急回特性。然后在该摆动导杆机构的导杆 CB 延长线上的点 D 处连接一个 RPPⅡ级杆组,形成如图 2-11 所示的六杆机构。合理选择 CB 延长线上点 D 的位置,即可使执行构件 1 具有较大的运动行程,从而完全满足了工作要求。

5)组合法

单一的基本机构只能实现有限的功能和运动要求。对于复杂的功能和运动要求，常将几种相同或不同类型的基本机构用适当方式组合起来构成一个较复杂的机构系统(称为组合机构)，来实现基本机构很难实现的运动或动力特性。机构的组合是发明创造新机构的重要途径之一。常用的组合方式有串联组合、并联组合、反馈组合、装载组合等。

基本机构主要有各类四杆机构、凸轮机构、齿轮机构、间歇运动机构、螺旋机构、带传动机构、链传动机构、摩擦轮机构等。基本机构是机械运动方案设计的首选机构。

(1)串联组合　所谓串联组合是将若干个单自由度的基本机构顺序连接，将前一个基本机构(前置机构)的输出构件与后一个基本机构(后置机构)的输入构件固接在一起，使每一个前置机构的输出构件作为后置机构的输入构件。机构串联组合的目的主要是改变后置机构的运动速度或运动规律，其优点是可以改善单一基本机构的运动特性。

图 2-12(a)所示为用于冲压机床上的自动送料机构。它由三个单自由度的基本机构——图 2-12(b)所示的曲柄滑块机构、图 2-12(c)所示的摆动从动件移动凸轮机构和图 2-12(d)所示的摇杆滑块机构串联而成。

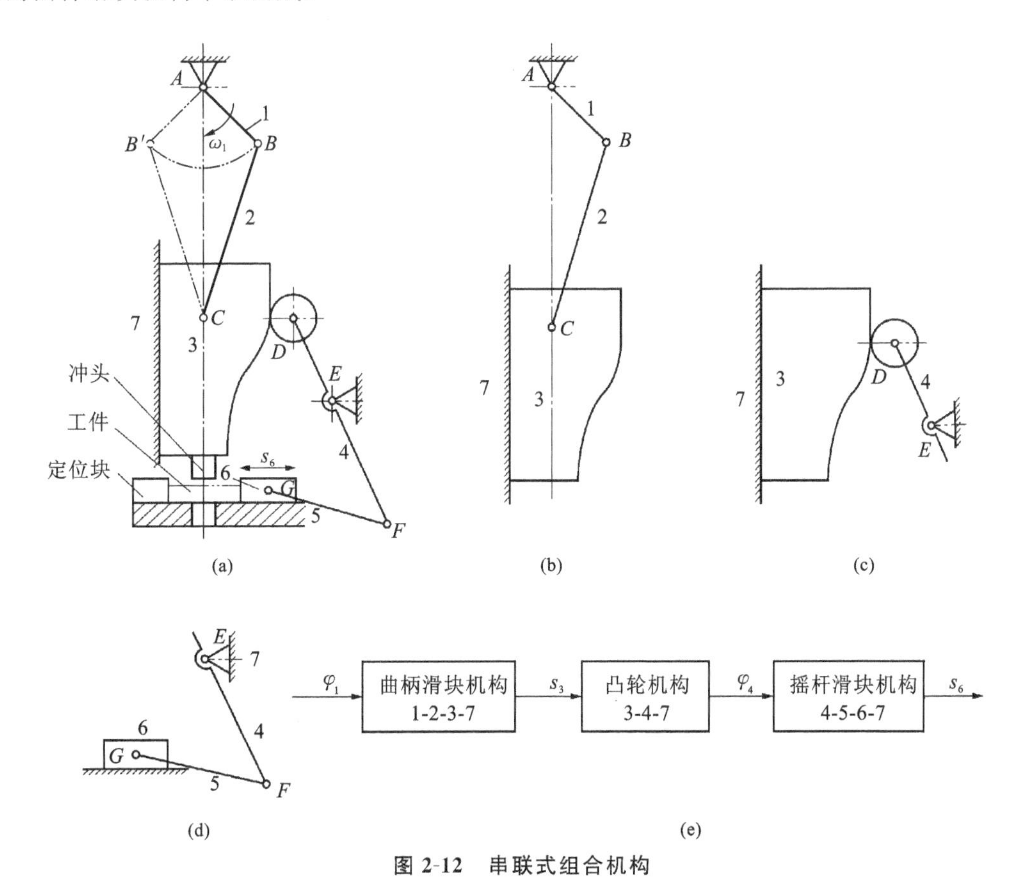

图 2-12　串联式组合机构

(a)自动送料冲压机构；(b)曲柄滑块机构；(c)凸轮机构；(d)摇杆滑块机构；(e)机构的串联组合运动传递框图

这三个基本机构的串联方式都是将前一机构的输出构件与后一机构的输入构件固接在一起。主动曲柄 1 的转动(转角 φ_1)通过曲柄滑块机构输出滑块 3 的移动(位移 s_3)，再通过凸轮机构输出摆杆 4 的往复摆动(摆转角 φ_4)，最后通过摇杆滑块机构输出滑块 6 的往复移动(位移 s_6)。其组合运动传递框图如图 2-12(e)所示。

图 2-12(a)中，当原动件 1 按图示方向从 AB 转至 AB' 的过程中，与滑块 3 固接的冲头向下冲压工件后向上回到图示的位置。在这期间要求滑块 6 静止不动，并与固定在工作台上的定位块一起将工件夹持住。当原动件 1 从 AB' 处继续转动时，凸轮机构中的凸轮 3 再向上、向下移动，致使构件 4 作逆时针、顺时针转动，通过摇杆滑块机构中的连杆 5，使滑块 6 向右、向左移动而放松、夹紧工件。

(2)并联组合　并联组合是以一个多自由度的机构作为基础机构，一个或几个单自由度的基本机构作为附加机构，所有附加机构共用同一个输入构件，且其输出运动同时输入基础机构，从而形成一个自由度为 1 的机构系统。常用的基础机构为各种双自由度的差动轮系和五杆机构等。

如图 2-13(a)所示的铁板输送机构就是并联组合方式的一个应用实例。该机构是由双自由度的差动轮系 2-3-4-H-6 作为基础机构(图 2-13(d))、两个单自由度的基本机构——平行轴外啮合定轴齿轮机构 1-2-6(图 2-13(b))和曲柄摇杆机构 1′-5-H-6(图 2-13(c))作为附加机构，并联组合而成齿轮-连杆机构。原动件为固接在一起的齿轮 1 和曲柄 1′，其运动 ω_1 由两个附加机构分别转换成两个输出运动 ω_2 和 ω_H。将附加机构的输出构件 2 和 H(即摇杆 CD)接入基础机构，使基础机构获得两个所需的输入运动 ω_2 和 ω_H，从而合成为齿轮 4 的一个输出运动 ω_4。通过合理选择机构中各轮齿数和各杆件的几何尺寸，可以使从动齿轮 4 按下述运动规律运动：当原动件 1(1′)作匀速转动时，输出构件内齿轮 4(送料辊)作有短暂停歇的送进运动，即当内齿轮 4 将铁板输送一定的长度后作瞬时停歇。此时配套的剪切机便把铁板剪断(图中未表示)，其周期为原动件回转一周的时间。图 2-13(e)所示为其组合方式的运动传递框图。

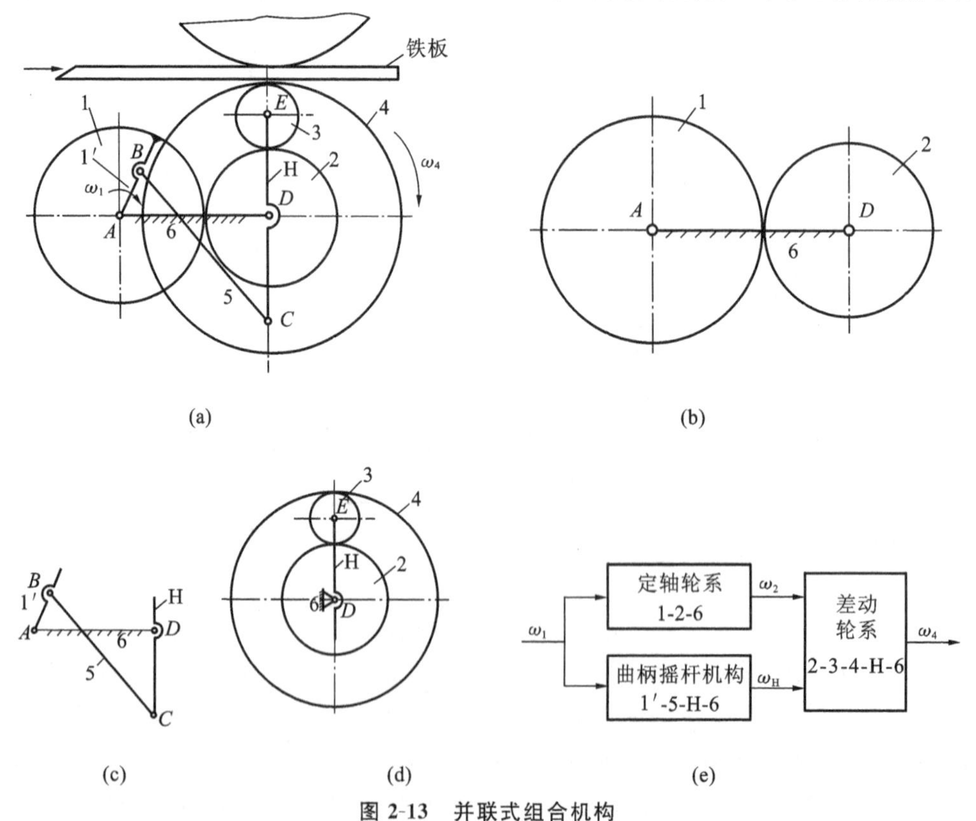

图 2-13　并联式组合机构

(a)铁板输送机构；(b)齿轮机构；(c)曲柄摇杆机构；(d)差动轮系；(e)机构的并联组合运动传递框图

(3)反馈组合　反馈组合以一个多自由度机构作为基础机构，但基础机构中某个输入构件的运动是通过一个单自由度附加机构从基础机构或机构系统的输出构件反馈得到的。

图 2-14(a)所示为齿轮加工机床中的误差校正机构。该机构由一个双自由度的蜗杆机构(蜗杆 1 可绕自身轴线转动和沿轴向移动)作为基础机构(图 2-14(b))，一个单自由度的凸轮机构作为附加机构(图 2-14(c))。凸轮与蜗轮固接成一体，附加机构的凸轮 3 是通过基础机构的从动蜗轮获得运动的，然后转换成从动件 4 的移动，再回馈给基础机构。在加工机床中，由于实际蜗杆副中误差的存在，往往使从动蜗轮不可避免地产生运动误差。如果实测蜗杆副一个周期的运动误差，并以此作为设计凸轮廓线的依据，通过反馈组合后的附加运动即可使运动误差得到相应的补偿。这样便能调整从动蜗轮的运动，以达到分度误差校正的目的。其组合方式的运动传递框图如图 2-14(d)所示。

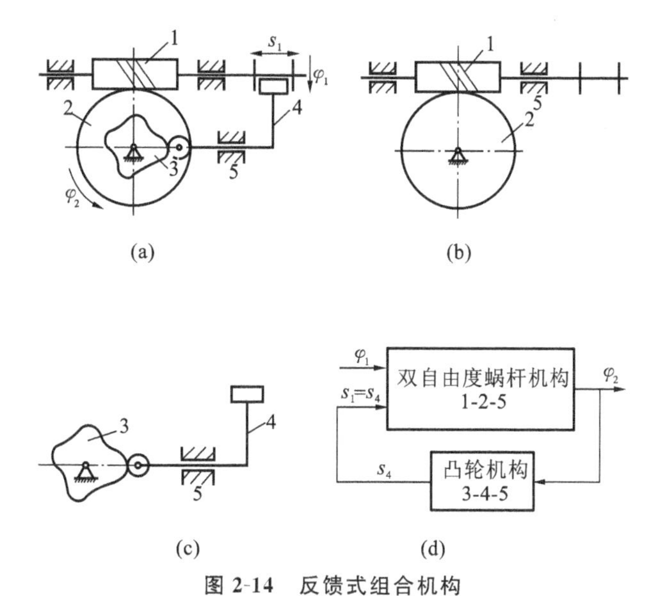

图 2-14　反馈式组合机构

(a)齿轮加工机床中的误差校正机构；(b)蜗杆机构；(c)凸轮机构；(d)机构的反馈组合运动传递框图

(4)装载组合　所谓装载组合(也称叠联式组合)是将一个机构(包括其动力源)装载到另一个机构的某一活动构件上的组合方式。其特点是：各基本机构没有共同的机架，而是互相叠联在一起，前一个基本机构的输出构件是后一个基本机构的相对机架；每一个基本机构各有一个动力源，各自完成自身的运动，其运动的叠加即为所要求的输出运动或工艺动作。

图 2-15(a)所示的挖掘机机构即为一种装载式组合机构。该机构由三个摆动液压缸机构(四杆机构的一种演化机构)装载组合而成。其第一个基本机构 3-2-1-4 的机架 4 是挖掘机的机身；第二个基本机构 7-6-5-3 装载(叠联)在第一个基本机构的输出件 3 上，即以 3 作为它的相对机架；第三个基本机构 10-9-8-7 又装载(叠联)在第二个基本机构的输出件 7 上，即以 7 作为它的相对机架。这三个基本机构各有一个动力源。第一个液压缸 1-2 带动大动臂 3 升降，第二个液压缸 5-6 使铲斗柄 7 绕轴线 D 摆动，而第三个液压缸 8-9 带动铲斗 10 绕轴线 G 摆动。这三个液压缸分别或同时动作，便可使挖掘机完成挖土、提升和卸载动作。图 2-15(b)所示为该机构组合方式的运动传递框图(图中 s 和 φ 的下标“i,j”表示构件 i 相对构件 j)。

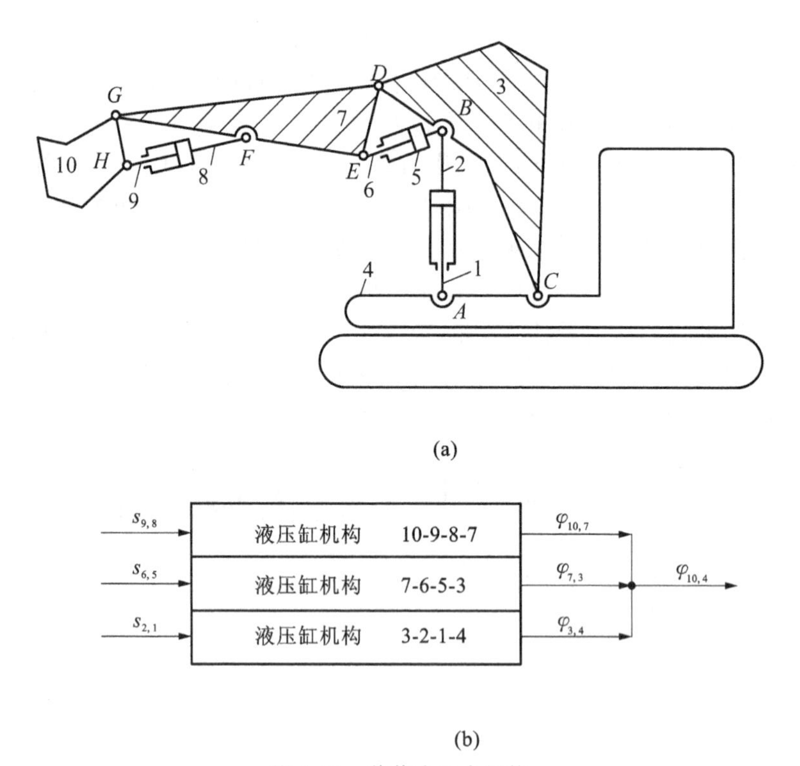

图 2-15　装载式组合机构

(a) 挖掘机；(b) 机构的装载组合运动传递框图

2.4　执行机构系统的运动协调设计

当根据生产工艺要求确定了机械的工作原理和各执行机构的运动规律，并确定了各执行机构的类型及驱动方式后，还必须将各执行机构统一于一个完整的执行机构系统，使这些机构以一定的次序协调动作、互相配合，以完成机械预定的功能。这方面的工作称为执行机构系统的运动协调设计。只有各执行机构协调工作，系统才能达到预期的功能。若各机构间存在矛盾，组成的系统就不能正确运行，甚至会损坏机件和产品，造成生产事故。此时，无论局部的功能和性能指标设计得多么完善，从整个系统来看仍然是失败的设计。因此，执行机构系统的协调设计也是机械系统方案设计中的重要一环。

根据生产工艺的不同，执行机构系统的运动循环情况可分为两类：一类是各执行机构的运动规律是非周期性的，它随工作条件的不同而改变，具有较大的随机性，如起重机、建筑机械和某些工程机械；另一类是机械中各执行机构的运动是周期性的，即经过一定的时间间隔后，各执行构件的位移、速度和加速度等运动参数就周期性地重复。这里只介绍运动具有周期性这一类系统的运动协调设计方法。

2.4.1　执行机构系统运动协调设计的原则

执行机构系统的运动协调设计应满足以下原则。

1. 满足工艺过程中各执行机构动作先后顺序的要求

执行机构系统中各执行机构的动作过程和先后顺序应符合工艺过程所提出的要求，以确保整体系统满足设计任务书中所规定的功能要求和技术要求。

2. 满足各执行机构的动作在时间上的同步性要求

为了保证各执行机构的动作不仅以一定的先后顺序进行，而且整个系统能够周而复始地循环协调工作，必须使各执行机构的运动循环时间间隔相同，或按生产工艺过程要求成一定的倍数关系。

3. 满足各执行机构操作上的协调性要求

当两个或两个以上的执行机构同时作用于同一操作对象时，各执行机构之间的运动必须协调好。

4. 满足各执行机构在空间位置上的协调性要求

在空间布置上，各执行机构应保证在运动过程中不但各执行机构之间不发生干涉，而且各执行机构与周围环境之间也不发生干涉。

5. 各执行机构的动作安排要有利于满足提高生产率的要求

为了提高劳动生产率，应尽量缩短执行机构系统的工作循环周期。通常可采用两种方法：其一是尽量缩短各执行机构工作行程的时间和空回行程的时间，尤其是空回行程的时间，因此尽量选用具有急回特性的机构作为执行机构；其二是在不产生相互干涉的前提下，充分利用两个执行机构间的时间裕量，即在前一个执行机构回程结束以前，后一个执行机构即开始工作。

6. 各执行机构的布置要满足能量协调和提高效率的要求

为了保证能量协调，应考虑系统的功率流向，使能量分配合理。为了提高机械的效率，当系统中包含有多个低速大功率执行机构时，宜采用多个运动链并联连接方式；当系统中具有几个功率不大、效率均很高的执行机构时，可采用串联连接方式。

2.4.2　执行机构系统运动协调设计的方法和步骤

执行机构系统运动协调设计的方法与机械的控制方式密切相关。当采用机械方式集中控制时，通常将各执行机构的主动件与分配轴连接在一起，或者用分配轴上的凸轮控制各执行机构的主动件。一般情况下，分配轴转一周所需要的时间就是产品加工的工作循环所需要的时间。因此，分配轴转一周，就完成一个运动循环。各执行机构的主动件在分配轴上的安装方位，或者控制各执行机构主动件的凸轮在分配轴上的安装方位，都要根据执行机构系统运动协调设计的结果来确定。对于不能将主动件布置在一根轴上的执行机构系统，可采用等速啮合传动方式（如同步带传动、链传动等）将各主动件的转动予以同步。

执行机构系统运动协调设计的步骤如下。

1. 确定机械工作循环周期

机械工作循环周期即机械运动循环周期，是指一个产品生产的整个工艺过程所需要的总时间，用 T 表示。它根据设计任务书中给定的机械的理论生产率来确定。

2. 确定各执行构件在一个运动循环中的各个行程段及其所需的时间

根据机械生产的工艺过程，分别确定各个执行构件的工作行程段、空回行程段以及可能具有的若干个停歇段，确定各个执行构件在每个行程段和每个停歇段所需花费的时间以及对应于原动件(主轴或分配轴)的转角。

3. 确定各个执行构件动作间的协调配合关系

根据机械生产过程对工艺动作先后顺序和配合关系的要求,协调各执行构件各行程段的配合关系是执行机构系统运动协调设计的关键。此时,应充分考虑执行机构系统运动协调设计的原则,不仅要保证各个执行机构在时间上按一定的顺序协调配合,而且要保证在运动过程中不会产生空间位置上的相互干涉等。

2.4.3 机械运动循环图

用来描述各执行构件运动协调配合的图称为机械运动循环图。它是机械协调设计的重要技术文件。在编制运动循环图时,首先要从机械中选择一个构件作为定标件,用它的位置(转角或位移)作为确定各执行构件运动先后次序的基准。若有分配轴,则运动循环图常以主轴或分配轴的转角为坐标来编制;若没有分配轴,通常选取执行机构系统中某一主要的执行构件为定标件。其次应取具有代表性的特征位置作为起始位置,如以生产工艺的起始点作为运动循环的起点,由此来确定其他执行构件的运动相对于定标构件运动的先后次序和配合关系。

常用的机械运动循环图有三种形式,即直线式(矩形运动循环图)、圆周式和直角坐标式。

直线式运动循环图如图 2-16(a)所示。它是将机械在一个运动循环中各执行构件各行程区段的起止时间和先后顺序,按适当比例绘制在直线坐标轴上。其特点是在机械执行构件较少时动作时序清晰明了,但无法显示出各执行构件的运动规律,因而直观性较差。

圆周式运动循环图如图 2-16(b)所示。每个圆环代表一个执行构件,各执行构件不同运动区段的起止位置由各相应圆环的径向线表示。其特点是容易清楚地看出各执行构件的运动与机械原动件或定标件的相位关系,这为控制协调运动的凸轮机构的设计、安装、调试带来了方便,但是同心圆较多,看上去较杂乱。

直角坐标式运动循环图如图 2-16(c)所示。用横坐标轴表示机械主轴或分配轴的转角,纵坐标轴表示各执行构件的角位移或线位移。实际上各执行构件的位移一般是非线性变化的,为简化起见,将其工作行程、空回行程及停歇区段分别用上升、下降和水平的直线表示。该运动循环图的优点是能清楚地表示出各执行构件动作的先后顺序、运动状态及其相互关系,便于指导各执行机构的几何尺寸设计,故应用较为广泛。

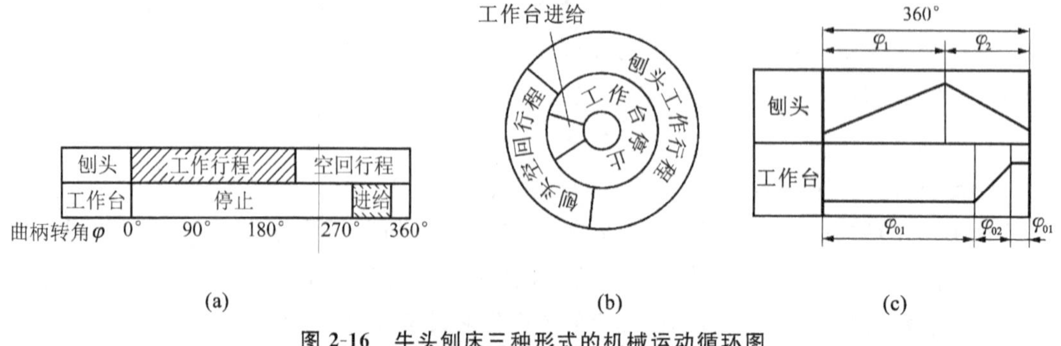

图 2-16 牛头刨床三种形式的机械运动循环图

(a)直线式;(b)圆周式;(c)直角坐标式

根据牛头刨床加工方法和各执行构件的工艺动作先后顺序和协调配合要求，分别绘出的直线式、圆周式及直角坐标式运动循环图如图 2-16 所示。它们都是以摆动导杆机构中的曲柄为定标件的。曲柄回转一周为一个运动循环。由图可见，工作台的横向进给是在刨头空回行程开始一段时间以后开始、在空回行程结束以前完成的。这种安排考虑了刨刀与移动的工件不发生干涉和提高生产效率，也考虑了设计中机构容易实现这一时间顺序的运动。

通过运动循环图可以方便地确定各执行机构的原动件在分配轴上的方位，还可以确定同轴多个凸轮间的相位差。

运动循环图标志着机械动作节奏的快慢。一部复杂的机械由于动作节拍很多，所以对时间的要求相当严格，某些执行机构的动作必须同时发生。为了保证在空间上不发生干涉，必须清楚地绘出运动循环图，以作为传动系统设计的重要依据。

2.4.4　机械运动循环图设计实例——粉料压片机的设计

把粉状物料压成片状制品的工艺，在制药业、食品加工、轻工等领域应用很广泛。现以粉料压片机为例，说明执行机构系统的运动协调设计和机械运动循环图的设计过程。

1. 设计要求和压片工艺动作分解

设计一粉料压片机，用于将不加黏结剂的干粉料压制成厚度为 5 mm 的圆形片坯，要求其生产率为 25 片/min。如图 2-17(a)所示，其压片工艺可分解为 5 个动作：①移动料筛 3 至模具 4 的型腔正上方，同时将上一循环已经成型的片坯 10 推出（卸料），并准备将粉料装入型腔；②振动料筛，使料筛内的粉料落入模具型腔内；③下冲头 5 下降一定深度，以防止上冲头 9 向下冲压时将型腔内粉料扑出；④上冲头下压，下冲头上压，冲压粉料并保压一段时间，以使片状制品成型良好；⑤上冲头快速退出，下冲头随之将成型片坯顶出型腔并停歇，待料筛推进到型腔上方时推出片坯，下冲头随之下移，开始下一循环。

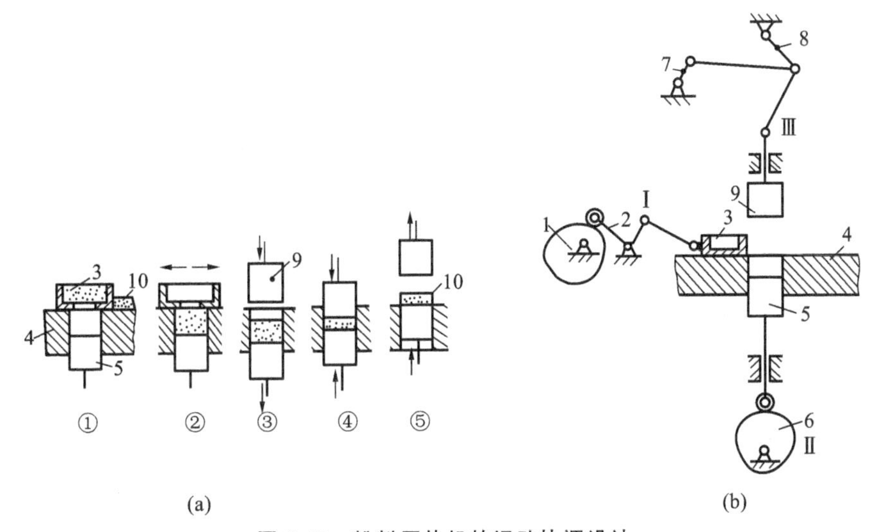

图 2-17　粉料压片机的运动协调设计

(a)粉料压片机的工艺动作流程；(b)执行机构系统方案示意图；
(c)执行机构系统运动传递框图；(d)粉料压片机的运动循环图

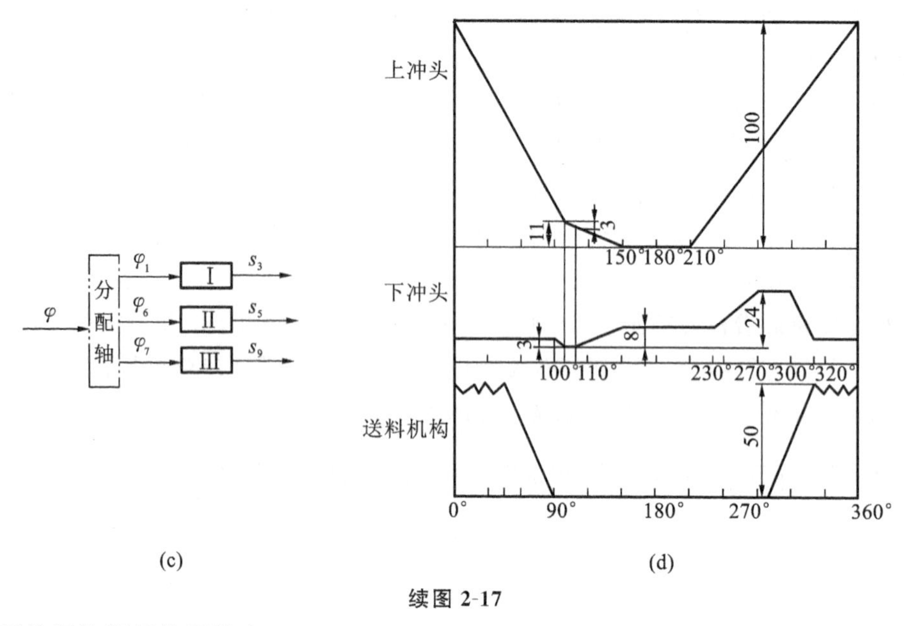

(c)　　(d)

续图 2-17

2. 压片机执行机构型综合

由上述工艺动作分解过程可知，压片机共需三个执行构件，即上冲头、下冲头和料筛，因而应有以下三套工作执行机构。根据工艺动作分析，执行机构系统方案示意图如图 2-17(b)所示。

(1)料筛送料机构(执行机构Ⅰ)　要求该机构可作往复直线运动，并可在型腔口抖动，使下料畅快。考虑采用凸轮-连杆组合机构，完成工艺动作①、②。

(2)下冲头运动机构(执行机构Ⅱ)　下冲头作往复直线运动，应能实现按静止(工艺动作①、②)、下降(工艺动作③)、上升(工艺动作④)、快速上升(工艺动作⑤)顺序作复杂运动，选择凸轮机构容易实现上述动作要求。

(3)上冲头运动机构(执行机构Ⅲ)　上冲头作往复直线运动，要有增力急回特性。上冲头运动机构为主加压机构，需要压力很大，根据生产条件和粉料的特性，应采用大压力压制。可考虑采用连杆型的增力机构。串联六杆肘杆机构可实现这一要求。

3. 各执行机构的运动协调设计

根据运动协调设计要求，对各执行机构的运动应作如下协调安排。

(1)各执行机构的动作过程必须按①→②→③→④→⑤的顺序进行。显然，在料筛送料期间，上冲头不能下移，以免压到料筛，只有在料筛不在上下冲头之间时，冲头才能冲压。所以料筛与上、下冲头之间的运动，在时间顺序上要有严格的协调要求。

(2)为了保证各执行机构在运动时间上的同步性，可将各执行机构的原动件 1、6、7 安装在同一根分配轴上，或通过一些传动装置把它们与分配轴相连。整个机构系统可由一个电动机带动，从而使各执行机构的运动循环时间间隔相同，并按确定的顺序周而复始地循环协调工作。如图 2-17(c)所示，φ 表示电动机通过传动机构(图中未画出)输入给分配轴的转角，通过分配轴将运动并列分支传给凸轮 1(φ_1)、凸轮 6(φ_6)、曲柄 7(φ_7)。而它们又分别通过机构Ⅰ、Ⅱ、Ⅲ输出料筛 3 的位移 s_3、下冲头 5 的位移 s_5、上冲头 9 的位移 s_9。这些构件的位移按顺序组成了压片成型的整个工艺动作过程。

(3)由于料筛 3 和上冲头 9 的运动轨迹是相交的，故在安排这两个执行构件的运动时，不仅要注意时间上的协调性，还应注意其空间位置上的协调性和同步性，以防止在其运动过程中料筛和上冲头相撞。

(4)因上冲头 9 和下冲头 5 的操作对象是同一片坯，故在安排这两个构件的运动时，应注意使其协调一致，使上、下冲头同时将粉料加压并保压一定时间，此后上冲头快速退出，下冲头稍后缓慢上移将成型片坯推出型腔；否则，若上冲头还未退出下冲头就上移，会使本已成型的片坯进一步受压而遭到破坏。

根据片坯尺寸、生产节拍要求及上述分析等，编制出的粉料压片机的运动循环图如图 2-17(d)所示。料筛在模具型腔上方往复振动加料，然后向左退出停歇。料筛刚退出，下冲头即开始下沉 3 mm，以防止上冲头进入型腔加压时将粉料扑出。下冲头下沉完毕，上冲头下移至型腔入口处。待上冲头下移至型腔面下 3 mm 处时，下冲头开始上升，对粉料双面加压。在此过程中，上、下冲头各移 8 mm，然后两冲头停歇保压，保压时间 0.4 s，即相当于主动件转 60°。随后上冲头先开始向上提升(上冲头行程为 90～100 mm，为料筛留有进入的空间)，下冲头稍后缓慢向上移动至和型腔面平齐，顶出成形片坯。下冲头停歇，待料筛向右推进 45～50 mm，以推出片坯。接着下冲头下移 21 mm，同时料筛往复振动加料而进入下一个循环。

在拟定运动循环图时，为了尽量缩短执行机构系统的工作循环周期，以提高劳动生产率，在不发生干涉的前提下，应尽量安排各执行机构的动作部分重叠。例如上冲头还未退到上顶点时，料筛即可开始移动送进；而料筛尚未完全退回，上冲头即可开始下行，只要料筛和上冲头不发生碰撞(阻挡)即可。这样安排，还可增加执行构件的运动时间，减小加速度，从而改善机构的运动和动力性能。本例中的运动循环图是以分配轴为定标件、以上冲头向下移动的起始点为运动循环的起点，按同一分配轴转角比例尺绘制的。

4. 运动协调机构的设计

该机械系统有三套执行机构，为使其成为一个单自由度的机器，必须把三套执行机构的原动件连接起来。等速连接为最简单的方法，如图 2-18 所示。

执行机构系统运动方案设计完成后，还需进行原动机的选择和机械传动系统方案设计，以形成完整的机械系统运动方案。此后，可进行执行机构的运动尺寸综合和动力学设计。在完成各执行机构的尺寸设计后，还需要检查各机构的运动是否协调，必要时还需要考虑结构和整体布局等方面的因素对运动循环图或运动方案进行适当修改。粉料压片机的机械系统运动方案如图 2-18 所示。

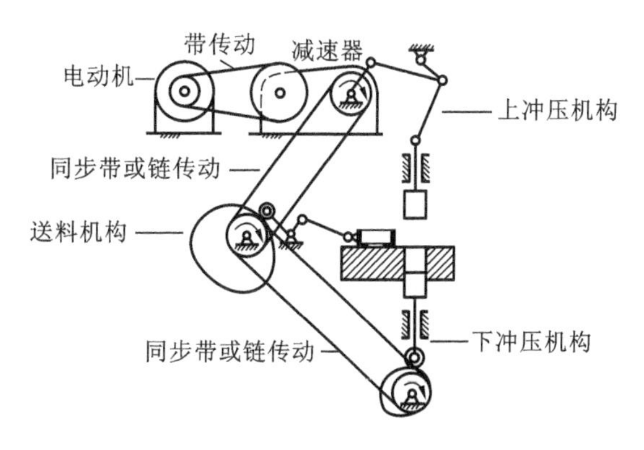

图 2-18　粉料压片机的机械系统运动方案

第3章　原动机的选择与机械传动系统的方案设计

现代机械种类繁多，结构日趋复杂。从实现系统功能的角度看，机械系统主要包含原动机、传动系统、执行系统、操作及控制系统等。原动机是机械系统工作的动力源；传动系统是把原动机的动力和运动传递给执行系统的中间装置。

3.1　原动机的选择

3.1.1　常用原动机的类型

按能量转换性质，原动机分为以下两种。

(1)一次原动机：把自然界的能源(一次能源)转变为机械能，如内燃机、燃气轮机、汽轮机、水轮机等。

(2)二次原动机：把二次能源(如电能、液能、气能等)转变为机械能，如电动机、液压缸、气动马达等。

3.1.2　常用原动机的运动输出形式

常用原动机的运动输出形式有以下三种。

(1)连续转动　如电动机、液压马达、气动马达、柴油机、汽油机等。

(2)往复移动　如直线电动机、气缸、液压缸等。

(3)往复摆动　如摆动气缸、摆动油缸等。

3.1.3　常用原动机的特点

一次原动机的性能比较见表3-1。二次原动机的性能比较见表3-2。

表3-1　一次原动机的性能比较

类别	工业汽轮机	汽油机	柴油机	燃气轮机
特点	启动力矩大，转速高，变速范围较大，运转平稳，寿命长；设备复杂，制造技术要求高，初始成本高	结构紧凑，重量小，便于移动，转速高，能很快启动达到满载运转；热效率约为25%；燃料价高，易燃，废气会造成大气污染	工作可靠，寿命长，维护简便，运转费用低，燃料较安全；热效率约为36%；初始成本较高，废气会造成大气污染	结构紧凑，重量小，启动快而力矩大，运转平稳，可用廉价燃油，维护简便；制造技术要求高，初始成本高
应用	适用于大功率高速驱动，如压缩机、泵、风机、发电机等	多应用于汽车等	应用很广，如各种车辆、船舶、农业机械、工程机械等	用于大功率高速驱动，如机车、飞机、发电机等

表 3-2　二次原动机的性能比较

类　别	电　动　机	气动马达(气缸)	液压马达(液压缸)
尺寸	较大	较小	最小
功率/质量	大	比电动机大	最大
调速方法和性能	直流电动机可改变电枢的电阻、电压等进行调速,交流电动机可通过变频、变极等进行调速	用气阀控制,简单、迅速,但不精确	通过阀控或泵控改变流量,调速范围大
反转性能	可采用反向开关或特殊电路反向,操作简单	通过方向控制阀反向供气,操作简单、迅速	通过方向控制阀反向供油等,操作简单
高温使用性能	受绝缘的限制,采用耐热的绝缘材料和特殊设计可提高使用温度	取决于结构材料的允许使用温度	受油液最高使用温度的限制,采用高温油可提高使用温度
防燃爆性能	需采用防爆电动机	介质不会燃爆,可用于有易燃易爆物的环境中	用于易燃环境时,必须使用防燃性油
恶劣环境适应性	需采用防护式或封闭式电动机	适用于多尘、潮湿和不良的大气中	需用密封结构
故障反应	运转故障或严重过载时可能会烧坏电动机,需考虑过载保护装置	过载不引起部件损坏	过载不引起部件损坏
噪声	小	较大	较大
初始成本	低	较高	高
运转费用	最低	最高	高
维护要求	较少	少	较多

3.1.4　选择原动机时应考虑的因素

1. 工作机械的负载特性和工作环境要求

工作机械的负载特性和工作环境要求包括载荷性质、工作制、作业环境、结构布局等,如很多工作机械有防爆、防尘、防腐蚀等要求。对于食品及包装机械,必须考虑到不能污染食品以及便于清洗等要求,在考虑选择液压缸还是气缸作为原动机时,多选择气动马达。

2. 原动机的机械特性

原动机的机械特性包含原动机的功率、转矩、转速等,以及原动机所能适应的工作环境,应使原动机的机械特性与工作机械的负载特性相匹配。如起重机械上用的电动机,应能适应工作中的频繁启停。

3. 经济性

考虑能源的供应,使用、维修费用、原动机购置费用等。例如,在有电源的条件下尽可能选择电力驱动,电力驱动成本低,操作控制方便。离电源远或无电源时可考虑选择柴油机、汽油机作为原动机。当有现成气源时可选用气压驱动。

3.1.5 电动机的类型、特点和选用

1. 电动机的类型

电动机是一种最常用的原动机。按使用电源的不同，电动机分为交流电动机和直流电动机。交流电动机分为同步和异步电动机，直流电动机按励磁方式可分为他励、并励、串励、复励电动机等。

2. 电动机的特点

工业上常用的三相交流异步电动机的结构特征、优缺点及应用范围见表 3-3。

表 3-3 三相交流异步电动机的结构特征、优缺点及应用范围

类别	名　称	结构特征	优缺点及应用范围
一般异步电动机	Y 系列三相异步电动机	全封闭自扇冷式，能防止水滴、灰尘、铁屑或其他杂物浸入电动机内部	使用维护方便，性能优良，体积小，重量小，转动惯量小等。用于不含易燃、易爆或腐蚀性气体的场所和无特殊要求的机械上，应用十分广泛
	YZ、YZR 系列起重及冶金用三相异步电动机	采用封闭式外部风冷结构	具有较高的机械强度及过载能力，能承受经常的机械冲击及振动。适用于经常快速启动及逆转、电气及机械制动的场合，还适用于有过负荷、有显著振动和冲击的设备，如各种形式的起重、牵引机械及冶金设备的电力拖动
变速异步电动机	YD 系列多速三相异步电动机	机械结构与 Y 系列相同	具有双速、三速、四速三种调速范围，转速可逐级调节，适用于金属切削机床、木工机床以及起重设备等需要多级调速传动的装置
防爆异步电动机	YA、YB 系列防爆安全型、隔爆型三相异步电动机	结构与 Y 系列相似，为了满足防爆要求，适当加固	具有运行可靠、使用安全、寿命长、维修方便、性能优良等优点。适用于具有爆炸危险性混合物的场所
电磁调速三相异步电动机	YCT 电磁调速三相异步电动机	有组合式和整体式两种结构，均为防护式，空气自冷，卧式安装，无碳刷、集电环等滑动接触部件	结构简单、可靠、速度调节均匀平滑，无失控区，使用维护方便。对于启动力矩高、惯性大的负载有缓冲启动的作用，同时有防止过载等保护作用。非常适用于鼓风机和泵类负载场合，应用广泛

3. 电动机的选择

1）电动机类型的选择

在满足使用要求的前提下，交流电机优于直流电动机，笼型电动机优于绕线型电动机。

一般情况下，对启动、制动及调速无特殊要求时，选 Y 系列笼型三相交流异步电动机。

对于需调速但调速平滑性无要求、可有级调速的机械，如起重机等，可选用 YD 系列变极变速三相交流异步电动机，此类电动机有双速、三速、四速多种类型，经济性高。

对于无调速要求但需高启动转矩，或启动飞轮力矩较大，具有冲击性负载，启动、制动及反向次数较多的机械，可选 YH 系列高转差率三相交流异步电动机。

2）电动机结构形式的选择

通常根据安装及环境等要求，选择电动机的结构形式。例如，无特殊要求时多用卧式防护式电动机，而多尘等环境中需选择封闭式电动机。

3)电动机额定转速的选择

在电机功率相同的条件下，电动机的转速增大，体积减小，重量减轻，价格降低。电机启动，制动及反转过程较快。然而，此时执行系统的工作速度与电机转速差距过大，增加了传动系统的复杂性，经济性下降。生产上多采用同步转速为 1 500 r/min 的三相异步电动机。

4)电动机额定电压及频率的选择

额定电压及频率应尽可能与电网供电电压及频率一致。在我国，三相交流电额定电压及频率为 380 V、50 Hz。

5)电动机工作制的选择

电动机工作制是对电动机承受负载情况的说明，包括启动、电制动、负载、空载、断能停转，以及这些阶段的持续时间和先后顺序等。国际上规定三相异步电动机的工作制共分九类，其中 S_1 为连续工作制。应该注意的是：不同工作制影响电动机的实际承载能力，应尽可能选择与工作机械相同或相近工作制的电动机。

6)电动机功率的选择

电动机功率太小，长期处于高负载运行，会造成电动机绝缘过早损坏；电动机功率太大，不经济。决定电动机功率的主要因素有：发热、允许的过载能力和启动能力。

3.2　传动的类型及选择

3.2.1　传动系统的功能

传动系统是将原动机的运动和动力传递给执行机构或执行构件的中间装置。其功能有以下三种。

(1)将原动机的等速回转运动转变为执行机构的多种运动形式。

(2)改变原动机的转速、转矩或力，满足执行机构的需要。

(3)将单个动力源的动力传递给若干个运动形式和速度不同的执行机构。

3.2.2　传动的分类

传动的类型按工作原理分为机械传动、流体传动、电力传动等。常用机械传动的分类见表3-4。此外，还可按传动比变化情况、传动输出速度变化情况进行分类。

表 3-4　常用机械传动的分类

传动类型		说　明
摩擦传动	摩擦轮传动(直接接触)	接触形式：圆柱形、槽形、圆锥形、圆柱圆盘形等
	挠性摩擦传动(靠中间挠性件)	带传动：V 带、平带、多楔带、圆形带，绳及钢丝绳传动等
	摩擦式无级变速传动	定轴的(无中间体的、有中间体的)，动轴的，有挠性元件的等
啮合传动	齿轮传动	圆柱齿轮传动，锥齿轮传动，定轴轮系，周转轮系，非圆齿轮传动等
	蜗杆传动	圆柱蜗杆传动，环面蜗杆传动，锥蜗杆传动等
	挠性啮合传动 (靠中间挠性构件)	链传动：滚子链，套筒链，弯板链，齿形链等 带传动：同步带等
	螺旋传动	摩擦形式：滑动，滚动，静压等

3.2.3　各类传动的特点和应用

各类传动的特性和应用见表 3-5。

表 3-5　各类传动的特性和应用

传动形式	摩擦传动	带传动	链传动
主要优点	运转平稳，噪声小，结构简单，可在运转中平稳地调整传动比实现无级变速，具有过载保护作用	中心距变化范围大，结构简单，传动平稳，能缓冲，可起安全装置作用，成本低，安装要求不高	中心距变化范围大，平均传动比较准确、恒定，对恶劣环境适应能力较强，工作可靠
主要缺点	轴和轴承上受到的作用力很大，有滑动，工作面损坏快，传动比不能严格保证	外轮廓尺寸大，轴和轴承上受力很大。摩擦型带传动不宜用于易燃、易爆场合，传动比不能严格保证，寿命较短	瞬时传动比不均匀，高速时平稳性差。在振动冲击负荷下寿命大为缩短，链因磨损伸长后易引起共振，需增设张紧和减振装置
功率 P	$P_{max}\approx300$ kW 常用 10～30 kW	P_{max}：普通平带为 2 000 kW 强力锦纶平带为 3 500 kW 普通 V 带为 1 000 kW（常用 50～100 kW） 窄 V 带 750 kW 同步带 100 kW	$P_{max}=5\ 000$ kW 常用 135 kW 以下
速度 v	受发热限制，在润滑条件下，发热使油膜的承载能力降低，打滑增大，传动功率减小 通常 v 为 15～25 m/s	受带和带轮间产生气垫、带体发热和离心力的限制 v_{max}：强力锦纶平带为 60 m/s 特殊高品质平带为 100 m/s 普通 V 带为 25～30 m/s 窄 V 带为 40～50 m/s 同步带为 100 m/s	受链条啮合链轮时的冲击、链条磨损和胶合的限制。 $v_{max}=30\sim40$ m/s 通常小于 20 m/s
效率	圆柱摩擦轮为 0.85～0.92 槽摩擦轮为 0.88～0.90 圆锥摩擦轮为 0.85～0.90	平带为 0.94～0.98 V 带为 0.90～0.94 同步带为 0.96～0.98	滚子链　0.95～0.97（$v\leqslant$ 10 m/s）； 0.92～0.96（$v>10$ m/s） 齿形链　0.97～0.99
单级传动比 i	受外轮廓尺寸的限制，通常 $i\leqslant7\sim10$，有卸载装置时 $i\leqslant$ 15，仪器、手传动时 $i\leqslant25$	受小带轮包角和外廓尺寸的限制 平带 $i\leqslant5$ V 带 $i\leqslant10$ 同步带 $i\leqslant10$	受小链轮包角的限制 滚子链 $i\leqslant10$ 齿形链 $i\leqslant15$ 通常 $i\leqslant8$
寿命	取决于材料的接触强度和抗磨损能力	带轮直径大，带的寿命较长：普通 V 带为 3 500～5 000 h（优质 V 带可达 20 000 h），窄 V 带为 20 000 h	与制造质量有关，为 5 000～15 000 h

续表

传动形式	摩擦传动	带传动	链传动
应用举例	摩擦压力机、摩擦绞车、机械无级变速器等	金属切削机床、锻压机械、输送机、通风机、农业机械等	农业机械、石油机械、矿山机械、运输机械和起重机械等

传动形式	齿轮传动	蜗杆传动	螺旋传动
主要优点	外廓尺寸小，效率高，传动比恒定准确，寿命长，适用的功率和速度范围广，采用行星齿轮传动时，可获得很大传动比	外廓尺寸小，结构紧凑，传动比大而准确。传动平稳无噪声，可做成自锁传动	可将旋转运动变成直线运动，并能以较小的转矩得到很大的轴向力，结构简单。 滑动螺旋可制成自锁机构
主要缺点	要求制造、安装精度高，不能缓冲，高速传动时如精度不够则有噪声，无过载保护作用	效率低，中速及高速传动采用价格昂贵的耐磨材料，制造精度要求高，刀具费用高	工作速度一般都很低
功率 P	各种齿轮的 P_{max} 圆柱齿轮：直齿 750 kW；斜齿和人字齿 50 000 kW 圆弧齿轮 10 000 kW；直齿锥齿轮 1 000 kW 摆线针轮传动 250 kW；谐波传动 2 200 kW	P_{max} =750 kW 通常只用到 50 kW	—
速度 v	受动载荷和噪声限制 圆柱齿轮：7 级精度≤25 m/s 5 级精度以上的斜齿轮：15～130 m/s 锥齿轮：直齿＜5 m/s，曲线齿5～40 m/s	受发热条件限制 滑动速度 v_{max} 为15～35 m/s	—
效率	与速度和制造精度有关 开式传动：0.92～0.94 闭式传动：圆柱直齿 0.95～0.98 圆柱斜齿 0.96～0.99 锥直齿 0.95～0.98 摆线针轮传动 0.90～0.94 谐波齿轮传动 0.69～0.90	与导程角、滑动速度和制造精度有关 开式：0.6～0.7 闭式：单头 0.7～0.75 双头蜗杆 0.75～0.82 环面蜗杆 0.85～0.95 自锁蜗杆 0.40～0.45	滑动螺旋为 0.3～0.6 滚动螺旋不小于 0.90 静压螺旋为 0.99
单级传动比 i	圆柱齿轮 i≤10，常用 i≤5； 锥齿轮 i≤6，常用 i≤3； 摆线针轮传动 11～87 谐波齿轮传动 50～500	开式传动 i≤100 常用 i=15～60； 闭式传动 8≤i≤80 常用 i=10～40 分度机构或非动力传动 i 可达 1 000	—

续表

传动形式	齿轮传动	蜗杆传动	螺旋传动
寿命	取决于轮齿材料的接触疲劳强度、弯曲疲劳强度以及抗胶合和抗磨损能力	制造精确、润滑良好时，寿命较长。低速传动磨损显著	滑动螺旋磨损较快，滚动螺旋和静压螺旋寿命都很长
应用举例	金属切削机床、汽车、起重运输机械、冶金矿山机械以及仪器等	金属切削机床、起重机、冶金和矿山机械等	螺旋压力机、千斤顶、机床的传导螺旋和传力螺旋等

3.2.4　传动类型的选择原则

1. 一般原则

(1)工况要求　传动要求是连续还是断续，采用的传动系统是有区别的。

(2)原动机的机械特性和调速性能　当工作装置要求与原动机同步时，不宜采用摩擦传动，而应采用无滑动的传动装置。若原动机的调速比能与工作装置的变速要求相适应，可直接连接或采用定传动比的传动装置；当工作装置要求的变速范围大、原动机的调速措施不能满足其机械特性和经济要求时，应采用变传动比的传动装置。通常从降低成本角度出发尽量采用有级变速，只有工作装置生产工艺需要连续变速时，才选用无级变速传动。此外，在传动装置中传动比的分配应合理。

(3)工作环境　如在多粉尘、潮湿或易燃等环境中，不宜用摩擦传动。

(4)经济性　在满足使用要求前提下，尽可能选择结构简单的传动装置，简化和缩短传动链。传动装置应尽可能采用标准化、系列化产品，以便于互换从而降低初始和维修费用。变速装置尽量放置在高速级，受力小，尺寸小。对于大功率传动，应优先考虑传动的效率，节约能源，降低运输和维修费用。

(5)当载荷变化频繁且可能出现过载时，应考虑采用过载保护装置。

(6)操作和控制方式　如采用远程操作和控制方式，使用电力传动就比较方便。

2. 定传动比传动的选择

定传动比传动主要采用机械传动装置。选择传动类型时，首先应考虑能否实现所传动的功率及其运转速度。

(1)齿轮传动应用广泛，而V带传动因其简单、方便和可靠，在中小功率的传动中应用极广。

(2)单级传动不能满足传动比要求时，可采用多级传动，但其效率有可能相应降低。

(3)对于大传动比传动，宜采用行星齿轮传动、谐波齿轮传动和摆线针轮传动等。

选择传动形式时，还应考虑布置上的要求。主、从动轴间距离很大或主动轴需同时驱动多根距离较大的平行轴时，可以选用带传动或链传动；若要求同步，则应采用链传动或同步带传动。要求主、从动轴在同一轴线上时，可采用双级、多级齿轮传动或行星齿轮传动。两轴相交时，可采用锥齿轮传动或圆锥摩擦轮传动。两轴交错时，可采用蜗杆传动或交错轴斜齿轮传动。后两种情况中，也可考虑采用平带传动。

3. 有级变速传动的选择

有级变速机械传动通常采用直齿轮变速装置，通过杠杆、拨叉移动交换齿轮或离合器进行换挡。对于简单的小功率传动，可以采用V带传动的塔轮装置变速。

（1）在电力传动中，用鼠笼式变极电动机可获得几种刚度较大的输出转速。

（2）在液压传动中，可以采用有级变速的液压马达来扩大液压传动的调速范围。

4. 无级变速传动的选择

机械传动、流体传动和电力传动都能实现无级变速或无级调速。

（1）机械无级变速传动结构简单、恒功率特性好，多制成独立单元，维修方便，但寿命较短，耐冲击性能较差，通常用于相应速度要求不太高的较小功率传动。

（2）电力无级调速传动的功率范围大，容易实现自动控制和遥控，而且能远距离传递动力。采用电力无级调速十分方便，但恒功率特性差。

（3）液压无级调速装置的尺寸小、重量轻，当功率和转速相同时，液压马达或液压元件的重量仅为电动机的1/10左右。气压无级调速装置多用于小功率传动。

3.3　传动装置的总传动比及其分配

3.3.1　确定总传动比

当原动机和传动系统的形式选定后，根据原动机的额定转速 $n_{原}$ 和执行机构系统工作轴的转速 $n_{工}$ 即可确定传动装置的总传动比 $i_{总}$ 为

$$i_{总}=\frac{n_{原}}{n_{工}} \tag{3-1}$$

由于传动装置通常由多级传动构成，因此要根据总传动比分配各级的传动比，满足

$$i_{总}=i_1 i_2 i_3 \cdots i_n \tag{3-2}$$

式中：$i_1, i_2, i_3, \cdots, i_n$ 为各级传动的传动比。

3.3.2　传动比分配的一般原则

传动比的合理分配关系到传动系统的性能，进而直接影响整个机器的工作能力。传动比分配的一般原则如下。

（1）各级传动比应在合理的范围内选取，特殊情况下也不要超过所允许的最大值。

（2）使各级传动的承载能力得到充分发挥，并使其结构尺寸协调和匀称。

（3）应使各级传动具有较小的外形尺寸、重量和中心距。

（4）在多级齿轮减速器中，力求使各级大齿轮的浸油深度大致相等，以便于实现浸油润滑。

（5）为提高传动链的传动精度，减小空回行程，应按照“前小后大”的原则分配传动比，即运动链前面的传动组的传动比小于后面传动组的传动比。

（6）避免较大的升速传动，升速传动将扩大传动误差，引起冲击、噪声等。

（7）对于周期性变化的载荷，为了避免某几个轮齿的磨损过分集中，采用不可约分的传动比传动更好，如 $i=27/25$、$31/17$ 等。

（8）在经常正反转的传动链中，尽量使传动链总转动惯量最小。

在分配传动比时，应该在尽量满足上述原则的基础上设计不同的分配方案，通过对各个指标进行对比，最后确定一个最合理的方案。

3.3.3　传动比的选择与计算

（1）在V带-齿轮传动装置中，一般应使 $i_{带}<i_{齿}$，以使整个传动装置的尺寸较小，结构紧

凑，外形也协调。如遇特殊情况，要取大的 $i_{带}$，则有可能使大带轮的半径 R 大于减速器的中心高 H(图 3-1)，从而造成安装上的困难。

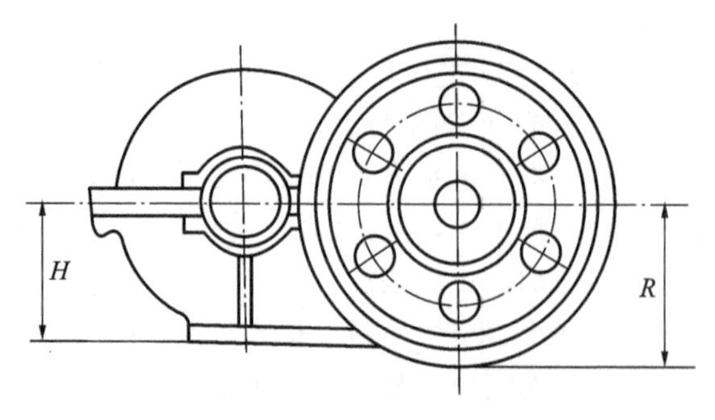

图 3-1　V 带-齿轮传动装置

(2)对于两级圆柱齿轮减速器，如果两对齿轮的配对材料和齿宽系数均相同，为使两对齿轮的齿面承载能力大致相等，以获得最小的外形尺寸，应取高速级传动比 $i_{高}$ 为

$$i_{高}=\frac{i_{总}}{2}\frac{\sqrt[3]{i_{总}^{2}}+1}{\sqrt[3]{i_{总}^{2}}+i_{总}} \tag{3-3}$$

(3)对于同轴式两级圆柱齿轮减速器，为了提高高速级齿轮的承载能力，并照顾到各级齿轮的润滑条件，可取

$$i_{高}=\sqrt{i_{总}}-(0.01\sim0.05)i_{总} \tag{3-4}$$

(4)为了使两个大齿轮的浸油深度大致相等，以利润滑，对于双级展开式和分流式圆柱齿轮减速器，通常取 $i_{高}=(1.2\sim1.3)i_{低}$。

(5)对于两级锥齿轮-圆柱齿轮减速器，因为锥齿轮尺寸越大制造越困难，因此高速级的锥齿轮传动比 $i_{高}$ 不宜太大。根据齿面承载能力相等并获得较小外形尺寸的原则，通常取 $i_{高}\approx0.25i_{总}$，且 $i_{高}\leqslant3$，如要求两个大齿轮的浸油深度大致相等，则允许 $i_{高}=3.5\sim4$。

(6)对于蜗杆-齿轮减速器，齿轮传动的传动比大致可取为

$$i_{齿}=(0.03\sim0.06)i_{总} \tag{3-5}$$

(7)对于两级蜗杆减速器，为了总体布置的方便，通常应保证 $a_{低}\approx2a_{高}$($a_{高}$、$a_{低}$ 分别表示减速器高速级和低速级的中心距)，此时两级蜗杆传动的传动比大致相等，即

$$i_{高}\approx i_{低}\approx\sqrt{i_{总}} \tag{3-6}$$

(8)在经常反转的传动链中，为了使传动链总转动惯量最小，可按式(3-7)分配传动比

$$i_{k}=\sqrt{2}\left(\frac{i_{总}}{2^{n/2}}\right)^{\frac{2^{k-1}}{2^{n}-1}} \tag{3-7}$$

式中：$i_{总}$ 为总传动比；n 为传动链中的传动级数；i_{k} 为任一级的传动比，$k=1,2,\cdots,n$。

(9)按最小重量分配传动比。①带惰轮的一级减速传动结构如图 3-2 所示。记：$i_{m}=d_{i}/d_{01}$，$i_{总}=d_{02}/d_{01}$，则 i_{m} 符合下述关系

$$2i_{m}^{3}+i_{m}^{2}=\frac{1}{n}(i_{总}^{2}+1) \tag{3-8}$$

式中：n 为惰轮数；$i_{总}$ 为总传动比；i_{m} 为由小齿轮到第一惰轮的传动比。

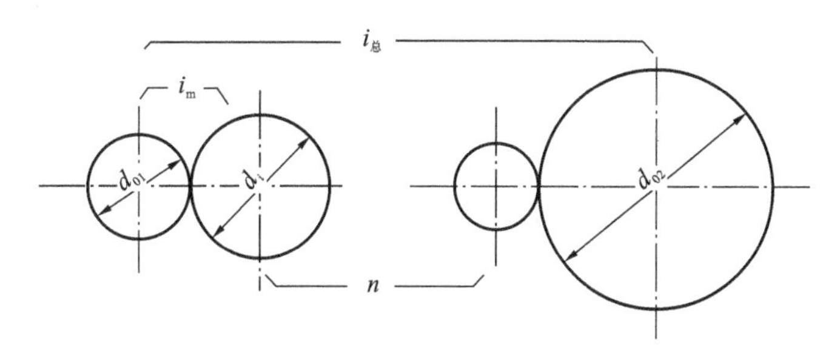

图 3-2　带惰轮的一级减速传动结构

②两级减速传动。传动链如图 3-3 所示。记 i_1、i_2 分别为第一、二级的传动比，则有

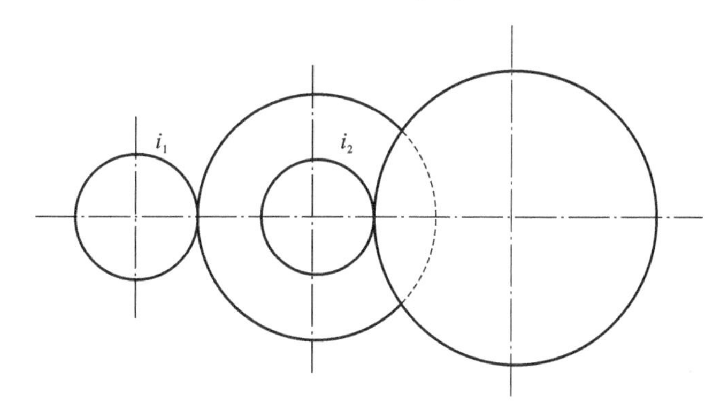

图 3-3　两级减速传动链

$$2i_1^3+\frac{2i_1^2}{1+1/i_{总}}=\frac{i_{总}^2+1}{1+1/i_{总}} \tag{3-9}$$

$$i_2=\frac{i_{总}}{i_1} \tag{3-10}$$

(10)两级减速时按最小结构长度分配传动比。传动链仍如图 3-3 所示。其第一级的传动比计算公式为

$$i_1=\frac{i_{总}+\sqrt[3]{i_{总}}}{2(1+\sqrt[3]{i_{总}})} \tag{3-11}$$

第4章 机构的设计与分析

在确定了原动机、传动系统和执行机构系统的方案后，要绘制机械运动简图，还必须进行机构的尺度设计，并按题目要求完成各种分析（如运动分析、力分析等）或设计（如飞轮设计等）。其中大部分执行机构的设计与分析可以利用在机械原理课程中学习的各种理论和方法来进行。考虑到机械原理课程已对各种运动分析、动力分析的方法和常用机构的设计作了详细介绍，所以本章仅补充一些执行机构设计与分析的方法，并通过牛头刨床执行机构设计与分析的实例将相关内容联系起来。

4.1 机构的尺度设计

机构的种类很多，包括连杆机构、凸轮机构、齿轮机构、槽轮机构、棘轮机构、间歇运动机构等。在机械原理课程设计中应用较多的是平面四杆机构、凸轮机构和齿轮机构。机构的尺度（尺寸）设计有解析法和作图法两种。关于平面四杆机构和凸轮机构设计的有关内容详见机械原理课程的教材。由于学生在进行机械原理课程设计时大多没有学习机械设计课程，所以对传动系统（如带传动、链传动、齿轮传动等）的尺度设计只能是初步的，某些参数（如齿轮模数、小齿轮齿数范围等）可由教师指定。第9章简要介绍了常用机械传动设计的基本知识以供学生参考，更深入的内容可参考机械设计课程的教材。下面着重介绍平面四杆机构尺度设计解析法的基本原理，并给出牛头刨床执行机构设计的实例。

4.1.1 用解析法进行平面四杆机构的尺度设计

平面四杆机构尺度设计包括确定构件尺寸、满足机构条件（如要求存在曲柄等）和运动连续条件等。连杆机构尺度设计的要求可归纳为以下几点。

（1）满足预定的运动规律要求　如两连架杆的转角对应位置要求。

（2）满足预定的连杆位置要求　即要求连杆能运动到一系列的预定位置。

（3）满足预定的轨迹要求　如连杆上某些点的轨迹能符合或近似符合预定的轨迹要求。

利用解析法设计平面四杆机构的关键，是建立机构各尺寸参数和运动变量解析方程式，下面就上述三种问题的求解进行说明。

1. 按预定的规律设计四杆机构

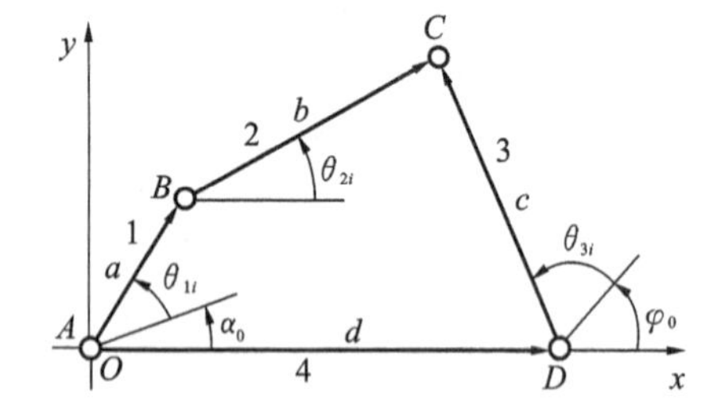

图4-1　按两连架杆预定的对应转角位置设计

按两连架杆预定的对应转角位置设计，如图4-1所示。要求从动件3与主动件1的转角应满足对应关系 $\theta_{3i}=f(\theta_{1i}),i=1,2,\cdots,n$。

因机构按比例放大或缩小，不会改变各机构的相对转角关系，所以设计变量取各构件的相对长度。以曲柄长度 a 为基准，设 $b/a=x,c/a=y,d/a=z$，θ_1、θ_3 的计量起始角为 α_0、φ_0。

建立如下方程式

$$\left.\begin{aligned}x\cos\theta_{2i}&=z+y\cos(\theta_{3i}+\varphi_0)-\cos(\theta_{1i}+\alpha_0)\\x\sin\theta_{2i}&=y\sin(\theta_{3i}+\varphi_0)-\sin(\theta_{1i}+\alpha_0)\end{aligned}\right\}\tag{4-1}$$

消去未知角 θ_{2i}，得

$$\cos(\theta_{1i}+\alpha_0)=y\cos(\theta_{3i}+\varphi_0)-\frac{y}{z}\cos(\theta_{3i}+\varphi_0-\theta_{1i}-\alpha_0)+\frac{y^2+z^2+1-x^2}{2z}$$

令 $P_0=y,P_1=-y/z,P_2=(y^2+z^2+1-x^2)/(2z)$，则上式可简化为

$$\cos(\theta_{1i}+\alpha_0)=P_0\cos(\theta_{3i}+\varphi_0)+P_1\cos(\theta_{3i}+\varphi_0-\theta_{1i}-\alpha_0)+P_2\tag{4-2}$$

在上式中有 5 个变量 P_0、P_1、P_2、α_0 及 φ_0，根据解析方程组的求解条件，可以根据转角对应条件列出 5 个方程式，故四杆机构最多可按两连架杆的 5 个对应位置精确求解。

(1)当两连架杆的对应位置数 $N=5$ 时，能求得精确解。

(2)当两连架杆的对应位置数 $N>5$ 时，一般不能求得精确解，可用最小二乘法等进行近似设计。

(3)当要求的两连架杆对应位置数 $N<5$ 时，有无穷多个解，此时可预选某些尺寸参数。

在这类问题的设计中，还有一种情况是按期望函数进行设计。

如图 4-2 所示，设要求四杆机构两连架杆转角之间的函数关系为 $\varphi=f(\alpha)$，该函数称为期望函数。从式(4-2)可以看出，连杆机构的待定参数较少，只有 5 个，所以一般不能准确实现该期望函数，只能近似实现。

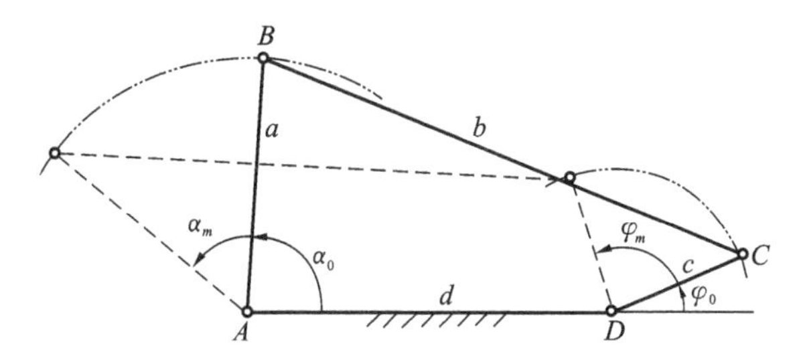

图 4-2　按两连架杆转角之间的函数关系设计

为近似实现该期望函数，其思路如下：设最终实际机构实现的函数为 $\varphi=F(\alpha)$，该函数称为再现函数。再现函数与期望函数一般是不一致的，设计时应使机构的再现函数尽可能逼近所要求的期望函数。具体做法是，在给定的自变量 α 的变化取决 $\alpha_0\sim\alpha_m$ 内的某些点上，使再现函数与期望函数的函数值相等，即

$$f(\alpha_i)-F(\alpha_i)=0\quad(i=1,2,\cdots,m)\tag{4-3}$$

这些点称为结点。

在结点以外的其他位置，$\varphi=f(\alpha)$ 与 $\varphi=F(\alpha)$ 是不相等的，其偏差为 $\Delta\varphi=f(\alpha)-F(\alpha)$。

显然结点数最多为 5 个，超过 5 个便不能精确求解。结点位置的分布根据函数逼近理论进行选取。

2. 按预定的连杆位置设计平面四杆机构

在四杆机构中，连杆作平面运动，为表示连杆的位置，在连杆上任选一个点 M 作为基点，用点 M 的坐标(x_M，y_M)和连杆的方位角 θ_2 来表示连杆的位置，如图 4-3 所示。这样本设计问题便转化为：已知连杆上点 M 的系列位置 $M_i(x_{Mi},y_{Mi})$ 和连杆方位角 θ_{2i}，设计四杆机构。

如图 4-3 所示，建立 OAB_iM_i 的封闭矢量方程式

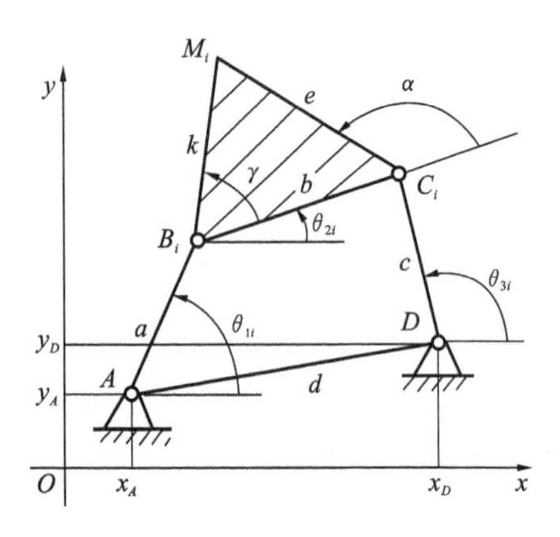

图 4-3　按预定的连杆位置设计

$$\boldsymbol{OA}+\boldsymbol{AB}_i+\boldsymbol{B}_i\boldsymbol{M}_i-\boldsymbol{OM}_i=0 \tag{4-4}$$

分别向 x、y 轴上投影，得

$$\left.\begin{aligned} x_A+a\cos\theta_{1i}+k\cos(\gamma+\theta_{2i})-x_{Mi}=0 \\ y_A+a\sin\theta_{1i}+k\sin(\gamma+\theta_{2i})-y_{Mi}=0 \end{aligned}\right\} \tag{4-5}$$

将式中的 θ_{1i} 消去，经整理可得

$$\frac{x_{Mi}^2+y_{Mi}^2+x_A^2+y_A^2+k^2-a^2}{2}-x_Ax_{Mi}-y_Ay_{Mi}$$
$$+k(x_A-x_{Mi})\cos(\gamma+\theta_{2i})+k(y_A-y_{Mi})\sin(\gamma+\theta_{2i})=0 \tag{4-6}$$

在式(4-6)中共含有 5 个变量，即 x_A、y_A、a、k、γ。如果对图 4-3 中的 ODC_iM_i 建立封闭矢量方程式，也可以得到类似的方程式，这里不再赘述。

上述方程式有 5 个变量，故最多能按 5 个连杆预定位置精确求解，由于上述方程式是非线性方程，故只能利用数值法求解。

如果只有 3 个连杆预定位置，可先预选 x_A、y_A，上式可化为线性方程，此时便于求解，这里省略。

3. 按预定的运动轨迹设计平面四杆机构

平面四杆机构中连杆上的点的轨迹曲线十分丰富，可以用来近似满足许多要求。用解析法按预定的运动轨迹设计平面四杆机构，就要利用连杆上的点。其设计的主要任务还是确定机构的各尺度参数以及连杆上的点的位置，使该点的运动轨迹与预定的轨迹相符。

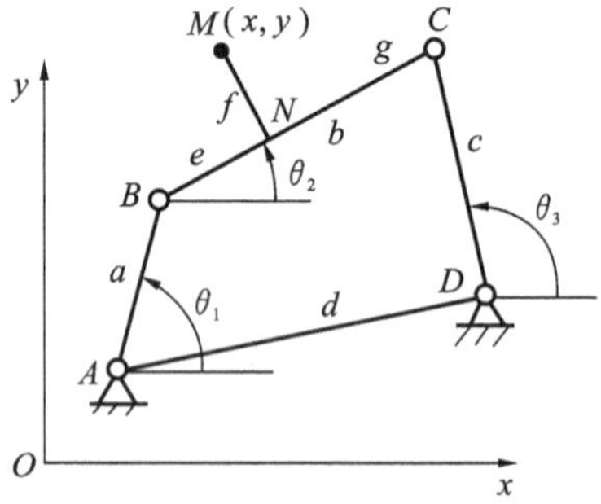

如图 4-4 所示，设连杆上点 M 的坐标为(x,y)，点 A 的坐标为(x_A,y_A)，其他有关尺寸见图 4-4，则由 $OABNM$ 组成的封闭矢量多边形得

图 4-4　按连杆上点的轨迹设计

$$\left.\begin{aligned} x=x_A+a\cos\theta_1+e\cos\theta_2-f\sin\theta_2 \\ y=y_A+a\sin\theta_1+e\sin\theta_2+f\sin\theta_2 \end{aligned}\right\} \tag{4-7}$$

消去 θ_1 得

$$(x-x_A)^2+(y-y_A)^2+e^2+f^2-2[e(x-x_A)+f(y-y_A)]\cos\theta_2$$
$$+2[f(x-x_A)+e(y-y_A)]\sin\theta_2=a^2 \tag{4-8}$$

同理，由 $ODCNM$ 组成的封闭矢量多边形列方程式并化简得

$$(x-x_D)^2+(y-y_D)^2+g^2+f^2-2[f(y-y_D)-g(x-x_D)]\cos\theta_2$$
$$+2[f(x-x_D)+g(y-y_A)]\sin\theta_2=c^2 \tag{4-9}$$

在上述两个方程中含有 x_A、y_A、x_D、y_D、a、c、e、f、g 九个独立变量，故最多可以列九组方程，即最多可按九个预定点的位置进行精确求解。

不过式(4-8)、式(4-9)是二阶非线性方程组，求解困难。通常的做法是按 4～6 个精确点设计，这样便可先预设一些参数，降低求解难度，同时也有利于机构的多目标优化设计。当需要获得更多精确点的轨迹时，可采用多杆机构。

4.1.2　牛头刨床执行机构的尺度设计

1. 牛头刨床的工作原理

牛头刨床是一种常见的金属切削机床，主要用来加工平面或槽面。图 4-5(a)所示为该机床的一种结构形式的示意图。电动机经带传动、齿轮传动，带动曲柄 1 和固结在其上的凸轮机构，再通过执行机构驱动执行构件——刨头和工作台。

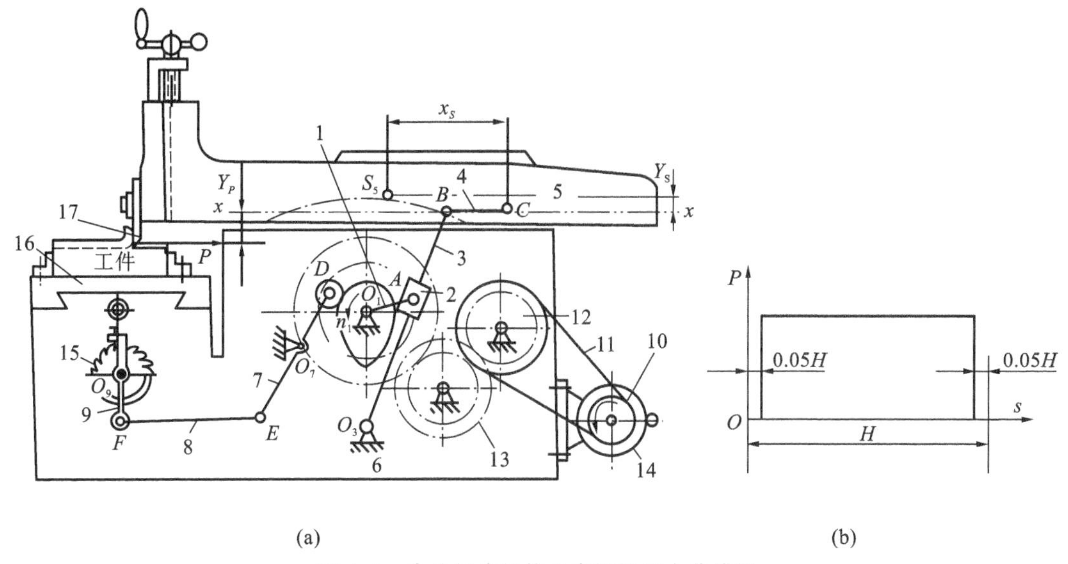

图 4-5　牛头刨床机构示意图及阻力曲线图

1—曲柄、齿轮 4 和凸轮；2—滑块；3—导杆；4—连杆；5—刨头；6—机架；7—摆杆(摇杆)；8—连杆；9—摇杆；10—小带轮；11—V 带；12—大带轮和齿轮 1；13—齿轮 2 和齿轮 3；14—电动机；15—棘轮；16—工作台；17—刨刀

由图 4-5(a)可以看出执行机构的传递路线有两条：一条通过摆动导杆机构使刨刀(和刨头固结)实现往复直线运动；另一条由凸轮机构带动双摇杆机构 O_7EFO_9、棘轮机构及螺旋机构(图中未画出)使工作台实现横向移动。刨头左行时，刨刀切削工件，称为工作行程。此行程要求刨刀能承受很大的切削力，速度均匀，工作平稳，以提高切削表面的质量。因此，工作行程应取较低的速度，这样在同一功率下可得到较大的切削力。当刨刀右行时，刨刀不切削金属，称为空回行程。此行程应加快速度，以节省时间，提高生产效率。牛头刨床中的导杆机构具有上述要求的变速功能。刨刀每完成一次切削，在空回行程时工作台横向移动一个距离，即完成一个进给运动，以便进行下一次切削。刨刀的行程为 H，在工作行程中刨刀受很大的切削阻力，因此在切削行程的前后各有一段约 $0.05H$ 的空刀距离(图 4-5(b))。空回行程时，刨刀不受切削阻力。因此，刨头在整个运动循环中受力变化很大。为使主轴匀速运转，需要安装飞轮，以减小主轴的速度波动。

2. 牛头刨床执行机构尺度设计

现对牛头刨床刨头执行机构(图 4-6)进行尺度设计。机构尺度设计的目的是根据有关参数确定执行机构的构件尺寸与位置关系。已知行程速比系数 K，行程 H，O_1 至 O_3 点的距离 l_{O1O3}，连杆长 l_{BC} 与导杆长 l_{O3B} 之间的比例关系为 $l_{BC}=0.32l_{O3B}$。其设计要求为：根据行程速比系数 K 确定曲柄长 l_{O1A}、导杆长 l_{O3B}、连杆长 l_{BC}、刨头导路至点 O_3 之间的距离 Y 及各构件的质心位置。其设计步骤如下。

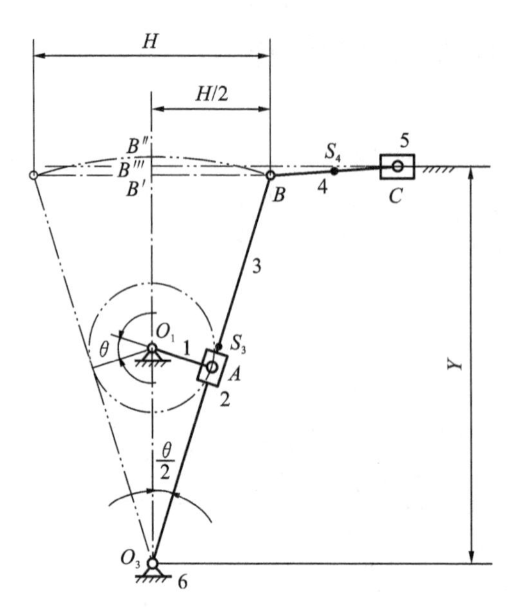

图 4-6 牛头刨床执行机构尺度设计

1)求极位夹角 θ

如图 4-6 所示,导杆 3 处于右极限位置时,曲柄和导杆 3 垂直,可得

$$\theta=180^{\circ}\times\frac{K-1}{K+1} \tag{4-10}$$

由图 4-6 可见,$\angle O_1O_3A$ 为 $\theta/2$。

2)确定各构件的尺寸

在图 4-6 中,$\angle O_1AO_3$ 为 90°,从$\triangle O_1AO_3$ 可以得到曲柄长 l_{O1A} 为

$$l_{O1A}=l_{O1O3}\sin\frac{\theta}{2} \tag{4-11}$$

导杆将力传给刀架(滑块)的最有利条件是:机构的尺寸配置能使滑块的移动导路通过 B 点轨迹圆弧高(即 $B'B''$)的中点 B'''。下面按此条件计算 l_{O3B} 和 Y。

当导杆 3 上的点 B 位于最高点 B''时,点 B 走过的水平距离$BB'=H/2$。从$\triangle O_3B'B$ 中可以看到$\angle O_3B'B$ 为 90°,则导杆 3 的长度 l_{O3B}为

$$l_{O3B}=\frac{H/2}{\sin(\theta/2)} \tag{4-12}$$

滑块的移动导路与导杆 3 的转动轴 O_3 间的距离为

$$Y=\frac{l_{O3B}+l_{O3B}\cos(\theta/2)}{2} \tag{4-13}$$

连杆长 l_{BC}可以按题目给定的关系式确定,即

$$l_{BC}=0.32l_{O3B} \tag{4-14}$$

其余构件的质心位置,按给定的关系式不难求得。例如

$$l_{BS4}=\frac{l_{BC}}{2} \tag{4-15}$$

$$l_{O3S3}=\frac{l_{O3B}}{2} \tag{4-16}$$

下面说明如何选定曲柄的转动方向。刨削工件时应该使连杆 BC 受拉，刨削工作的方向必须是由右向左的。在工作行程内，曲柄所转过的角度应该比空回行程时相应的转角大。因此，曲柄应该选定为逆时针转动。

4.2　机构的运动分析

常用的机构运动分析方法有图解法和解析法。在机械原理的教学中多用图解法。图解法形象直观，但精度差，针对整个机构运动循环求解时工作量大。随着计算机技术的迅速发展，在工程实践中多采用解析法。根据所使用数学工具的不同，解析法可分为两种类型。一类是针对具体机构推导出所需要的计算公式，然后编制程序进行运算。如多数机械原理教材中介绍的封闭矢量多边形法、复数矢量法、矩阵法等，均是先建立机构位置的矢量方程式，然后将其对时间求导，得到相应的速度和加速度方程式。这些方法的思路和步骤基本相似，只是所用的数学工具不同，对一些常用的简单机构进行运动分析十分方便。另一类是多杆机构运动分析时常用的杆组法。该方法的理论来源于机构的组成原理，按每种杆组编制子程序，使用时可根据机构的组成形式编制相应的主程序调用，形成一个完整的机构运动分析系统，因此具有广泛的通用性，特别适用于多杆机构的运动分析。由于杆组法需要对每种杆组分别进行数学建模和程序编制，在本书中不再做详细介绍，有兴趣的同学可以参阅有关连杆机构运动分析方面的书籍。下面重点介绍比较适用于简单机构运动分析的封闭矢量多边形法的公式推导与程序编制方法，并给出牛头刨床运动分析的实例。

4.2.1　平面四杆机构的运动分析

机构的运动分析是指在已知机构的尺寸及原动件运动规律的情况下，求解机构中其余构件上某些点的位移、速度及加速度和其余构件的角位移、角速度和角加速度。

用解析法作平面四杆机构的运动分析，应首先建立机构的位置方程式，然后将位置方程式对时间求一阶和二阶导数，即可求得机构的速度和加速度方程，进而解出所需位移、速度及加速度，完成机构的运动分析。

1. 铰链四杆机构

在图 4-7 所示的铰链四杆机构中，已知各构件的尺寸 l_1、l_2、l_3、l_4，原动件的转角 θ_1 和等角速度 ω_1，要求确定构件 2、3 的角位移、角速度和角加速度。

1）位置分析

建立如图 4-7 所示直角坐标系，并将各构件表示为杆矢量，可列出下列矢量方程式

$$\boldsymbol{l}_1+\boldsymbol{l}_2=\boldsymbol{l}_3+\boldsymbol{l}_4 \tag{4-17}$$

将式(4-17)分别向 x 轴和 y 轴投影，得

$$\left.\begin{aligned} l_1\cos\theta_1+l_2\cos\theta_2&=l_4+l_3\cos\theta_3 \\ l_1\sin\theta_1+l_2\sin\theta_2&=l_3\sin\theta_3 \end{aligned}\right\} \tag{4-18}$$

将式(4-18)两分式左端含 θ_1 的项移到等式右端，

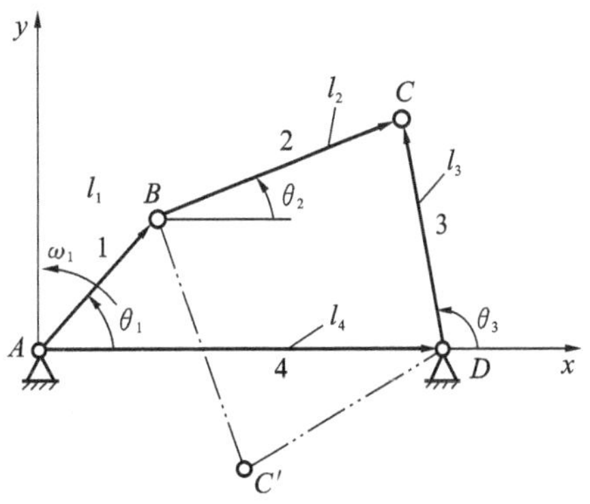

图 4-7　铰链四杆机构

可得

$$l_2^2=l_1^2+l_3^2+l_4^2-2l_1l_4\cos\theta_1-2l_1l_3\sin\theta_1\sin\theta_3+2l_3(l_4-l_1\cos\theta_1)\cos\theta_3$$

经整理并简化为

$$A\sin\theta_3+B\cos\theta_3+C=0 \tag{4-19}$$

其中：$A=2l_1l_3\sin\theta_1$，$B=2l_3(l_1\cos\theta_1-l_4)$，$C=l_2^2-l_1^2-l_3^2-l_4^2+2l_1l_4\cos\theta_1$。

令 $x=\tan\theta_3/2$，则 $\sin\theta_3=2x/(1+x^2)$，$\cos\theta_3=(1-x^2)/(1+x^2)$，将式(4-19)化为一元二次方程

$$(B-C)x^2-2Ax-(B+C)=0$$

解得

$$\theta_3=2\arctan\frac{A\pm\sqrt{A^2+B^2-C^2}}{B-C} \tag{4-20}$$

式(4-20)中 θ_3 有两个值，说明在满足相同的杆长条件下，该机构有两种装配方案。根号前的"±"可根据机构的初始装配情况和机构运动的连续性来确定。如图 4-7 所示，当机构按 $ABCD$ 位置装配时，根号前取"－"计算；当机构按 $ABC'D$ 位置装配时，根号前取"＋"计算。

构件 2 的角位移 θ_2 可由式(4-18)求得

$$\theta_2=\arctan\frac{-l_1\sin\theta_1+l_3\sin\theta_3}{l_4-l_1\cos\theta_1+l_3\cos\theta_3} \tag{4-21}$$

2）速度分析

将式(4-18)对时间求导数得

$$\left.\begin{aligned}-l_1\omega_1\sin\theta_1-l_2\omega_2\sin\theta_2&=-l_3\omega_3\sin\theta_3\\ l_1\omega_1\cos\theta_1+l_2\omega_2\cos\theta_2&=l_3\omega_3\cos\theta_3\end{aligned}\right\} \tag{4-22}$$

消去 ω_2 得

$$\omega_3=\frac{l_1\sin(\theta_1-\theta_2)}{l_3\sin(\theta_3-\theta_2)}\omega_1 \tag{4-23}$$

消去 ω_3 得

$$\omega_2=-\frac{l_1\sin(\theta_1-\theta_3)}{l_2\sin(\theta_2-\theta_3)}\omega_1 \tag{4-24}$$

角速度为正表示逆时针方向，为负表示顺时针方向。

3）加速度分析

将式(4-22)对时间求导数得

$$\left.\begin{aligned}-l_1\omega_1^2\cos\theta_1-l_2\alpha_2\sin\theta_2-l_2\omega_2^2\cos\theta_2&=-l_3\alpha_3\sin\theta_3-l_3\omega_3^2\cos\theta_3\\ -l_1\omega_1^2\sin\theta_1+l_2\alpha_2\cos\theta_2-l_2\omega_2^2\sin\theta_2&=l_3\alpha_3\cos\theta_3-l_3\omega_3^2\sin\theta_3\end{aligned}\right\} \tag{4-25}$$

消去 α_2 得

$$\alpha_3=\frac{l_2\omega_2^2+l_1\omega_1^2\cos(\theta_1-\theta_2)-l_3\omega_3^2\cos(\theta_3-\theta_2)}{l_3\sin(\theta_3-\theta_2)} \tag{4-26}$$

消去 α_3 得

$$\alpha_2=\frac{l_3\omega_3^2-l_1\omega_1^2\cos(\theta_1-\theta_3)-l_2\omega_2^2\cos(\theta_2-\theta_3)}{l_2\sin(\theta_2-\theta_3)} \tag{4-27}$$

角加速度的正负号可表明角速度的变化趋势：角加速度与角速度同号时表示加速，反之则表示减速。

2. 偏置曲柄滑块机构

在图4-8所示的偏置曲柄滑块机构中，已知曲柄1的长度为 l_1、连杆2的长度为 l_2、偏距为 e，曲柄1以角速度 ω_1 作等角速度逆时针转动，转角为 θ_1，求连杆2的角位移 θ_2、角速度 ω_2、角加速度 α_2 以及滑块3的位置 s、速度 v 和加速度 a。

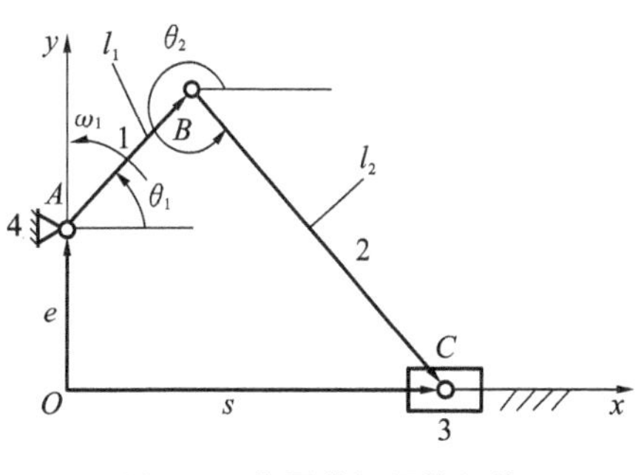

图4-8 偏置曲柄滑块机构

1)位置分析

建立图4-8所示的直角坐标系，该机构的封闭矢量方程式为

$$\boldsymbol{e}+\boldsymbol{l}_1+\boldsymbol{l}_2=\boldsymbol{s} \tag{4-28}$$

将上式分别向 x 轴和 y 轴投影，得

$$\left.\begin{aligned} l_1\cos\theta_1+l_2\cos\theta_2=s \\ e+l_1\sin\theta_1+l_2\sin\theta_2=0 \end{aligned}\right\} \tag{4-29}$$

由此解得

$$\theta_2=\arcsin\left(-\frac{l_1\sin\theta_1+e}{l_2}\right) \tag{4-30}$$

$$s=l_1\cos\theta_1+l_2\cos\theta_2 \tag{4-31}$$

若计算机程序语言中没有反正弦函数，可将式(4-30)转化为用反正切函数计算 θ_2。由于

$$\tan\theta_2=\frac{\sin\theta_2}{\sqrt{1-\sin^2\theta_2}}$$

将式(4-30)代入上式，得

$$\theta_2=\arctan\left(\frac{\sin\theta_2}{\sqrt{1-\sin^2\theta_2}}\right)=\arctan\left(-\frac{l_1\sin\theta_1+e}{\sqrt{l_2^2-(l_1\sin\theta_1+e)^2}}\right) \tag{4-32}$$

2)速度分析

将式(4-30)、式(4-31)对时间求导数，可得连杆2的角速度和滑块3的速度分别为

$$\omega_2=-\frac{l_1\cos\theta_1}{l_2\cos\theta_2}\omega_1 \tag{4-33}$$

$$v=-\frac{l_1\sin(\theta_1-\theta_2)}{\cos\theta_2}\omega_1 \tag{4-34}$$

3)加速度分析

将式(4-33)、式(4-34)对时间求导数，得连杆2的角加速度和滑块3的加速度分别为

$$\alpha_2=\frac{l_1\omega_1^2\sin\theta_1+l_2\omega_2^2\sin\theta_2}{l_2\cos\theta_2} \tag{4-35}$$

$$a=-\frac{l_1\omega_1^2\cos(\theta_1-\theta_2)+l_2\omega_2^2}{\cos\theta_2} \tag{4-36}$$

3. 导杆机构

在图4-9所示的导杆机构中，已知曲柄长度为 l_1，机架长度为 l_4，偏距为 e，曲柄1以角速度 ω_1 作等角速度逆时针转动，转角为 θ_1，求滑块在导杆上滑动的相对位置 s_r，相对速度 v_r、相对加速度 a_r 以及导杆的转角 θ_3、角速度 ω_3 和角加速度 α_3。

1)位置分析

建立图4-9所示的直角坐标系，该机构的封闭矢量方程式为

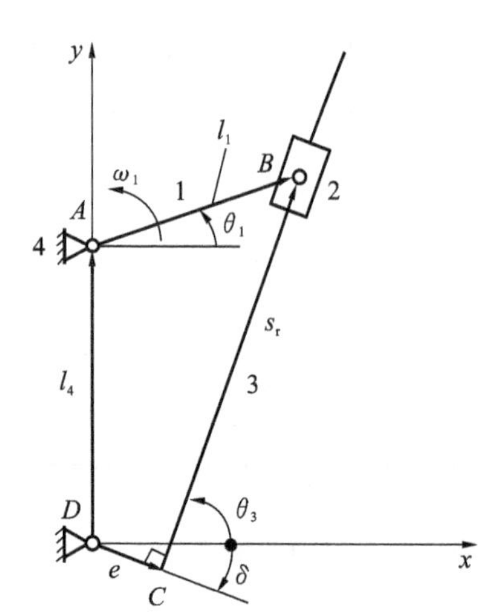

图 4-9　导杆机构

$$\boldsymbol{l}_4+\boldsymbol{l}_1=\boldsymbol{e}+\boldsymbol{s}_r \tag{4-37}$$

将式(4-37)分别向 x 轴和 y 轴投影，得

$$\left.\begin{aligned} l_1\cos\theta_1&=e\cos\delta+s_r\cos\theta_3 \\ l_4+l_1\sin\theta_1&=e\sin\delta+s_r\sin\theta_3 \end{aligned}\right\} \tag{4-38}$$

由于 $\delta=\theta_3-90°$，故式(4-38)可改写为

$$\left.\begin{aligned} l_1\cos\theta_1&=e\sin\theta_3+s_r\cos\theta_3 \\ l_1\sin\theta_1+l_4&=-e\cos\theta_3+s_r\sin\theta_3 \end{aligned}\right\} \tag{4-39}$$

为求出滑块在导杆上滑动的相对位置 s_r，将式(4-39)中的两式分别平方相加得

$$l_1^2+l_4^2+2l_1l_4\sin\theta_1=e^2+s_r^2 \tag{4-40}$$

因而

$$s_r=\sqrt{l_1^2+l_4^2+2l_1l_4\sin\theta_1-e^2} \tag{4-41}$$

确定导杆的转角 θ_3 时，可先将式(4-39)中的两分式分别乘以 $\cos\theta_3$ 和 $\sin\theta_3$ 后，再相加得

$$(l_4+l_1\sin\theta_1)\sin\theta_3+l_1\cos\theta_1\cos\theta_3=s_r \tag{4-42}$$

这是关于 θ_3 的三角函数方程，按照式(4-19)的求解方法得

$$\theta_3=2\arctan\frac{l_4+l_1\sin\theta_1+Me}{l_1\cos\theta_1+s_r} \tag{4-43}$$

当 B、C、D 顺时针排列时，$M=+1$；当 B、C、D 逆时针排列时，$M=-1$。

2)速度分析

分别将式(4-40)和式(4-42)对时间求导数，可得滑块相对导杆的速度 v_r 及导杆的角速度 ω_3 分别为

$$v_r=\frac{l_1l_4\omega_1\cos\theta_1}{s_r} \tag{4-44}$$

$$\omega_3=-\frac{v_r+l_1\omega_1\sin(\theta_1-\theta_3)}{e} \tag{4-45}$$

3)加速度分析

将式(4-40)、式(4-42)分别对时间求二阶导数，可得滑块相对导杆的加速度 a_r 及导杆的角加速度 α_3 分别为

$$a_r=-\frac{l_1l_4\omega_1^2\sin\theta_1+v_r^2}{s_r} \tag{4-46}$$

$$\alpha_3=-\frac{a_r+l_1\omega_1(\omega_1-\omega_3)\cos(\theta_1-\theta_3)}{e} \tag{4-47}$$

4.2.2　牛头刨床执行机构的运动分析

现对图 4-6 所示的牛头刨床执行机构进行运动分析。在确定执行机构的构件尺寸与位置关系后，再给定原动件的运动规律，就可以进行执行机构的运动分析了。一般假定原动件作等速运动，对于牛头刨床执行机构，可给定曲柄 1 的转速 n_1，则曲柄的角速度 ω_1 为 $\pi n_1/30$。

1)位置分析

如图 4-10 所示，首先将构件用矢量形式表示。矢量方向的选取与求得结果无关，故可自

行选取。习惯上将连架杆矢量从固定点引出，中间矢量方向任选。取定各矢量方向后，构成了两个封闭的矢量图 $\triangle O_1O_3A$ 和 $\triangle O_3BC$。为表达方便，令：$l_1=l_{O1A}$，为曲柄 1 的长度；$l_3=l_{O3B}$，为导杆 3 的长度；$l_4=l_{BC}$，为连杆 4 的长度；$l_6=l_{O1O3}$，为机架 6 的长度；$l_2=l_{O3S3}$，为导杆 3 的质心 S_3 到 O_3 点的距离；$l_5=l_{BS4}$，为连杆 4 的质心 S_4 到 B 点的距离；$l_7=Y$，为滑块 5(刨头)的导路到 O_3 点的距离；$s_A=l_{O3A}$，为滑块 2 上 A 点相对 O_3 点的位移。

另外，求解中用到的位移变量还有：l_{O3C} 为滑块 5 上 C 点相对 O_3 点的位移，s_C 为滑块 5 上 C 点的水平位移。

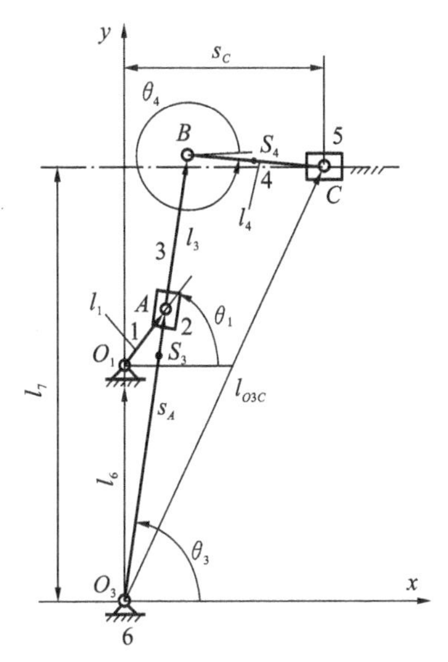

图 4-10　牛头刨床执行机构运动分析

建立直角坐标系 xO_3y(图 4-10)，规定用坐标轴 x 轴的正方向沿逆时针方向转到各构件矢量方向时的转角表示各构件的角位移，如：θ_1 表示曲柄 1 的转角，θ_3 表示导杆 3 的转角，θ_4 表示连杆 4 的转角。

根据图 4-10，可以写出以下两矢量式

$$\left.\begin{aligned}\boldsymbol{l}_6+\boldsymbol{l}_1&=\boldsymbol{s}_A\\ \boldsymbol{l}_3+\boldsymbol{l}_4&=\boldsymbol{l}_{O3C}\end{aligned}\right\}\tag{4-48}$$

在直角坐标系中的投影方程为

$$\left.\begin{aligned}&l_1\cos\theta_1-s_A\cos\theta_3=0\\ &l_6+l_1\sin\theta_1-s_A\sin\theta_3=0\\ &l_3\cos\theta_3+l_4\cos\theta_4-s_C=0\\ &l_3\sin\theta_3+l_4\sin\theta_4-l_7=0\end{aligned}\right\}\tag{4-49}$$

式(4-49)是以 θ_3、θ_4、s_A、s_C 为未知运动变量的非线性方程组，称为位置方程，求解这个方程组即可得到这些未知运动变量。因此执行机构运动分析的重点就在于非线性方程组的求解。求解非线性方程组的方法较多，工程上常采用牛顿-拉夫森迭代法，但是该法需要提供机构初始位置作为迭代起点，而且各未知量高度耦合，程序编制与调试比较烦琐。本节根据式(4-49)的特点，结合 MATLAB 程序设计的优势，直接求出各未知量。由式(4-49)可知，其前两式只有 s_A、θ_3 两个未知量，因此可以先由前两式求出 s_A、θ_3，则后两式只有 θ_4、s_C 两个未知量，可以继续求解。其过程如下。

由式(4-49)前两式消去 s_A 可得到

$$\theta_3=\arctan\left(\frac{l_6+l_1\sin\theta_1}{l_1\cos\theta_1}\right)\tag{4-50}$$

因反正切函数的值域为$[-\pi/2,\pi/2]$，而导杆 3 摆角的值域则为$[0,\pi]$，因此在式(4-50)中如果计算的 θ_3 小于 0，其值应变为 $\pi+\theta_3$。

同样由式(4-49)的前两式可得到

$$s_A=l_1\cos(\theta_1-\theta_3)+l_6\sin\theta_3\tag{4-51}$$

由式(4-49)第 4 式可得到

$$\theta_4=\arcsin\left(\frac{l_7-l_3\sin\theta_3}{l_4}\right)\tag{4-52}$$

因反正弦函数的值域为$[-\pi/2,\pi/2]$，而连杆 4 的角位置正好在此范围，因此不必对计算结果作任何处理。

由式(4-49)第 3 式可得到

$$s_C = l_3\cos\theta_3 + l_4\cos\theta_4 \tag{4-53}$$

2)速度分析

把(4-49)式对时间求导数得

$$\left.\begin{aligned}&-l_1\omega_1\sin\theta_1 - v_A\cos\theta_3 + s_A\omega_3\sin\theta_3 = 0\\&l_1\omega_1\cos\theta_1 - v_A\sin\theta_3 - s_A\omega_3\cos\theta_3 = 0\\&-l_3\omega_3\sin\theta_3 - l_4\omega_4\sin\theta_4 - v_C = 0\\&l_3\omega_3\cos\theta_3 + l_4\omega_4\cos\theta_4 = 0\end{aligned}\right\} \tag{4-54}$$

式中：ω_3、ω_4、v_A、v_C 分别为导杆 3 的角速度、连杆 4 的角速度、滑块 2 上点 A 相对导杆 3 的速度和滑块 5 上点 C 的速度。

由于 θ_3、θ_4 在前面的位置分析中已经求出，故可作为已知量看待，因此方程组(4-54)是以未知速度为未知量的线性方程组，可以用消去法解出未知速度。但是同样可以采用与位置分析类似的做法求出各未知速度，其过程不再详述。下面直接给出各未知速度的计算公式

$$\left.\begin{aligned}&\omega_3 = \frac{l_1\omega_1\cos(\theta_1-\theta_3)}{s_A}\\&\omega_4 = -\frac{l_3\omega_3\cos\theta_3}{l_4\cos\theta_4}\\&v_A = l_1\omega_1\sin(\theta_3-\theta_1)\\&v_C = -l_3\omega_3\sin\theta_3 - l_4\omega_4\sin\theta_4\end{aligned}\right\} \tag{4-55}$$

3)加速度分析

将速度方程组(4-54)的两边对时间求导数可得

$$\left.\begin{aligned}&-l_1\omega_1^2\cos\theta_1 - a_A\cos\theta_3 + 2v_A\omega_3\sin\theta_3 + s_A\omega_3^2\cos\theta_3 + s_A\alpha_3\sin\theta_3 = 0\\&-l_1\omega_1^2\sin\theta_1 - a_A\sin\theta_3 - 2v_A\omega_3\cos\theta_3 + s_A\omega_3^2\sin\theta_3 - s_A\alpha_3\cos\theta_3 = 0\\&-l_3\omega_3^2\cos\theta_3 - l_3\alpha_3\sin\theta_3 - l_4\omega_4^2\cos\theta_4 - l_4\alpha_4\sin\theta_4 - a_C = 0\\&-l_3\omega_3^2\sin\theta_3 + l_3\alpha_3\cos\theta_3 - l_4\omega_4^2\sin\theta_4 + l_4\alpha_4\cos\theta_4 = 0\end{aligned}\right\} \tag{4-56}$$

式中：α_3、α_4、a_A、a_C 分别为导杆 3 的角加速度、连杆 4 的角加速度、滑块 2 上点 A 相对于导杆 3 的加速度和滑块 5 上点 C 的加速度。

在各构件的位置和速度已经求出的情况下，方程组(4-56)是以未知加速度为未知量的线性方程组，可以采用与位置分析和速度分析类似的做法求出各未知速度，其过程不再详述，下面仅给出各未知加速度的计算公式

$$\left.\begin{aligned}&\alpha_3 = \frac{l_1\omega_1^2\sin(\theta_3-\theta_1) - 2v_A\omega_3}{s_A}\\&\alpha_4 = \frac{l_3(\omega_3^2\sin\theta_3 - \alpha_3\cos\theta_3)}{l_4\cos\theta_4} + \omega_4^2\tan\theta_4\\&a_A = s_A\omega_3^2 - l_1\omega_1^2\cos(\theta_1-\theta_3)\\&a_C = -l_3(\omega_3^2\cos\theta_3 + \alpha_3\sin\theta_3) - l_4(\omega_4^2\cos\theta_4 + \alpha_4\sin\theta_4)\end{aligned}\right\} \tag{4-57}$$

4)各运动副及各构件质心运动分析

为了对机构进行动态静力分析,还必须计算出各运动副 A、B、C 及构件 3、4、5 的质心 S_3、S_4、S_5 的运动参数。由于滑块 5 作直线运动,因此其质心 S_5 的速度及加速度均与滑块 5 上 C 点的相同。而各运动副和质心均为刚体上的点,可以根据刚体运动分析方法建立统一的数学模型,并编写通用函数进行计算。下面介绍一般刚体运动分析的计算公式。

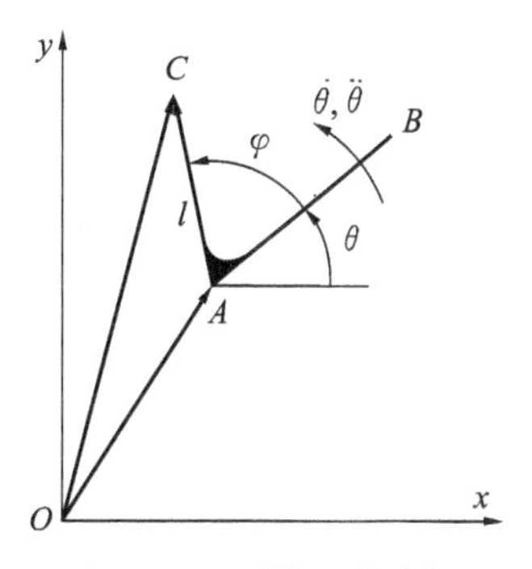

图 4-11　刚体运动分析

如图 4-11 所示,A、B、C 为刚体上的任意三点,标志线 AB 与 x 轴正向之间的角度 θ 为刚体的角位置,相应的角速度和角加速度为 $\dot{\theta}$、$\ddot{\theta}$,A、C 两点的距离为 l,$\angle CAB=\varphi$,已知 A 点的运动参数,求 C 点的运动参数,其计算公式如下

$$\left.\begin{aligned}
x_C&=x_A+l\cos(\theta+\varphi)\\
y_C&=y_A+l\sin(\theta+\varphi)\\
\dot{x}_C&=\dot{x}_A-l\dot{\theta}\sin(\theta+\varphi)\\
\dot{y}_C&=\dot{y}_A+l\dot{\theta}\cos(\theta+\varphi)\\
\ddot{x}_C&=\ddot{x}_A-l\dot{\theta}^2\cos(\theta+\varphi)-l\ddot{\theta}\sin(\theta+\varphi)\\
\ddot{y}_C&=\ddot{y}_A-l\dot{\theta}^2\sin(\theta+\varphi)+l\ddot{\theta}\cos(\theta+\varphi)
\end{aligned}\right\}\tag{4-58}$$

当 $\varphi=0$ 时,式(4-58)就是求标志线上某点运动参数的公式。

5)程序设计与运行结果

从上述机构运动分析的过程可知,各构件运动参数的计算过程可以编写一个子函数来完成,各运动副和构件质心运动参数的计算过程也可以编写一个子函数来完成,然后编写一个主函数分别调用,即可得到机构运动分析的计算结果。本章所有函数采用 MATLAB 语言编写,有关代码见附录。图 4-12 所示为根据程序运行结果由程序绘制的滑块(刨刀)5 上点 C 的位移、速度和加速度随曲柄 1 角位置变化的运动线图。由于这些位移、速度和加速度的绝对数值相差较大,为绘图方便,运动线图进行了归一化处理,即令

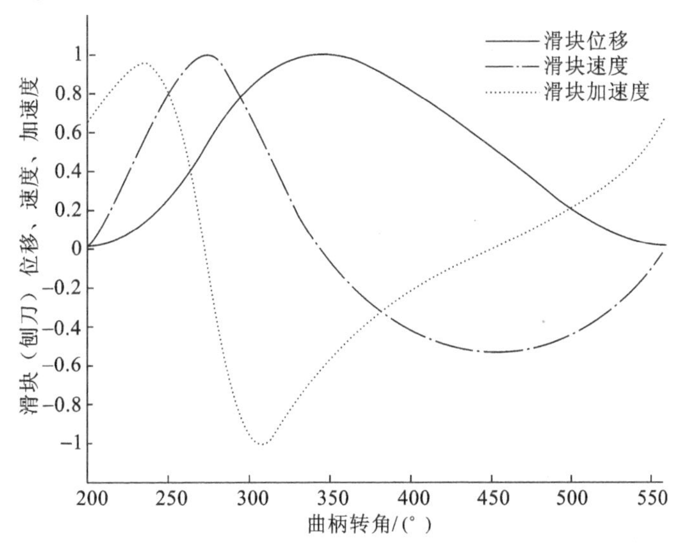

图 4-12　滑块(刨刀)的运动线图

$$\left.\begin{aligned} S_C&=\frac{s_C}{s_{\mathrm{Cmax}}} \\ V_C&=\frac{v_C}{v_{\mathrm{Cmax}}} \\ A_C&=\frac{a_C}{a_{\mathrm{Cmax}}} \end{aligned}\right\} \tag{4-59}$$

式中：s_{Cmax}、v_{Cmax}、a_{Cmax}分别为滑块(刨刀)5 上点 C 的位移、速度和加速度的最大绝对值。

根据运动分析的计算结果，$s_{\mathrm{Cmax}}=0.508$ m，$v_{\mathrm{Cmax}}=1.970$ m/s，$a_{\mathrm{Cmax}}=11.45$ m/s^2。

4.3　机构的动态静力分析

4.3.1　机构动态静力分析的基本原理

机械在工作过程中受各种力的作用。这些力的大小及变化规律决定着机械工作过程的动力学品质，是构件承载能力计算及结构设计的依据。机构力分析的任务是按机械工作过程中所受外力(如工艺阻力、构件自重以及其他已知外力等)确定运动副中的约束反力和应加于原动件上的平衡力或力偶。如果根据达朗伯原理把惯性力计入外力，则这种力分析称为动态静力分析。

自由度为零的杆组都是静定的，故机构的力分析也可以应用杆组方法。因在前节的机构运动分析中并没用采用杆组法，因此在本节中采用工程力学中的方法，分别取机构中的每个构件为受力体，分析其上作用的外力，列出相应的平衡方程，求解未知力或力矩。

作用在构件上的外力可分为三类。

(1)工艺阻力或其他已知外力　这些力的大小和变化规律通常与机械所完成的工艺过程或运动状态有关，在机构的力分析中可以作为已知力处理。

(2)构件的惯性力、惯性力偶及构件所受重力　惯性力在已知构件运动参数的前提下可以计算出来，又因为重力和惯性力都作用在构件质心，故可把重力合并于惯性力垂直分量一起计算。设构件 k 的质心为 S，则惯性力的计算公式为

$$\left.\begin{aligned} F_{Sx}&=-m_k a_{Sx} \\ F_{Sy}&=-m_k(a_{Sy}+9.8) \\ M_k&=-J_k\alpha_k \end{aligned}\right\} \tag{4-60}$$

式中：F_{Sx}、F_{Sy}为惯性力在 x、y 方向上的分量；m_k 为构件 k 的质量；a_{Sx}、a_{Sy}为质心加速度在 x、y 方向上的分量；M_k 为构件惯性力偶；J_k 为构件转动惯量；α_k 为构件角加速度。

(3)构件之间通过运动副连接点相互作用产生的运动副反力。

4.3.2　牛头刨床执行机构的动态静力分析

图 4-13(a)所示为牛头刨床执行机构的任一位置，分别取构件 1～5 为受力体画出各构件的受力，如图 4-13(b)至图 4-13(f)所示。考虑各构件之间的运动副反力时，以其他构件对该构件的作用力方向为正。下面分别对各构件列平衡方程。

(1) 对构件 1(图 4-13(b))

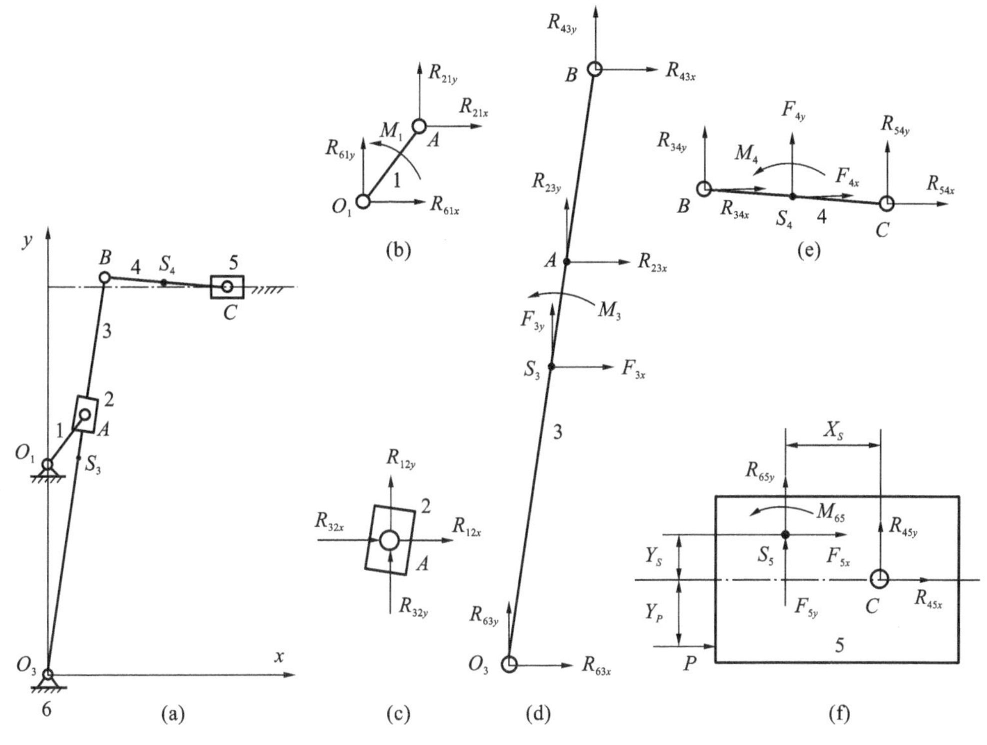

图 4-13　牛头刨床执行机构动态静力分析

$$
\left.\begin{aligned}
&\sum X = 0 \qquad R_{61x} + R_{21x} = 0\\
&\sum Y = 0 \qquad R_{61y} + R_{21y} = 0\\
&\sum M_{O1} = 0 \quad R_{21y}(x_A - x_{O1}) - R_{21x}(y_A - y_{O1}) + M_1 = 0
\end{aligned}\right\} \tag{4-61}
$$

(2) 对构件 2(图 4-13(c)),因构件 2 为二力构件,可列两个方程

$$
\left.\begin{aligned}
&\sum X = 0 \quad R_{12x} + R_{32x} = 0\\
&\sum Y = 0 \quad R_{12y} + R_{32y} = 0
\end{aligned}\right\} \tag{4-62}
$$

因各力对质心 A 力矩的代数和恒为零,故无法列出力矩平衡方程。为使方程组式(4-62)有解,需要寻找一个补充方程。在不考虑摩擦的情况下,滑块与导杆之间的作用力方向垂直于导杆,因此有

$$
\tan\theta_3 = -\frac{R_{32x}}{R_{32y}} = -\frac{R_{23x}}{R_{23y}}
$$

故有

$$
R_{23x}\cos\theta_3 + R_{23y}\sin\theta_3 = 0 \tag{4-63}
$$

(3) 对构件 3(图 4-13(d))

$$
\left.\begin{aligned}
&\sum X = 0 \quad R_{23x} + R_{63x} + R_{43x} + F_{3x} = 0\\
&\sum Y = 0 \quad R_{23y} + R_{63y} + R_{43y} + F_{3y} = 0\\
&\sum M_{O3} = 0 \quad R_{23y}(x_A - x_{O3}) - R_{23x}(y_A - y_{O3}) + R_{43y}(x_B - x_{O3}) - R_{43x}(y_B - y_{O3})\\
&\qquad + F_{3y}(x_{S3} - x_{O3}) - F_{3x}(y_{S3} - y_{O3}) + M_3 = 0
\end{aligned}\right\} \tag{4-64}
$$

(4) 对构件 4(图 4-13(e))

$$\left.\begin{aligned}&\sum X = 0 && R_{34x} + R_{54x} + F_{4x} = 0\\&\sum Y = 0 && R_{34y} + R_{54y} + F_{4y} = 0\\&\sum M_B = 0 && F_{4y}(x_{S4} - x_B) - F_{4x}(y_{S4} - y_B) + M_4\\& && - R_{54x}(y_C - y_B) + R_{54y}(x_C - x_B) = 0\end{aligned}\right\} \tag{4-65}$$

(5) 对构件 5(图 4-13(f)),由于导路对滑块(刨刀)只产生垂直反力 R_{65},但力作用点未知,因此可作这样处理:把反力 R_{65} 向质心 S_5 简化,可得一反力 R_{65} 和反力偶矩 M_{65}。列方程如下

$$\left.\begin{aligned}&\sum X = 0 && R_{45x} + F_{5x} + P = 0\\&\sum Y = 0 && R_{45y} + R_{65y} + F_{5y} = 0\\&\sum M_{S5} = 0 && R_{45x}Y_S + R_{45y}X_S + M_{65} + P(Y_P + Y_S) = 0\end{aligned}\right\} \tag{4-66}$$

由式(4-61)至式(4-66)组成的方程组共有 15 个线性方程,考虑到 $R_{ji} = -R_{ij}$,因此这个方程组共有 15 个未知反力 R_{61x}、R_{61y}、R_{12x}、R_{12y}、R_{23x}、R_{23y}、R_{34x}、R_{34y}、R_{45x}、R_{45y}、R_{65y}、M_{65}、M_1,所以是可以求解的。求解时可以采用高斯消去法,也可根据方程组本身的特点依次求解。本书结合 MATLAB 编程的特点,采用依次求解的方法,各反力求解的次序为 $R_{45x} \to R_{45y} \to R_{65y} \to M_{65} \to R_{34x} \to R_{34y} \to R_{23x} \to R_{23y} \to R_{63x} \to R_{63y} \to R_{12x} \to R_{12y} \to R_{61x} \to R_{61y} \to M_1$,详见附录。

要注意的是,在工作行程中刨刀承受了很大的切削阻力,但在切削行程的前后各有一段约 $0.05H$ 的空刀距离(图 4-14)。在空刀距离和空回行程时,刨刀不受切削阻力。因此刀具在上述两个位置前后切削阻力 P 有突变(图 4-5),所以应确定刨刀在空刀距离段所对应的曲柄转

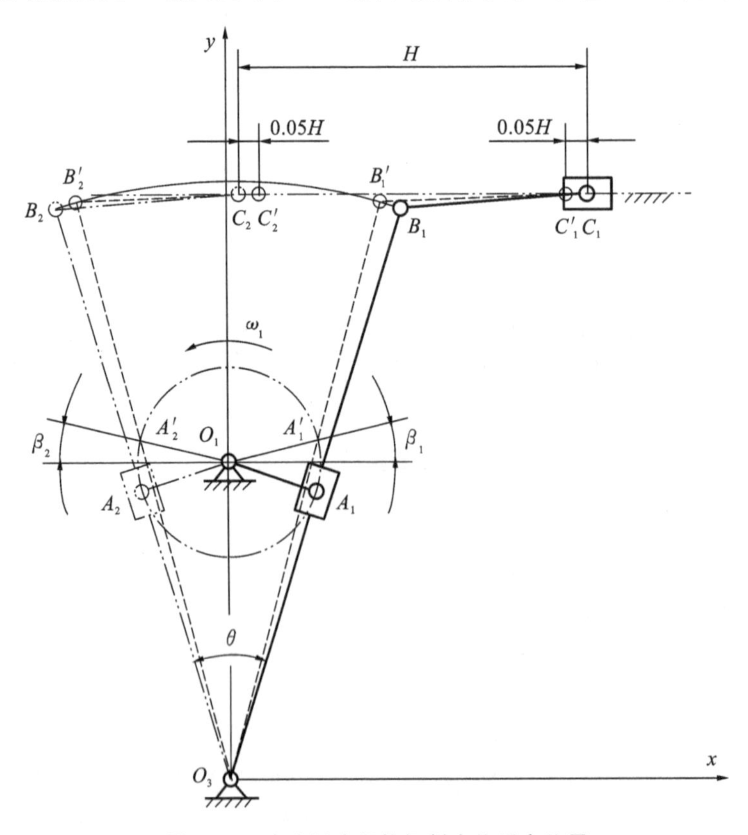

图 4-14　牛头刨床机构切削力作用点位置

角$\angle A_1O_1A'_1$和$\angle A_2O_1A'_2$。可以用作图法(或解析法)求得图中刨刀在切削开始和终止时曲柄和 x 轴所夹的锐角 β_1 和 β_2。显然,在工作行程里曲柄转角为 $\theta_1=180°+\theta$。若从工作行程开始 A_1 点起算(曲柄转角从 x 轴方向逆时针度量),曲柄和 x 轴方向夹角 $\theta_1=360°-\theta/2$,导杆处于右极限位置(如图 4-14 中右侧实线所示)。由图可见,在曲柄转角 θ_1 为$[360°+\beta_1,540°-\beta_2]$时,刨刀上承受切削阻力 P。除此之外,刨刀上切削阻力为零。这在程序设计时应予以考虑,在前面的运动分析过程中也必须同时计算出这两个位置的运动参数。在本例中 $\beta_1=\beta_2$。

图 4-15 所示为根据附录编写的程序进行计算得到的施加在曲柄 1 上的平衡力矩曲线。

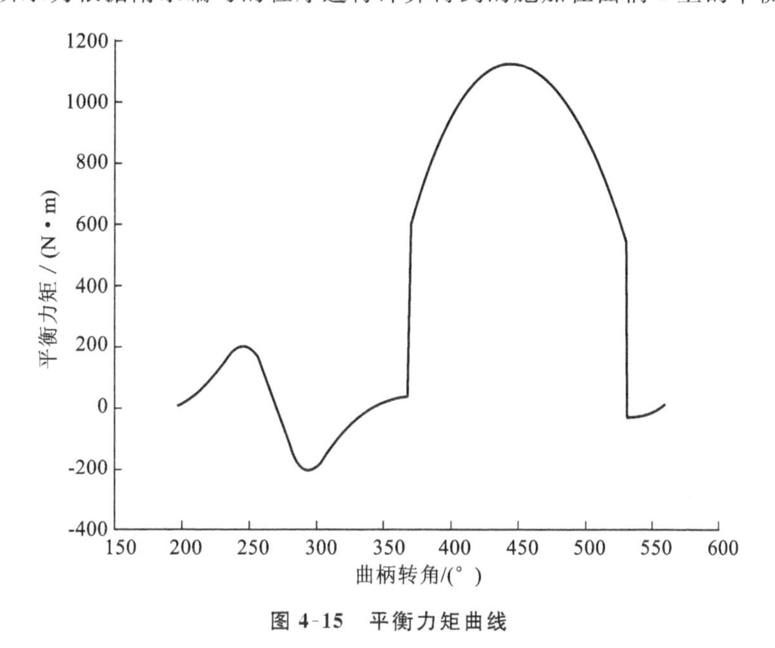

图 4-15 平衡力矩曲线

4.4 机构的动力学设计

作用于机械系统的外力主要有动力机的驱动力(矩)、工艺阻力和构件的自重。原动机类型不同,工艺过程不同,外力的大小和变化规律也各不相同。在进行机械系统动力学分析时,这些外力或以函数形式或以离散数值形式给出。

4.4.1 机械系统的等效模型

由于常见的机械系统多是单自由度系统,因此在进行动力学分析时一般采用等效模型方法。设想在机械系统中选定一个构件,解除机械中所有运动构件对它的约束后其具有一个自由度,则此构件应为以低副与机架相连接的构件。如果此构件具有一个虚拟的惯性参量,且此惯性参量与机械中所有运动构件的惯性参量动力学效应相同,或在此构件上作用一个虚拟外力,且此虚拟外力与机械中所有外力的动力学效应相同,则这个构件的运动规律必与它在原机械系统中的运动规律相同。这个选定的构件称为等效构件,它就是机械系统的等效模型。等效构件上的虚拟惯性参量称为等效质量或等效转动惯量,其上作用的虚拟外力称为等效力或等效力矩。如果能用动力学方法求得等效构件的运动规律,则机械系统中所有其余构件的运动规律就可以用运动学方法求出。

等效模型的建立依据动能定理,即等效惯性参量的动能应与机械系统各运动构件动能之和相等，等效外力的瞬时功率应与机械系统中所有外力的瞬时功率之和相等。当等效构件为转动件时，其等效转动惯量 J_e 和等效力矩 M_e 的计算式为

$$\left.\begin{aligned} J_e &= \frac{\sum_{i=1}^{n}\left[m_i(v_{Six}^2 + v_{Siy}^2) + J_{Si}\omega_i^2\right]}{\omega^2} \\ M_e &= \frac{\sum_{i=1}^{n}(F_{ix}v_{pix} + F_{iy}v_{piy} + M_i\omega_i)}{\omega} \end{aligned}\right\} \tag{4-67}$$

式中：ω 为等效构件的角速度；m_i 为机械系统中构件 i 的质量（$i=1,2,\cdots,n$，下同）；v_{Six}、v_{Siy} 为构件 i 的质心 S_i 的速度在 x、y 方向的分量；J_{Si} 为构件 i 绕其质心轴的转动惯量；ω_i 为构件 i 的角速度；F_{ix}、F_{iy} 为 F_i 在 x、y 方向的分量；v_{pix}、v_{piy} 为力 F_i 作用点 p 的速度在 x、y 方向的分量；M_i 为构件 i 所受的力矩。

仍以前面的牛头刨床执行机构为例，以曲柄 1 为等效构件，根据式(4-67)计算得到的等效力矩与前节计算得到的作用在曲柄 1 上的平衡力矩之间的最大误差仅为 7.958×10^{-13} N·m，因此可以将前节计算得到的平衡力矩直接作为等效力矩来看待。

得到系统的等效转动惯量和等效力矩后，就可根据拉格朗日方程或动能定理导出机械系统等效构件的运动方程，并进行求解，其过程可参见机械原理有关知识。

4.4.2 牛头刨床执行机构的飞轮设计

飞轮是一个惯性蓄能器，通常应用于以稳定运转为主要工作方式的机械中，用以减小稳定运转过程中的速度波动。冲压、剪切等类型的机械，其工艺阻力在一个工作周期内作用时间甚短而数值很大，飞轮可以在没有工艺阻力作用的时间里积蓄能量，而在有工艺阻力作用时利用惯性力做功，从而帮助动力机械克服尖峰负荷以减小所需动力机的容量。

飞轮设计就是要确定飞轮的转动惯量，使主轴速度的波动在允许的范围内。对飞轮转动惯量的设计要求可归结为等效构件的速度不均匀系数 δ 不超过允许值$[\delta]$，即

$$\delta \leqslant [\delta] \tag{4-68}$$

δ 可由解等效构件的运动方程式求得，其计算方法可参见机械系统动力学方面的参考资料。这种计算方法精度高、通用性强，但求飞轮转动惯量的过程需借助于机械系统的动力学分析。如果不需要精确求解，可应用如下简易算法。

根据前面对牛头刨床执行机构的等效力学模型的计算可知，图 4-15 所示的平衡力矩可以看做施加在等效构件曲柄 1 上的等效阻力矩，可以写成曲柄转角的函数 $M_r=M_r(\varphi)$，则在一个运动周期内，等效阻力矩 M_r 所做的功应为 M_r 曲线和横坐标轴所围成面积的代数和，即

$$W_r = \int_{\varphi_{min}}^{\varphi_{max}} M_r \mathrm{d}\varphi \tag{4-69}$$

一般设定等效驱动力矩 M_d 为常数，根据机器稳定运转的条件，在一个运动周期内等效驱动功等于等效阻力功，即有 $W_d=W_r=M_d\varphi_T$（$\varphi_T=\varphi_{max}-\varphi_{min}$，为一个运动周期内等效构件所转过的角位移），故

$$M_d = \frac{W_d}{\varphi_T} = \frac{\int_{\varphi_{min}}^{\varphi_{max}} M_r \mathrm{d}\varphi}{\varphi_T} \tag{4-70}$$

在一个运动周期的不同间隔，驱动功和阻力功并不相同，其差值就是盈亏功 W_i

$$W_i = W_{di} - W_{ri} \tag{4-71}$$

$$W_{di} = M_d \varphi_i \tag{4-72}$$

$$W_{ri} = \int_{\varphi_{i-1}}^{\varphi_i} M_r \mathrm{d}\varphi \tag{4-73}$$

式中：W_i 为在某间隔内的盈亏功；W_{di} 为在同一间隔内的驱动功；W_{ri} 为在同一间隔内的阻力功；φ_i 为曲柄在某一间隔内的转角。

根据式(4-71)至式(4-73)可以计算在不同间隔里的盈亏功 W_i，其值为正时称为盈功，其值为负时称为亏功。由动能定理知，上述盈、亏功实际上就是在同一间隔里动能的增量。

由于在最大盈功处飞轮具有动能最大值，在最小亏功处飞轮具有动能最小值，故由动能定理知：最大动能和最小动能之差就是一个运动周期内的最大盈亏功 ΔW_{max}，即

$$\Delta W_{max} = W_{max} - W_{min} \tag{4-74}$$

式中：W_{max} 为一个运动周期内最大盈功，按式(4-71)计算 N 个点上的 W_i，找出其最大值；W_{min} 为一个运动周期内最小亏功，按式(4-71)计算 N 个点上的 W_i，找出其最小值。

求得最大盈亏功后，即可按式(4-75)计算飞轮的转动惯量 J_F 或飞轮矩 GD^2。

$$J_F = \frac{\Delta W_{max}}{\omega_m^2 [\delta]} \tag{4-75}$$

$$GD^2 = 4 \times 9.8 J_F \tag{4-76}$$

式中：ω_m 为等效构件的平均角速度；G 为飞轮重量，单位为 N；D 为飞轮的平均直径，单位为 m。

根据上述分析，式(4-69)至式(4-76)就是确定飞轮转动惯量的主要公式。据此，可以编写程序计算飞轮的转动惯量或飞轮矩。应用这种方法算得的飞轮转动惯量一般偏大，实际机械运转不均匀系数 δ 值将比允许值小，所以这是一种保守设计方法。

在上述公式中，因阻力矩 M_r 是等效构件转角的函数，而且一般无法用明确的解析式表示，因此式(4-69)、式(4-73)一般采用数值积分方法进行计算。数值积分的方法很多，这里采用比较简单的梯形积分法，下面以式(4-69)为例叙述其计算过程。

首先将 φ_T 分成 N 等份，每一等份为 φ_T/N，则曲柄转角 φ_T 离散为 $\varphi_i(i=0,1,2,\cdots,N)$。整个 M_r 曲线和横坐标围成的面积也就被分成 N 个小曲边梯形。如果每个小曲边梯形的面积 S_i 可以计算出来，则 N 个小曲边梯形的面积之和便是我们要求的一个运动周期内的阻力功 W_r。显然当 N 增大时，曲边梯形的数量增多，数值积分的误差将随之减小。每个小曲边梯形的面积可按式(4-77)计算

$$S_i = \frac{(M_{r,i+1} - M_{r,i})(\varphi_{r,i+1} - \varphi_{r,i})}{2} \tag{4-77}$$

式中：$M_{r,i}$ 为点 φ_i 上的阻力矩值。

因此，阻力功

$$W_r = \sum_{i=1}^{N} S_i \tag{4-78}$$

根据上述公式编写程序，可计算出在一个运动周期内驱动功、阻力功、盈亏功的变化曲线，如图 4-16 所示。计算可得最大盈亏功 $\Delta W_{max} = 1\ 462.5$ J，飞轮的转动惯量 $J_F = 1\ 233$ kg·m^2，飞轮矩 $GD^2 = 48\ 335$ N·m^2。

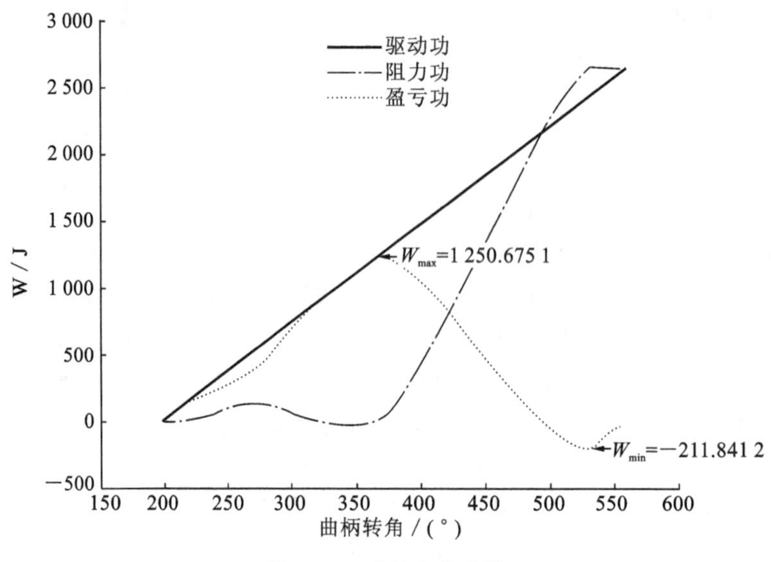

驱动功
阻力功
盈亏功
W / J
3 000
2 500
2 000
1 500
1 000
500
0
−500
W_{max}=1 250.675 1
W_{min}=−211.841 2
150
200
250
300
350
400
450
500
550
600
曲柄转角 / (°)

图 4-16 功的变化曲线

第5章　设计方案的评价与设计示例

5.1　设计方案的评价

在进行机械运动方案设计时，实现同一种功能可以有不同的工作原理，而同一工作原理又可以由多种不同机构的不同组合方式来完成。所以，具有某种功能要求的机械的运动方案可能有多个。建立一个运动方案的评价体系，对运动方案的选择十分必要。工程设计评价体系包含的内容很多，方法也各有不同。常用的机械运动方案评价方法有价值工程评价法、专家记分评价法、系统工程评价法和模糊综合评价法等。鉴于机械原理课程设计偏重于对学生进行基本机构的选型与比较、机构运动和受力分析、机构设计方法等基本技能的训练，遵循简单实用的原则，所以此处仅从课程性质的角度，介绍一些进行机械运动方案评价的着眼点和主要的考虑因素。

5.1.1　位移、速度、加速度的分析比较

首先应该对各种运动方案的实现机构进行位移、速度、加速度分析，这直接关系到机构实现预期功能的质量。实际机构设计中，很多机构在位移或轨迹方面提出了要求，如机构外廓尺寸、构件行程大小、能否通过一系列位置或轨迹为直线、圆弧及其他特殊曲线等；有些机构要求速度满足某种变化规律，如：冲床要求冲压工作过程中冲头能实现较好的等速运动，回程需要一定的急回特性等；振动筛机构则要求执行构件有很大的速度变化。另外，加速度不仅直接影响到机构是否满足设计对运动的要求，还将对机构惯性力的大小产生影响，关系到机构运动的平稳性。通过绘制机构的位移、速度、加速度变化曲线图，结合机构的运动循环图，可以考察出主运动机构和辅助机构在运动形式、运动特性、传动精度等方面能否满足设计要求。

评价过程中可以具体选择主要的执行构件，如：对于牛头刨床，可以选择滑枕；冲床可以选择冲头等。通过运动分析的数据和执行构件随原动件转角在整个运动循环中的位移、速度、加速度变化曲线图，对机构在运动方面满足设计要求的情况进行比较。

5.1.2　机构中作用力的分析

各种机构都要克服阻力进行工作。在外载荷一定、机构完成同样动作的情况下，不同类型的机构、不同形状和尺寸的构件，对机构的传力性能、效率、强度、冲击振动等动力性能方面的影响各不相同。进行机构整个运动循环的作用力分析时，除了比较各方案中各构件和运动副受力的大小和方向外，还要结合加速度分析惯性力的大小和变化规律。

评价凸轮机构、连杆机构等的传力性能，主要考虑机构的压力角或传动角，设计中是否保证了机构的压力角不超过许用值；对于行程不大但工作阻力很大的机构，主要考虑其是否使用了具有“增力”作用的连杆机构，如锻压肘杆机构，主要考虑其是否保证在死点附近时仍能正常工作；对于需要自锁的机构，主要考虑其是否满足自锁条件、自锁的可靠性如何及自锁如何解除等。

此外需要注意的是，高速下使用的连杆机构具有较大的惯性力，且难以平衡。因此，还应考虑机构惯性力平衡的问题。

机构中应尽量避免存在虚约束，否则不仅会增大机械加工量，还会导致装配的困难，同时尺寸不当会产生额外的反力，严重时还可能将机构卡死。

5.1.3　机构结构的复杂程度和运动链长短

机构的结构应追求简单化，由原动件到运动输出构件间的运动链要尽量短，应采用尽量少的构件和运动副，同时增加专业厂家生产的通用件和标准件。这样不仅可以使制造和装配更简单容易、减少加工制造的费用、减轻机器的重量、减小外廓尺寸、减少摩擦损耗、增加系统刚性，有利于成本的降低和机械效率及可靠性的提高，还可以减少加工制造误差以及运动副间隙带来的误差累积，提高系统的传动精度。因此，有时宁可采用有设计误差但结构简单的近似机构，也不采用结构复杂的精确机构。

5.1.4　机构在运动链中的排布方式

传动系统的机械效率取决于系统中各个机构的效率和机构的排布方式。串联系统的总机械效率为各分级效率的连乘积，系统的总效率不会高于各分级效率中的最低值；并联系统的总机械效率介于各分级效率的最高值与最低值之间。所以，串联系统不应使用效率低的机构，而并联系统应尽量多地将功率分配给机械效率高的机构。主运动链传动机构往往需要传递大功率，适宜高转速，故应具有高效率，应优先选择传力性能好、冲击振动小、磨损变形小、传动平稳性好的机构，而辅助运动链传动机构则次之。

转变运动形式的机构，如凸轮机构、连杆机构、螺旋机构等，通常安排在运动链的末段（低速级），与执行构件靠近以简化运动链，而变换速度的机构则应安排在靠近高速级。

带传动等依靠摩擦进行传动的机构，在传递同样转矩的条件下，与依靠啮合传动的机构相比外廓尺寸大很多。功率一定时，提高转速可以减小转矩。所以，对依靠摩擦进行传动的机构，应尽量安排在传动系统的高速级，以减小传动机构的尺寸并发挥其过载保护作用（打滑）。链传动在高速下运转平稳性较差，振动和噪声较大，但传力性能较好，所以链传动通常安排在低速级。

在传动系统中，如果有锥齿轮机构，为了减小锥齿轮的外廓尺寸（大尺寸的锥齿轮加工较困难），应将锥齿轮传动尽量置于高转速端。对于既有齿轮机构又有蜗杆机构的运动链，如果系统以传递作用力为主，应尽量将蜗杆机构靠近高转速端，而将齿轮机构放在较低转速端。如果系统以传递运动为主，则应将齿轮机构靠近高转速端，将蜗杆机构放在较低转速端。

5.1.5　传动比分配的合理性

传动系统总传动比的大小与原动机的转速有直接关系。通常情况下，一般选择电动机作为主要原动机。不同转速的电动机，其外廓尺寸和价格有时相差较大。传动系统的减速比较大时有利于选择较高速的电动机（外廓尺寸小且价格较低），但势必会增加传动系统的负担，效果不一定好。所以，应权衡后合理选择传动系统总传动比的大小。

每一级传动比的大小应在该机构常用的合理范围内选择。某一级的传动比过大，会使整个系统结构趋于不合理。传动比较大情况下，采用多级传动往往可以减小传动系统的外廓尺寸。对于带传动，其外廓尺寸较大，故很少采用多级传动。

实现多级减速传动时，按照“先小后大”的原则分配各级的传动比对系统比较有利，即 $i_1 < i_2 < \cdots < i_n$，且相邻两级的传动比不要相差过大。这样，可以使多级减速的中间轴有较高的转速，承受较小的扭矩，轴和轴上零件具有较小的外廓尺寸，使整个传动系统的结构比较紧凑。

5.1.6　使用何种结构形式的运动副

运动副的结构形式在机械传递运动和动力的过程中起着重要的作用，直接关系到机械系统的复杂程度、机械效率、传动的灵敏性和使用寿命等。一般来说，转动副元素结构简单，便于加工制造，容易获得较高的配合精度，传动效率也较高。移动副元素加工制造稍难，配合精度和机械效率稍低，且容易发生楔紧、自锁或爬行现象。移动副多用于实现直线运动或将曲线运动转换为直线运动的场合。

采用带有高副或曲面元素的机构，往往可以较精确地实现给定的运动规律，且使用的构件数和运动副数较少，比使用低副机构具有更短的运动链。曲面元素使用恰当，可以设计出结构简单、构思巧妙的机构。需要注意的是，高副元素一般形状复杂、受力状况不佳、易磨损，故多用于低速、轻载的场合。

5.1.7　其他因素

原动机类型不同，也将对机构传动系统的繁简程度和运动及动力性能等多方面产生较大的影响。例如，当执行构件作直线运动时，若现场可以方便地选用直线动力机（如气缸、液压缸、直线电动机等），将可以省去运动变换机构。

评定设计方案时，还应考虑以下因素：机械系统总体的经济性和实用性；机械效率的高低，机器功耗的大小；机构的可操作性，使用与维护的费用；寿命长短，安全可靠和舒适性；各种机构的特点是否得到了最大限度的发挥，机构结构是否还存在不合理性；设计难度的高低；预期加工制造、安装是否容易；设计结果是否符合生产厂家的生产能力，生产批量的大小等；机构设计中是否含有创新的成分，包括新的传动原理、新的传动机构、新的设计方法以及对现有机构应用的新开拓、新发现等。

5.2　设计示例——冲压式蜂窝煤成型机的运动方案设计

5.2.1　冲压式蜂窝煤成型机的功能和设计要求

1. 功能

冲压式蜂窝煤成型机是我国城镇蜂窝煤（通常又称煤饼）生产厂的主要生产设备。这种设备由于具有结构合理、质量可靠、成型性能好、经久耐用、维修方便等优点而被广泛采用。

冲压式蜂窝煤成型机的功能是将粉煤加入转盘的模筒内，经冲头冲压成蜂窝煤。为了实现蜂窝煤冲压成型，冲压式蜂窝煤成型机必须完成以下五个动作。

（1）粉煤加料。

（2）冲头将蜂窝煤压制成型。

（3）清除冲头和出煤盘积屑的扫屑运动。

（4）将在模筒内的冲压后的蜂窝煤脱模。

（5）将冲压成型的蜂窝煤输出。

2. 原始数据和设计要求

(1)蜂窝煤成型机的生产能力:30 次/min。

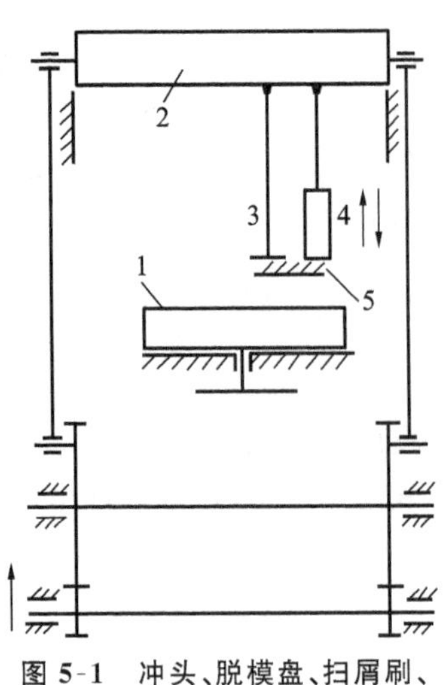

图 5-1　冲头、脱模盘、扫屑刷、模筒转盘位置示意图

1—模筒转盘;2—滑梁;3—脱模盘;4—冲头;5—扫屑刷

(2)图 5-1 所示为冲头、脱模盘、扫屑刷、模筒转盘的相互位置情况。实际上冲头与脱模盘都与上下移动的滑梁连成一体,当滑梁下冲时冲头将粉煤冲压成蜂窝煤,脱模盘将已压成的蜂窝煤脱模。在滑梁上升过程中扫屑刷将刷除冲头和脱模盘上粘着的粉煤。模筒转盘上均布了模筒,转盘的间歇运动使加料后的模筒进入冲压位置,成型后的模筒进入脱模位置,空的模筒进入加料位置。

(3)为了改善蜂窝煤冲压成型的质量,希望冲压机构在冲压后有一保压时间。

(4)由于同时冲两块煤饼时冲头压力较大,最大可达 50 000 N,其压力变化近似认为在冲程的一半进入冲压,压力呈线性变化,由零值增至最大值。因此,希望冲压机构具有增力功能,以减小机器的速度波动和原动机的功率。

(5)驱动电动机目前采用 Y180L—8,其功率 $P=11$ kW,转速 $n_{电}=730$ r/min。

(6)机械运动方案应力求简单。

5.2.2　工作原理和工艺动作分解

根据上述分析,冲压式蜂窝煤成型机要求完成以下六个工艺动作。

(1)加料　这一动作可利用粉煤重力打开料斗自动加料。

(2)冲压成型　要求冲头上下往复移动,在冲头行程的后二分之一进行冲压成型。

(3)脱模　要求脱模盘上下往复移动,将已冲压成型的煤饼压下去而脱离模筒。一般可以将它与冲头一起固联在上下往复移动的滑梁上。

(4)扫屑　要求在冲头、脱模盘向上移动过程中用扫屑刷将粉煤扫除。

(5)模筒转盘间歇转动　用以完成冲压、脱模、加料三个工位的转换。

(6)输送　将成型的煤饼脱模后落在输送带上送出成品,以便装箱待用。

以上六个动作,加料和输送的动作比较简单,暂时不予考虑,冲压和脱模可以用一个机构来完成。因此,冲压式蜂窝煤成型机运动方案的设计应重点考虑冲压和脱模机构、扫屑机构及模筒转盘的间歇转动机构这三个机构的选型和设计问题。

5.2.3　根据工艺动作顺序和协调要求拟定运动循环图

拟定冲压式蜂窝煤成型机运动循环图时主要是确定冲头和脱模盘、扫屑刷、模筒转盘三个执行构件的先后运动顺序、相位角,以利于对各执行机构的设计、装配和调试。

冲压式蜂窝煤成型机的冲压机构为主机构,以它的主动件的零位角为横坐标的起点,纵坐标表示各执行构件的位移起讫位置。

图 5-2 所示为冲压式蜂窝煤成型机三个执行构件的运动循环图。冲头和脱模盘都由工作行程和回程两部分组成。模筒转盘的工作行程在冲头的回程后半段和工作行程的前半段完成,使间歇转动在冲压以前完成。扫屑刷要求在冲头回程后半段至工作行程前半段完成扫屑动作。

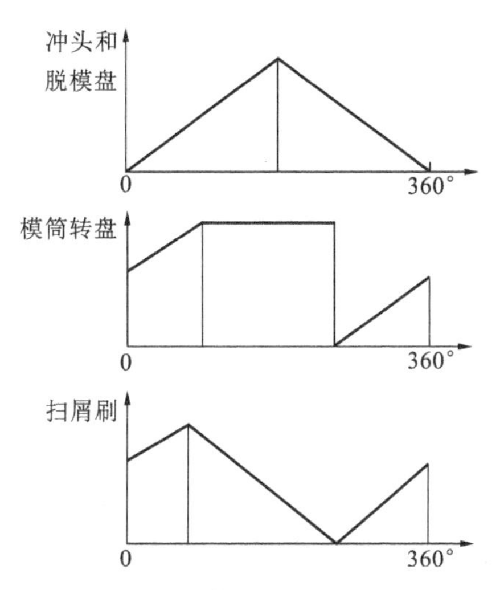

图 5-2　冲压式蜂窝煤成型机的运动循环图

5.2.4　执行机构的选型

根据冲头和脱模盘、模筒转盘、扫屑刷这三个执行构件的动作要求和结构特点，可以选择表 5-1 所示的常用机构，这种表格又可称为执行机构的形态学矩阵。

表 5-1　三个执行机构的形态学矩阵

冲头和脱模盘机构	对心曲柄滑块机构	偏置曲柄滑块机构	六杆冲压机构
扫屑刷机构	附加滑块摇杆机构	移动从动件固定凸轮机构	
模筒转盘间歇运动机构	槽轮机构	不完全齿轮机构	凸轮式间歇运动机构

图 5-3(a)所示为附加滑块摇杆机构，利用滑梁的上下移动使摇杆 OB 上的扫屑刷摆动，扫除冲头和脱模盘底面上的粉煤屑。图 5-3(b)所示为固定凸轮，利用滑梁的上下移动，将带有扫屑刷的移动从动件顶出而扫除冲头和脱模盘底面上的粉煤屑。

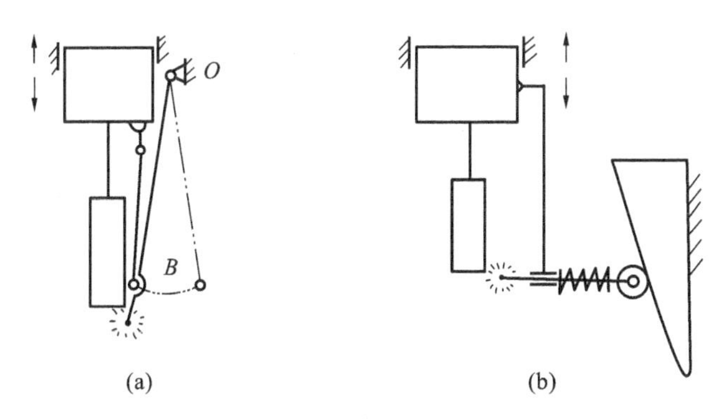

图 5-3　两种机构运动形式比较

5.2.5　机械运动方案的选择和评定

根据表 5-1 所示的三个执行机构的形态学矩阵，可以求出冲压式蜂窝煤成型机的机械运动方案数为 $N=3\times2\times3=18$。

现在，可以按给定条件、各机构的相容性和尽量使机构简单等要求来选择方案。由此可选定两个结构比较简单的方案。

方案Ⅰ:冲头和脱模盘机构为对心曲柄滑块机构,模筒转盘间歇运动机构为槽轮机构,扫屑刷机构为移动从动件固定凸轮机构。

方案Ⅱ:冲头和脱模盘机构为偏置曲柄滑块机构,模筒转盘间歇运动机构为不完全齿轮机构,扫屑刷机构为附加滑块摇杆机构。

通常可以用某种评价方法对以上两个方案进行评估选优,例如用模糊综合评价法,这里从略。最后选择方案Ⅰ作为冲压式蜂窝煤成形机的机械运动方案。

5.2.6　确定机械传动系统的传动比

根据选定的驱动电动机的转速和冲压式蜂窝煤成型机的生产能力,机械传动系统的总传动比为

$$i_{总}=\frac{n_{电}}{n_{主轴}}=\frac{730}{30}=24.333$$

式中:$n_{主轴}$为执行机构原动件(或称为执行主轴)的转速,其数值等于蜂窝煤成型机的生产能力指标。机械传动系统的第一级采用V带传动,其传动比为i_1;第二级采用直齿圆柱齿轮传动,其传动比为i_2。取$i_2=5$,则$i_1=i_{总}/i_2=24.333/5=4.867$。

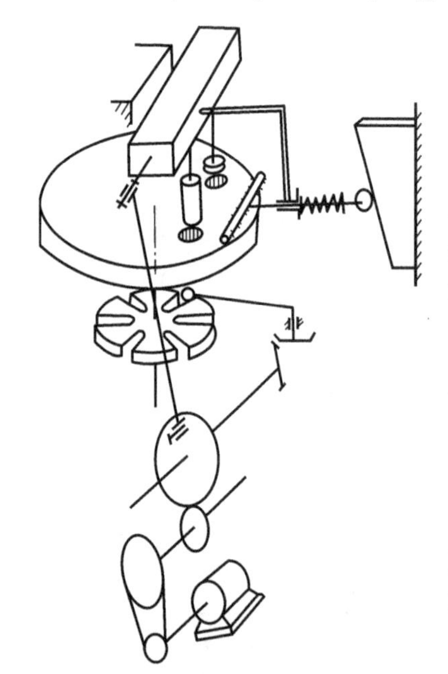

图5-4　冲压式蜂窝煤成型机运动方案示意图

5.2.7　画出机械运动方案示意图

按已选定的三个执行机构的类型及机械传动系统,画出冲压式蜂窝煤成型机的机械运动方案示意图,如图5-4所示,其中包括机械传动系统和三个执行机构的组合。如果再加上加料机构和输送机构,就可以完整地表示出整台机器的机械运动方案。

有了机械运动方案示意图,就可以进行机构的运动尺度设计和机器的总体设计了。

5.2.8　机械传动系统和执行机构的尺度计算

为了实现具体的运动要求,必须对带传动、齿轮传动、对心曲柄滑块机构(冲头和脱模盘机构)、槽轮机构(模筒转盘间歇运动机构)和扫屑刷机构进行运动学计算,必要时还要进行动力学计算。

1. 带传动计算

(1)确定计算功率P_c　取工况系数$K_A=1.4$,则计算功率为

$$P_c=K_AP=1.4\times11\ \text{kW}=15.4\ \text{kW}$$

(2)选择带的型号　由P_c及主动轮转速$n_{电}$,再由有关线图选择V带型号为C型。

(3)确定带轮基准直径d_{d1}和d_{d2}(参见9.1.4)　取小带轮基准直径$d_{d1}=200$ mm,则大带轮基准直径

$$d_{d2}=i_1d_{d1}=4.867\times200\ \text{mm}=973.4\ \text{mm}$$

按带轮直径标准值,选$d_{d2}=1\ 000$ mm。

(4)初选中心距a_0　按$0.7(d_{d1}+d_{d2})\leqslant a_0\leqslant2(d_{d1}+d_{d2})$,计算得840 mm$\leqslant a_0\leqslant$

2 400 mm。初选 $a_0=1\ 200$ mm。

(5)其他计算　选择带长，确定实际中心距，计算小带轮包角，确定带的根数等。此处略。

2. 齿轮传动计算

(1)取小齿轮齿数 $z_1=22$，则大齿轮齿数 $z_2=i_2z_1=5\times22=110$。

(2)按钢质齿轮进行强度计算，取模数 $m=5$ mm。

(3)小齿轮分度圆直径：$d_1=mz_1=5\times22$ mm $=110$ mm。

(4)大齿轮分度圆直径：$d_2=mz_2=5\times110$ mm $=550$ mm。

(5)中心距：$a=\frac{1}{2}m(z_1+z_2)=\frac{1}{2}\times5\times(22+110)\text{mm}=330$ mm。

其余尺寸可按有关公式算出，此处略。

3. 对心曲柄滑块机构计算

取冲压式蜂窝煤成型机的滑梁行程 $s=300$ mm，则曲柄半径为

$$R=\frac{1}{2}s=150\ \text{mm}$$

取连杆与曲柄长度之比 $\lambda=6.4$，则连杆长度 $L=\lambda R=960$ mm。

由此不难求出曲柄滑块机构中滑梁(滑块)的速度和加速度变化。它的力分析也是比较容易的，为简化起见不计各构件质量，按冲压力的变化作为滑块上的受力。

4. 槽轮机构计算

(1)槽数 z　按工位数要求选定 $z=6$。

(2)中心距 a　按结构情况确定 $a=300$ mm。

(3)圆销半径 r　按结构情况确定 $r=30$ mm。

(4)槽轮每次转位时主动件的转角 2α　$2\alpha=180°\left(1-\frac{2}{z}\right)=120°$。

(5)槽间角 2β　$2\beta=\frac{360°}{z}=60°$。

(6)主动件圆销中心半径 R_1　$R_1=a\sin\beta=150$ mm。

(7)R_1 与 a 的比值 λ　$\lambda=\frac{R_1}{a}=\sin\beta=0.5$。

(8)槽轮外圆半径 R_2　$R_2=\sqrt{(a\cos\beta)^2+r^2}=262$ mm。

(9)槽轮槽深 h　$h\geqslant a(\lambda+\cos\beta-1)+r=79.8$ mm，取 $h=80$ mm。

(10)运动系数 k　$k=n(1/2-1/z)=1\times(1/2-1/6)=1/3$($n$ 为圆销数，$n=1$)。

5. 扫屑刷机构计算

固定凸轮采用斜面形状，其长度应大于滑梁的行程 s，其水平方向的高度应能使扫屑刷在活动范围内扫除粉煤。具体按结构情况来设计，此处略。

5.2.9　飞轮设计

对于三相交流电动机-冲压式机构组成的机械，其飞轮设计可以采用精确算法。为了简便，此处采用飞轮转动惯量的近似算法。图 5-5 中标有 F_r 的曲线表示冲压式蜂窝煤成型机冲压力的近似变化规律。假定驱动力 F_d 为常值，则可求出 $F_d=6\ 250$ N。最大盈亏功 ΔW_{max} 为

$$\Delta W_{max}=\frac{1}{2}\times(50\ 000-6\ 250)\times\frac{7}{8}\times\frac{\pi}{2}\times0.15\ \text{N}\cdot\text{m}=4\ 509.9\ \text{N}\cdot\text{m}$$

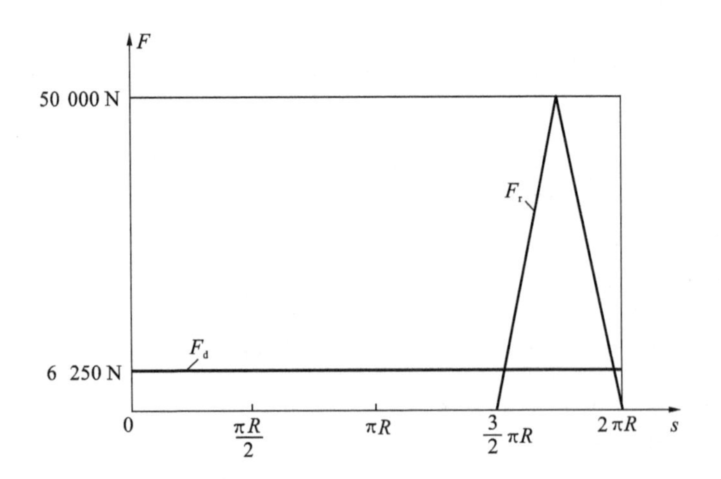

图 5-5 蜂窝煤成型机冲压力与驱动力的变化曲线

取$[\delta]=0.15$，为减小飞轮尺寸，将飞轮安装在小齿轮轴上，则其平均角速度为

$$\omega_m=i_2 n_{主轴}\times\frac{2\pi}{60}=5\times 30\times\frac{2\pi}{60}\text{rad/s}=15.71\ \text{rad/s}$$

因此，飞轮转动惯量为

$$J_F=\frac{\Delta W_{max}}{\omega_m^2[\delta]}=\frac{4\ 509.9}{15.71^2\times 0.15}\ \text{kg}\cdot\text{m}^2=121.821\ \text{kg}\cdot\text{m}^2$$

加了飞轮之后，由于飞轮能储存能量，故可使冲压式蜂窝煤成形机所需的电动机功率减小，其电动机功率约为

$$P'=F_d v=F_d\ \frac{2\pi R n_{主轴}}{60}=6\ 250\times\frac{2\pi\times 0.15\times 30}{60}\text{W}=2\ 945.243\ \text{W}=2.945\ \text{kW}$$

目前采用的电动机的功率为 11 kW，显然没有考虑附加飞轮，而是从克服短时冲压力较大的需要出发。故应重选电动机，并重新计算各传动参数，此处略。

第6章　机械原理课程设计题目与指导

6.1　自选题目

机械原理课程设计的题目可以在进行市场调研、查阅相关文献资料的基础上，根据实际需要自选。部分可供选择的设计题目如下。

(1)手动补鞋机改为小型电动补鞋机(改装后的补鞋机应体积小、成本低)。

(2)家用手动压面机改为小型电动压面机(改装后的压面机应体积小、成本低)。

(3)薄壁零件的冲压与送料机构。

(4)洗瓶机。

(5)糖果包装机剪刀装置。

6.2　平台印刷机

6.2.1　设计题目

设计平台印刷机的主传动机构。

平台印刷机的工作原理为复印原理，即将铅版上凸出的痕迹借助于油墨印到纸张上。平台印刷机一般由输纸、着墨(即将油墨均匀涂抹在铅版上)、压印、收纸四部分组成。

平台印刷机的压印动作是在卷有纸张的滚筒与嵌有铅版的版台之间进行的，其工作原理如图6-1所示。整部机器中各机构的运动均由同一电动机驱动。运动由电动机经过减速装置i后分成两路，一路经传动机构Ⅰ带动版台作往复直线移动，另一路经传动机构Ⅱ带动滚筒作单向回转运动。版台往复运动一次完成一次印刷循环。版台与滚筒接触时，在纸张上压印出字迹或图形。

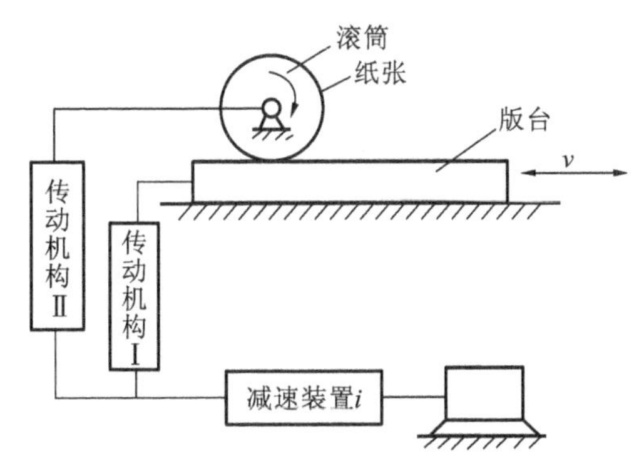

图6-1　平台印刷机工作原理图

版台工作行程有三个区段(图6-2)：在第一区段，滚筒表面与版台不接触，送纸、着墨机构(未画出)相继完成输纸、着墨作业；在第二区段，滚筒表面与版台接触，铅版在纸张上压印出字

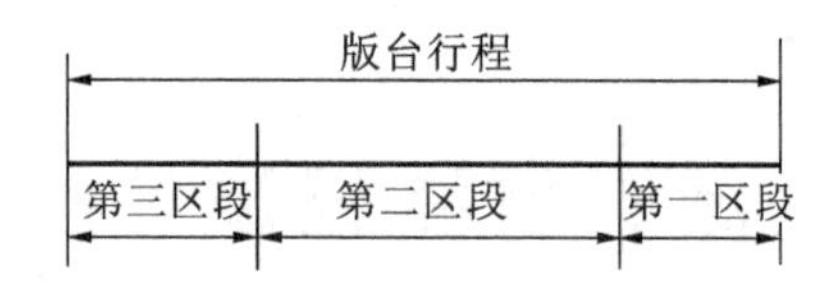

图 6-2 版台工作行程的三个区段

迹和图形，完成压印动作；在第三区段（以及空回行程），滚筒表面与版台脱离接触，收纸机构进行收纸作业。

本题目要设计的主传动机构就是版台的传动机构Ⅰ及滚筒的传动机构Ⅱ。

6.2.2 原始数据与设计要求

原始数据见表 6-1。

表 6-1 平台印刷机的设计参数

数据组编号	A	B	C	D
最大用纸幅面(长/mm×宽/mm)	440×590	420×594	392×546	415×590
印刷生产率/(张/h)	2 000	2 200	2 500	5 000
版台最大行程/mm	730	692	648	795
压印区段长度/mm	440	420	392	415
滚筒直径/mm	232	220	206	360
电动机功率/kW	1.5			3
电动机转速/(r/min)	940			1 430

设计要求如下。

(1)要求构思合适的机构方案，使电动机经过减速装置输出的匀速转动转换成平台印刷机的主运动：版台作往复直线运动，滚筒作单向间歇转动（低速型）或单向连续转动（高速型）。

(2)为了保证印刷质量，要求在压印过程中滚筒表面与版台之间无相对滑动（纯滚动），即在压印区段（第二区段）滚筒表面点的线速度与版台移动速度相等。

(3)为了保证印刷幅面上的印痕浓淡一致，要求版台在压印区速度变化尽可能小。

(4)要求机构传动性能好，结构紧凑，制造方便，版台应有急回特性。

(5)机械系统整体结构布置合理。

6.2.3 设计任务

(1)确定机构传动方案，计算总传动比，分配各级传动比。

(2)确定各机构的运动学尺寸及有关结构参数。

(3)画出主传动机构的运动简图。

(4)用解析法分析版台在一个运动循环内的位移、速度、加速度，并绘制运动线图。

(5)用图解法或解析法设计滚筒单向回转运动的定位机构（低速型）或补偿机构（高速型）的凸轮廓线，并绘制凸轮机构运动简图。

(6)编写设计说明书。

6.2.4　设计方案及讨论

根据前述设计要求,版台应作往复移动,行程较大,且尽可能使工作行程中有一段匀速运动(压印区段),并有急回特性;滚筒作间歇(转停式)或连续(有匀速段)转动。这些运动要求不一定都能得到满足,但一定要保证版台和滚筒在压印区段内保持纯滚动关系,即滚筒表面点的线速度与版台速度相等。这可在运动链中加入运动补偿机构,使两者间的运动达到良好的配合。由此出发来构思方案。

1. 版台传动机构方案

方案 1:六杆机构。图 6-3 所示的六杆机构结构比较简单,加工制造比较容易,作往复移动的构件 5(版台)的速度是变化的,有急回特性,有扩大行程的作用,但由于构件数较多,故机构刚性差,不宜用于高速。此外,该机构的分析计算过程比较复杂。

方案 2:曲柄滑块机构与齿轮齿条机构的组合。图 6-4 所示的机构由偏置曲柄滑块机构与齿轮齿条机构串联组合而成。其中下齿条为固定齿条,上齿条与版台固连在一起。此组合机构最重要的特点是版台行程比铰链中心点 C 的行程大一倍。此外,由于齿轮中心 C(相当于滑块的铰链中心)的轨迹对于点 A 偏置,所以上齿条的往复运动有急回特性。

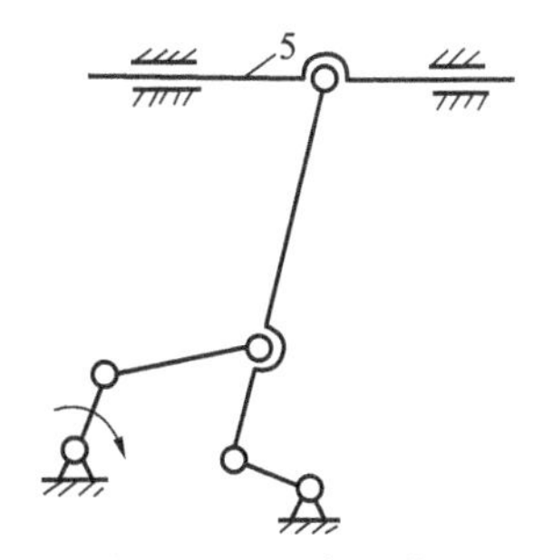

图 6-3　六杆机构

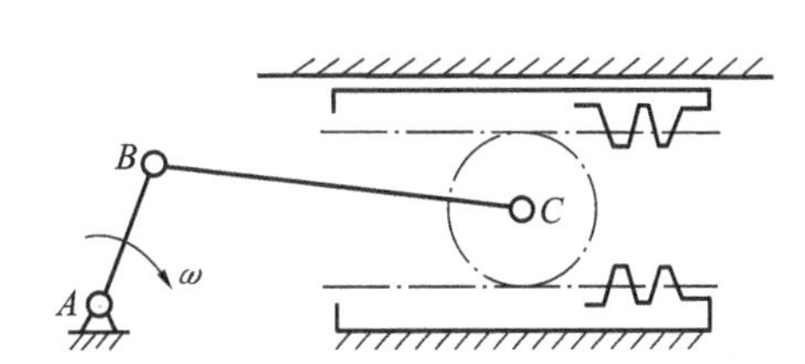

图 6-4　曲柄滑块机构与齿轮齿条机构的组合

方案 3:双曲柄机构、曲柄滑块机构与齿轮齿条机构的串联组合。图 6-5 所示组合机构的下齿条也是可移动的齿条,故可由下齿条输入另一运动,以得到所需的合成运动;当不考虑下齿条的移动时,上齿条(版台)运动的行程也是转动副中心点 C 行程的两倍。这里用两个连杆机构串联,主要是考虑到用曲柄滑块机构满足版台的行程要求,而用双曲柄机构满足版台在压印区段中近似匀速的要求和回程时的急回特性要求。

方案 4:齿轮可作轴向移动的齿轮齿条机构。图 6-6 所示齿轮齿条机构的上、下齿条均为可移动的齿条,且都与版台固接在一起。当采用凸轮机构(图中未画出)拨动齿轮沿其轴向滑动时,可使齿轮时而和上齿条啮合,时而和下齿条啮合,从而实现版台的往复移动;若齿轮作匀速转动,则版台作匀速往复移动。这将有利于提高印刷质量,使整个印刷幅面印痕浓淡一致。但由于齿轮的拨动机构较复杂,故只在印刷幅面较大(如 2 m×2 m)、对印痕浓淡均匀性要求较高时采用。

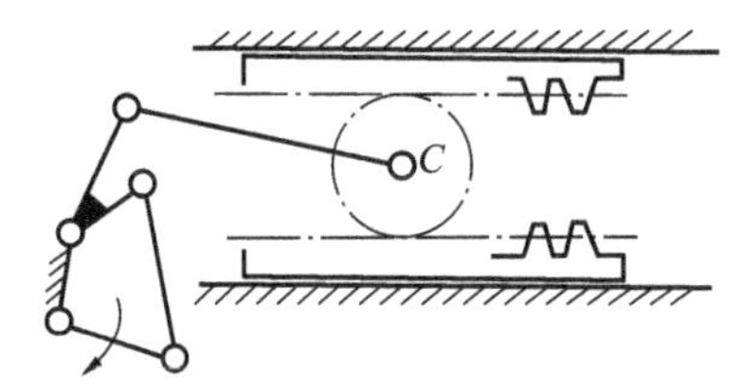

图 6-5　双曲柄机构和差动齿条组合机构

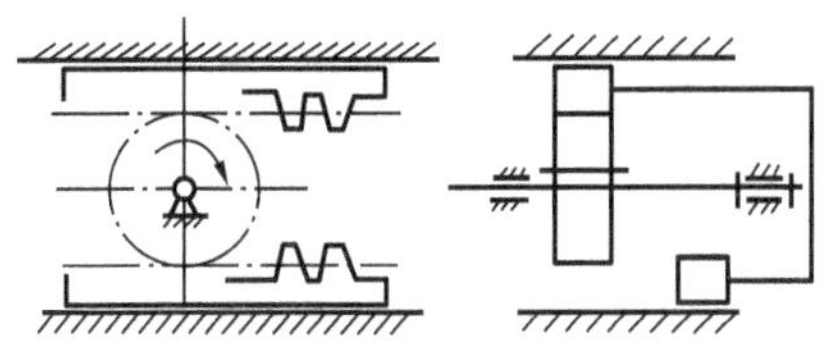

图 6-6　齿轮齿条机构

2. 滚筒传动机构方案

方案1:齿轮齿条机构(转停式滚筒的传动机构)。图6-7所示的滚筒是由版台上的齿条带动滚筒上的齿轮转动的,因此可保证滚筒表面点的线速度与版台速度在压印区段完全相等的要求。此种机构的特点是结构简单,易于保证速度同步的要求。但当版台空回时,滚筒应停止转动,因而应设置滚筒与版台运动的脱离装置(如在滚筒与齿轮间装单向离合器等单向运动装置)及滚筒的定位装置(图6-8)。由于滚筒时转时停,惯性力矩较大,故不宜用于高速场合。

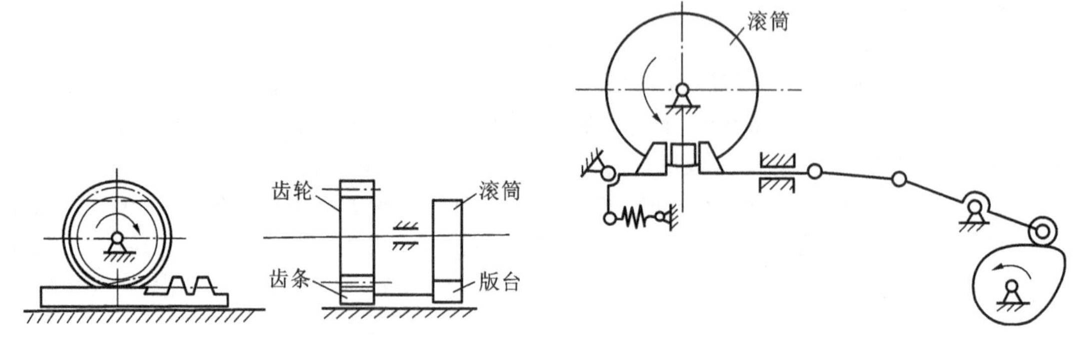

图6-7　滚筒的齿轮齿条机构　　图6-8　滚筒的定位装置

方案2:齿轮机构。图6-9所示的滚筒是由电动机通过带传动及齿轮机构减速后,由齿轮机构直接带动的,因而其运动速度是常量。当与其配合的版台由非匀速运动机构(如前述版台传动机构方案1、2、3)带动时,很难满足速度同步的要求,因而此种传动机构方案一般只和版台传动机构方案4(图6-6)配合使用。

方案3:双曲柄机构。图6-10所示为双曲柄机构与齿轮机构串联组成的滚筒传动机构。此传动机构为非匀速运动机构,但当设计合适时可使滚筒在压印区段的转速变化平缓,这样既可保证印刷质量,又可减小滚筒直径。因为这种机构的滚筒作连续转动,所以其动态性能比转停式滚筒好。

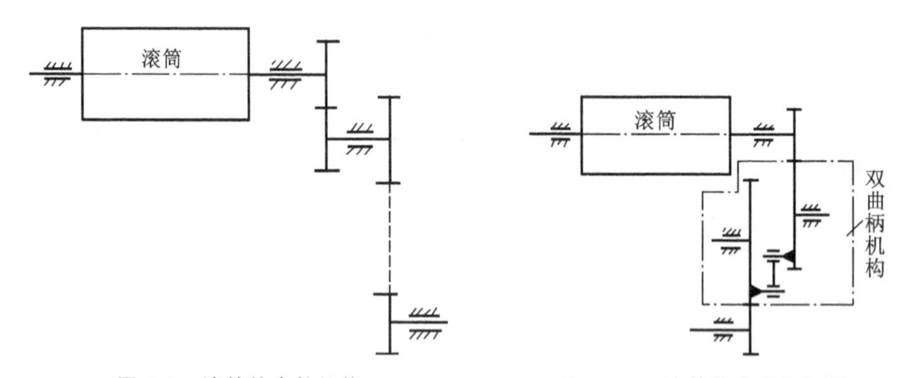

图6-9　滚筒的齿轮机构　　图6-10　滚筒的双曲柄机构

3. 版台传动机构与滚筒传动机构方案的配合

根据上述各机构方案的特点,可将版台传动机构与滚筒传动机构方案按下述方式配合,形成四种主传动机构方案,见表6-2。

表6-2　平台印刷机的主传动机构方案

主传动机构方案号	Ⅰ	Ⅱ	Ⅲ	Ⅳ
版台传动机构方案号	1	2	3	4
滚筒传动机构方案号	1	1	3	2

值得指出的是：①主传动机构方案Ⅰ、Ⅱ中应加设滚筒与版台的运动脱离机构及滚筒定位机构；②在按主传动机构方案Ⅲ设计时，为了保证滚筒表面点的线速度与版台往复运动速度在压印区段完全一致，一般应加设运动补偿机构，如图 6-11 所示的凸轮机构。

其余方案可由设计者构思。

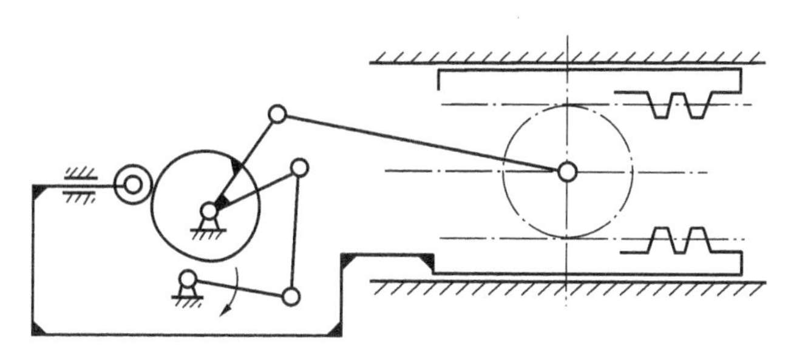

图 6-11　版台运动补偿机构

6.2.5　设计步骤

1. 构思和选择方案

平台印刷机主传动机构方案的构思与选择，可根据原始数据和设计要求，充分考虑各种方案的特点后进行。此外，还应考虑以下几个方面的问题。

(1)印刷要求的生产效率。

(2)印刷纸张幅面大小(幅面大，版台运动的匀速性要求较高)。

(3)机构结构实现的可能性。

(4)机构的传力特性。

2. 确定设计路线

下面以平台印刷机主传动机构方案Ⅲ为例来说明设计路线。

首先根据生产率及压印区段速度变化较小的要求，设计滚筒的双曲柄机构(也可由教师给定该机构尺寸)；然后根据版台的往复运动行程并考虑有急回特性的要求，设计实现版台运动的曲柄滑块机构；再根据滚筒表面点的线速度与版台运动速度在压印区段尽可能接近的原则，设计串接在曲柄滑块机构前的双曲柄机构；最后，对设计出的机构进行运动分析，根据压印区段接近匀速的要求确定该区间位置，再求出在该区间内运动时滚筒表面上的点转过的弧长及版台上与之相接触一点的位移之间的差值，从而可得出凸轮机构从动件(图 6-11 所示的下齿条)的位移曲线，据此设计出该凸轮轮廓曲线。

由于此方案比较复杂，建议只要求学生设计版台的传动机构(即版台传动机构中的双曲柄机构、曲柄滑块机构和用于运动补偿的凸轮机构)。

3. 设计版台的曲柄滑块机构

根据版台往复运动的行程，求得滑块铰链点的行程；选定连杆长 l 与曲柄长 r 之比 λ(一般可在 2.8～4 之间选取)、行程速比系数 K(一般在 1.05～1.1 之间)。据此，可求出 r、l、e。

4. 设计版台的双曲柄机构

根据已知的滚筒速度曲线(由教师给出，或给出滚筒双曲柄机构尺寸，由学生作运动分析得到)，初定压印区段后，即可着手设计版台的双曲柄机构。

(1)首先根据压印区段滚筒表面点的线速度与版台移动速度相等的要求(或纯滚动的要求)，确定版台双曲柄机构中两连架杆的若干对应位置关系(用插值法或图解法取 3～4 个对应位置为宜，用优化方法则取 6～10 个对应位置为宜)。

(2)用图解法、插值法、函数平方逼近法或其他优化方法设计出该机构。

5. 用于运动补偿的凸轮机构设计

(1)在假设版台传动机构系统未安装有运动补偿的凸轮机构且下齿条固定不动的情况下，对主传动系统进行运动分析，求出版台及滚筒表面点的位移曲线及速度曲线。

(2)根据上述曲线，调整压印区段。压印区段的始点一般应为同速点(即版台运动速度与滚筒表面点的速度相同的位置)，压印区段的速度变化相对较小且两条速度曲线相当接近。

(3)将压印区段分成 n 小段，得到 $n+1$ 个分点，依次求出滚筒表面点转过的弧长与版台位移之间的各个差值 $\Delta s^{(i)}(i=1,2,\cdots,n)$，画出以曲柄(或凸轮)转角为横坐标的 Δs 曲线，即为凸轮机构从动件在压印区段的位移曲线。

(4)确定凸轮机构从动件位移曲线中的过渡曲线段，并用图解法求出凸轮的理论轮廓。

(5)检验压力角和最小曲率半径，确定滚子直径，求出凸轮实际轮廓线。

最后，整理设计说明书。

6.3 平压印刷机

6.3.1 设计题目

根据平压印刷机的主要动作要求，进行机构运动方案和主要机构的设计。

平压印刷机是印刷行业广泛使用的一种简易印刷机，适用于印刷各种八开以下的印刷品。图 6-12 所示为平压印刷机的主要部件工作情况示意图。它实现的动作如下。

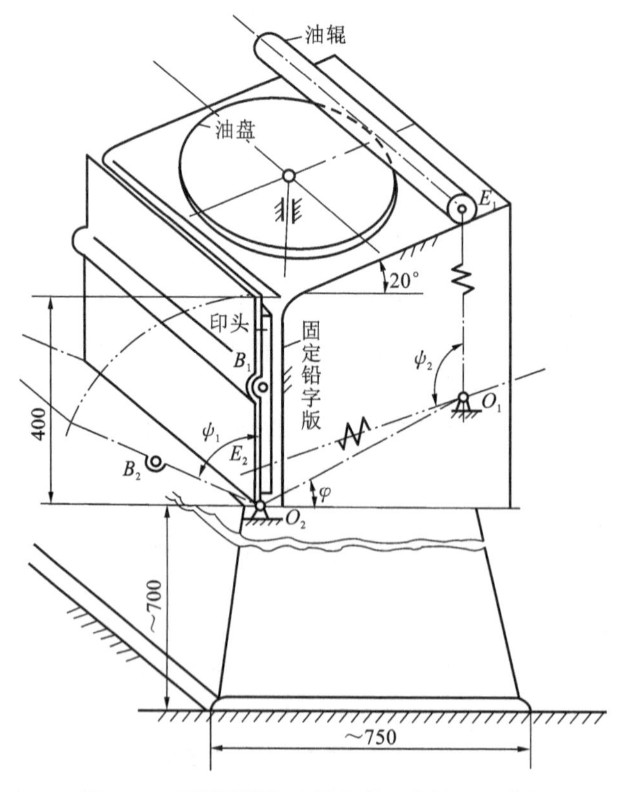

图 6-12　平压印刷机主要部件工作情况示意图

(1)印头 O_2B 往复摆动。其中 O_2B_1 是压印位置,即此时印头上的纸与固定铅字版(阴影线部分)压紧接触;而 O_2B_2 是取走印好的纸和置放新纸的位置。

(2)油辊上下滚动。在印头自位置 O_2B_1 运动至位置 O_2B_2 的过程中,油辊从位置 E_1 经油盘和固定铅字版向位置 E_2 运动,同时绕自身的轴线转动。油辊滚过油盘时将油辊表面的油墨涂布均匀,滚过固定铅字版时给铅字上油墨。印头返回时,油辊从位置 E_2 回到 E_1。油辊摆杆 O_1E 是一个长度可伸缩的构件。

(3)油盘转动。为使油辊上的油墨均匀,不仅应使油辊在油盘表面上滚过,而且应在油辊经过油盘往下运动时油盘作一次小于 180°而大于 60°的间歇转动,以使油盘上存留的油墨比较均匀。

上述三个运动和手工加纸、取纸动作协调配合,即可完成一次印刷工作。

本题要求按照平压印刷机的工艺过程设计下列三个机构:印头往复摆动机构、油辊上下滚动机构、油盘间歇转动的控制机构。

6.3.2　原始数据与设计要求

原始数据见表 6-3。

表 6-3　平压印刷机的设计参数

数据组编号	A	B	C
最大用纸幅面(长/mm×宽/mm)	280×406		297×420
印刷生产率/(张/h)	1 400	1 600	1 800
电动机功率/kW	0.75		1.1
电动机转速/(r/min)	910		
印头摆角/(°)	70	65	60
油辊摆角/(°)	110	115	120
油盘直径/mm	400		

设计要求如下。

(1)实现印头、油辊、油盘的运动机构由一个电动机带动,电动机放在机架的右侧或底部。

(2)要求印头返回行程(自位置 O_2B_1 至 O_2B_2)和工作行程(自位置 O_2B_2 至 O_2B_1)的平均速度之比(行程速度变化系数)K=1.1～1.2。

(3)油辊在位置 O_1E_1 时,恰与油盘的上边缘接触。

(4)要求机构传动性能良好,印头和油辊在两极限位置处的传动角 γ 大于或等于许用传动角$[\gamma]$=40°,结构紧凑,制造方便。

6.3.3　设计任务

(1)确定传动机构方案,计算总传动比,分配各级传动比。

(2)确定各机构的运动学尺寸及有关结构参数。

(3)画出机构系统运动简图。

(4)用解析法分析印头在一个运动循环内的角位移、角速度、角加速度,并绘制运动线图。

(5)用图解法或解析法设计用于控制油盘间歇转动的凸轮的轮廓曲线,绘制凸轮机构运动简图。

(6)编写设计说明书。

6.3.4　设计方案及讨论

根据设计要求,三个主要动作必须协调,这是方案设计的出发点。由于只给出一个动力源,因此实现这些动作的机构必须联动。三个动作中,印头运动需具有急回特性,油辊可看做实现两个位置的运动(油辊摆杆 O_1E 的伸缩运动也是由一机构控制的),而油盘需实现间歇运动。完成这些运动的机构以及连成的整机均应力求结构简单、紧凑。

拟订运动方案时,应首先构思实现动作要求的执行机构,然后勾画描述各机构动作协调配合关系的运动循环图,最后确定各机构前面的传动路线,以满足生产效率的要求。

1. 实现印头和油辊往复运动的机构运动方案

方案1:两个曲柄摇杆机构按时序式连接。如图6-13所示,曲柄摇杆机构 O_1ABO_2 实现印头的往复摆动,曲柄摇杆机构 O_3CDO_1 实现油辊的往复摆动。电动机带动双联齿轮2、4输入运动,通过齿轮1、3分别驱动曲柄 O_1A 和 O_3C。此方案的优点是印头和油辊均有急回特性,且两套机构可分开进行位置调整;缺点是结构稍复杂一些。

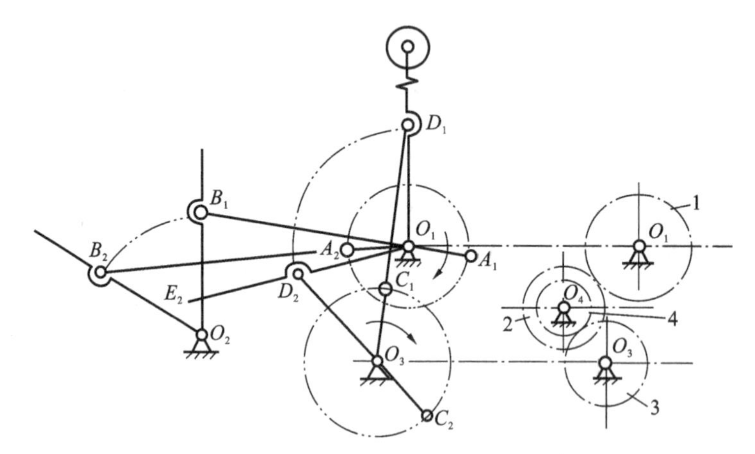

图6-13　两个曲柄摇杆机构按时序式连接

方案2:曲柄摇杆机构和双摇杆机构串联。如图6-14所示,曲柄摇杆机构 O_1ABO_2 实现印头的往复摆动(与方案1相同),曲柄动力由电动机通过齿轮机构输入。而双摇杆机构 O_2BCO_1 以曲柄摇杆机构的从动件 O_2B 为主动件,使油辊实现往复摆动。它与方案1相比,在满足同样要求的情况下结构较为紧凑。

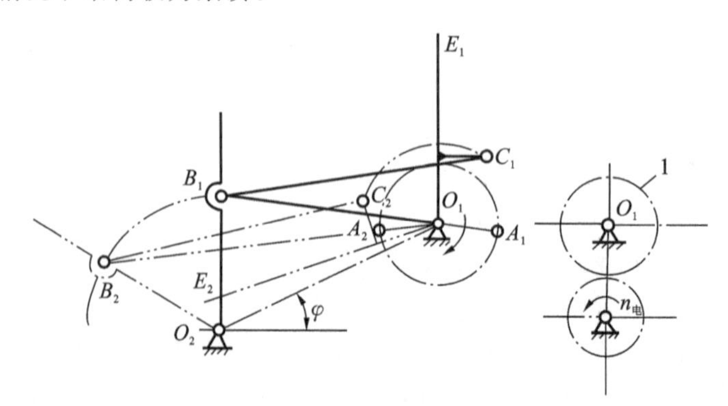

图6-14　曲柄摇杆机构和双摇杆机构串联

方案3:凸轮机构和连杆机构按时序式连接。如图6-15所示,由凸轮1驱动双摇杆机构O_1ABO_2完成印头的往复摆动,由同轴传动的凸轮2通过齿轮驱动摆杆O'_1E摆动。利用凸轮机构同样可方便地满足印头的急回特性,并通过两凸轮的相位和从动件的角位移运动规律协调印头和油辊的运动,可使它们在极限位置有停歇时间,利于操作。

其他机构组合方案,由学生自行构思。

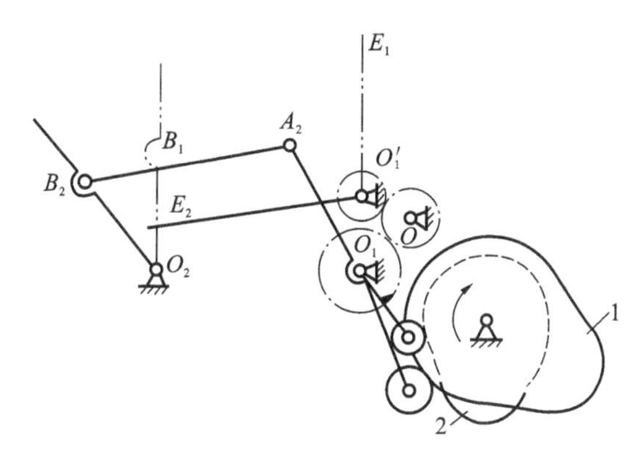

图6-15　凸轮机构和连杆机构按时序式连接

2. 实现油盘间歇运动的机构方案

视油盘中心轴线对输入轴线O_1的不同布局而有不同的机构方案。

方案1:如图6-16所示,它由锥齿轮和间歇运动机构(如槽轮机构、不完全齿轮机构或棘轮机构等)组成。此方案可用于油盘轴线与轴线O_1相交或交错的情况。

方案2:如图6-17所示,它由拨杆机构来实现间歇运动。在油盘转轴下端布置三个或四个叉枝2,再由固定在轴O_1上的拨杆或凸轮1间歇推动叉枝2,使油盘得到间歇转动。此方案用于油盘轴线O_2与轴线O_1交错的情况。

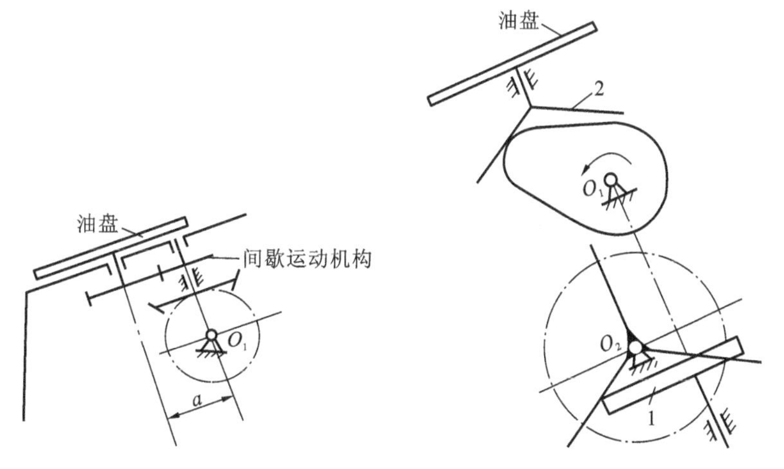

图6-16　锥齿轮和间歇运动机构　　图6-17　拨杆机构

因轴线O_1就是油辊摆杆O_1E的转轴,故安装凸轮时相位必须恰当。

方案3:它由摆动推杆凸轮机构和棘轮机构组合来实现间歇运动,参见图6-18中凸轮-摆动推杆-棘轮机构部分。

其他方案由学生自行构思。

将实现上述三个运动的机构确定后,就可拟定机器的运动简图。图6-18所示为平压印刷

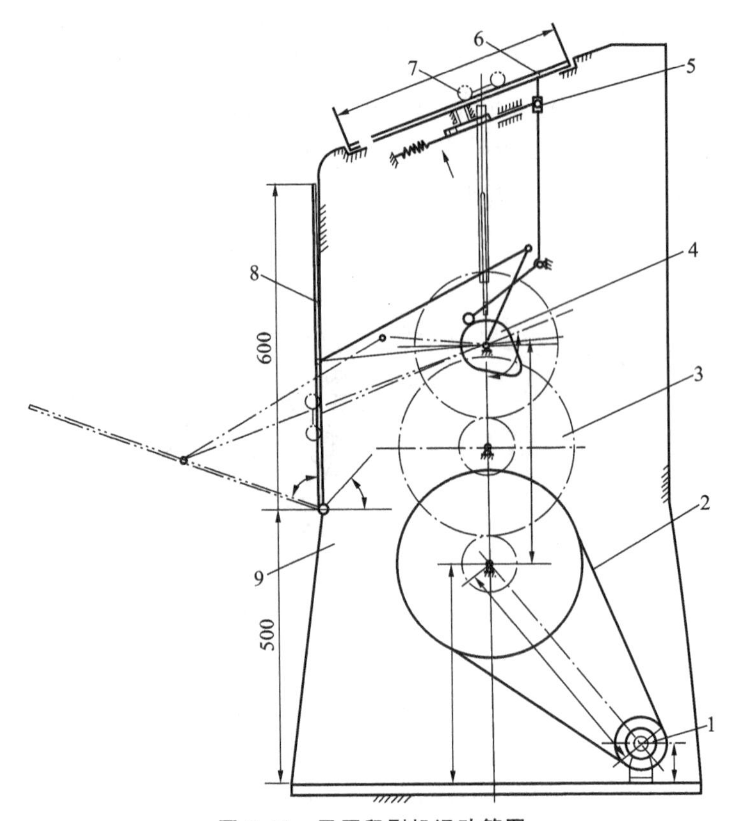

图 6-18　平压印刷机运动简图

1—电动机；2—V 带传动；3—齿轮传动；4—凸轮机构；5—棘轮机构；

6—油盘；7—油辊机构；8—印头机构；9—机座

机运动简图的一种设计方案。注意图中油辊的结构和上极限位置与图 6-12 不同。

6.3.5　机构设计要点

1. 印头往复运动机构——曲柄摇杆机构的设计

以方案 2(图 6-14)为例，要求学生在满足传动角的条件下合理设计机构的几何尺寸。可先设计曲柄摇杆机构 O_1ABO_2，然后设计双摇杆机构 O_2BCO_1。曲柄摇杆机构中的未定参数是曲柄长度 l_{O1A}、连杆长度 l_{AB}、机架长度 l_{O1O2}（$=d$）和 O_1O_2 的倾斜角 φ。若按解析法设计，这四个参数按以下顺序确定。

(1)确定轴线 O_1 的位置。这是设计的主要工作，要求学生独立完成。曲柄摇杆机构有四个未定参数，但由机构的两个极限位置和急回特性的关系只可建立三个运动方程式，所以必须在四个参数中选定一个。因为 O_1 的位置取决于参数 d 和 φ，所以可从上述三个运动方程中解得只有 d、φ 的函数方程，再选定 φ 后即可求得 d。

(2)按曲柄摇杆机构的运动几何关系求解连杆和曲柄的长度。

(3)校验机构在两极限位置的传动角，两者均应满足 $\gamma \geqslant [\gamma]$，并检查在 O_1、O_2 之间是否有足够的空间容纳油盘。

(4)若不满足传动角条件或无法安放油盘，则改变角 φ，重复上述过程求解机构尺寸。必须注意，初始选取角 φ 时应使 O_1 落在机器外形尺寸之内，同时要考虑油盘和齿轮 1 的尺寸，其中齿轮 1 的尺寸不能超出墙板边界(图 6-12 中的尺寸～750)太多。这一步可先用图解法试作，取得 φ 的大致范围（主要检验传动角），然后在 φ 的初始值左右搜索，取得满足传动角要求的最佳尺寸。

2. 油辊往复运动机构——双摇杆机构的设计

因机构中主动连架杆 O_2B 的长度和位置已确定，同时伸缩杆 O_1E 的摆动中心设定在轴线 O_1 上，两个标线位置也已给定，故此题属两连架杆两对对应位置的设计。这样 O_1C 和 BC 的长度将有无穷个解，但在满足两极限位置处传动角要求的条件下，本题可得有限范围的解，此时铰链点 C 可选在 O_1E 标线扩大体上的某一点。

图 6-19 所示为本题的一种解法：设定坐标系 xO_1y，将图形 $O_1E_2B_2$ 绕 O_1 向 O_1E_1 方向反转至 O_1E_2 与 O_1E_1 重合，得 B_2 点的转化位置 B'_2，B_1、B'_2 连线的垂直平分线 N-N 上的点 C_1 即为铰链点 C，$\angle B_1C_1O_1$ 为一极限位置的传动角。用解析法可建立 N-N 的直线方程，然后通过 x、y 值的搜索，求得满足两极限位置传动角要求的最佳位置 C_1，O_1C_1 和 B_1C_1 即为未知连架杆和连杆的长度。

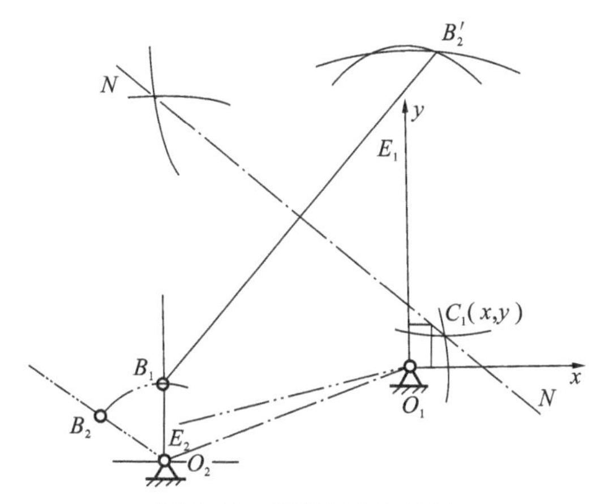

图 6-19　双摇杆机构设计

3. 间歇运动机构的设计

可先用图解法确定油盘轴线对轴线 O_1 的相对位置，然后进行机构方案的设计。

4. 凸轮-连杆机构设计

若选用图 6-15 所示的机构运动方案，其设计顺序如下。

(1)根据印头的急回特性确定凸轮 1 的推程运动角和回程运动角。

(2)选定印头 O_2B 摆动的运动规律，再由已选定的双摇杆机构 O_1ABO_2 确定摇杆 O_1A 的运动规律，然后根据 O_1A 的运动规律与凸轮转角的对应曲线 ψ_1-δ 设计凸轮 1 的轮廓线，ψ_1 为摆杆 O_1A 的转角。

(3)凸轮 2 的设计。为了防止油辊摆杆 O'_1E 与印头 O_2B 的运动发生干涉，可选定升降停运动规律，按曲线 ψ_2-δ 设计凸轮 2 的轮廓线，ψ_2 为摆杆 O'_1E 的转角。

6.3.6　设计步骤

1. 确定机械运动方案

拟定机械系统运动方案，进行方案的分析比较，拟定运动循环图。

2. 机构设计

(1)用图解法和解析法相结合设计连杆机构。选一个机构用解析法设计其尺度参数，然后用图解法校核;另一个机构用图解法设计。

(2)若用凸轮-连杆机构,则用图解法和解析法相结合设计凸轮机构。印头的运动规律自选,写出运动方程,用解析法计算连杆机构主动件的运动规律,得出摆杆的运动方程式,并作出ψ-δ、ω-δ、ε-δ线图。再用解析法设计凸轮廓线,用图解法校验凸轮理论廓线压力角、核定基圆半径(其中凸轮机构和连杆机构的相对位置自行确定)。

(3)用图解法和解析法相结合,设计间歇运动机构。

(4)设计齿轮机构。

以上设计任务的侧重点由指导教师指定。建议选择1～2个机构作解析法设计,其余可用图解法完成。

3. 正确绘制机构运动简图

(1)拟定自电动机至曲柄转轴的传动链方案,并进行传动比分配,需要满足印刷生产率的要求。

(2)进行各传动机构的最终布置,画出机构运动循环图。

(3)按比例绘制运动简图(图样内还应包括图解法设计的机构图并保留设计作图辅助线,解析法设计的机构用图解法进行校核的校核图,凸轮廓线图等)。

最后,整理设计说明书。

6.4　半自动平压模切机

6.4.1　设计题目

根据半自动平压模切机的主要动作要求,进行机构运动方案和主要机构的设计。

半自动平压模切机是印刷、包装行业压制纸盒、纸箱等纸制品的专用设备。该机可对各种规格的白纸板、厚度在4 mm以下的瓦楞纸板及各种高级精细的印刷品进行压痕、切线、压凹凸。经过压痕、切线的纸板,用手工或机械沿切线处去掉边料后,沿着压出的压痕可折叠成各种纸盒、纸箱,或制成凹凸的商标。

压制纸板的工艺过程分为“走纸”和“模切”两部分。如图6-20所示,4为工作台面,工作台上方的1为双列链传动,2为主动链轮,3为走纸横块(共五个),其两端分别固定在前后两根链条上,横块上装有若干个夹紧片。主动链轮由间歇机构带动,使双列链条作同步的间歇运动。每次停歇时,链上的一个走纸横块刚好运行到主动链轮下方的位置。这时,工作台面下方的控制机构(其执行构件5作往复移动)推动走纸横块上的夹紧装置,使夹紧片张开,操作者可将纸板8喂入。待夹紧后,主动链轮又开始转动,将纸板送到具有上模6(装调以后是固定不动的)和下模7的位置,链轮再次停歇。这时,在工作台面下部的主传动系统中的执行构件—滑块和下模7为一体向上移动,实现纸板的压痕、切线,称为模压或压切。压切完成以后,链条再次运行,当夹有纸板的横块走到某一位置时,受另一机构(图上未表示)的作用,夹紧片张开,纸板落到收纸台上,

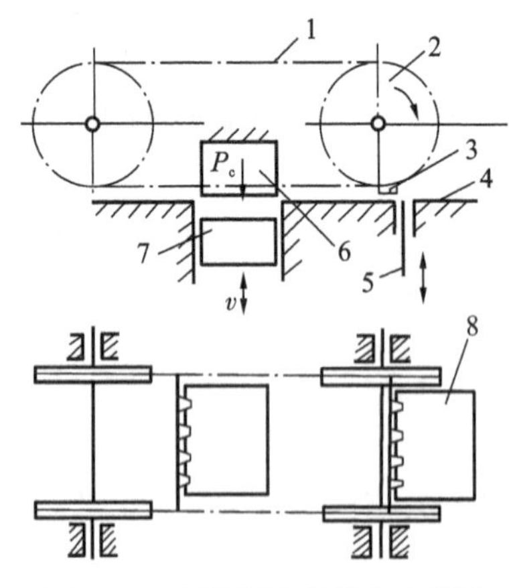

图6-20　平压模切机动作示意图

完成一个工作循环。与此同时，后一个横块进入第二个工作循环，将已夹紧的纸板输送到压切处，如此实现连续循环工作。

本题要求按照压制纸板的工艺过程设计下列两个机构：使下模运动的执行机构、控制走纸横块上夹紧装置（夹紧纸板）的控制机构。

6.4.2　原始数据与设计要求

原始数据见表 6-4。

表 6-4　平压模切机的设计参数

数据组编号	A	B	C
最大用纸幅面(长/mm×宽/mm)	800×1 120	540×800	400×540
模切生产率/(张/h)	1 440	1 560	1 680
电动机功率/kW	5.5	3	2.2
电动机转速/(r/min)	1 440	1 430	1 430
下模行程/mm	50		
下模上行最后 2 mm 工艺阻力/N	1.2×10^6	6×10^5	4×10^5

设计要求如下。

(1)滑块推动下模向上运动时所受生产阻力如图 6-21 所示。回程时不受力，回程的平均速度为工作行程平均速度的 1.3 倍。

(2)要求机构传动性能良好，结构简单紧凑，节省动力，具有增力特性，寿命长，制造方便。

(3)机械系统整体结构布置合理。

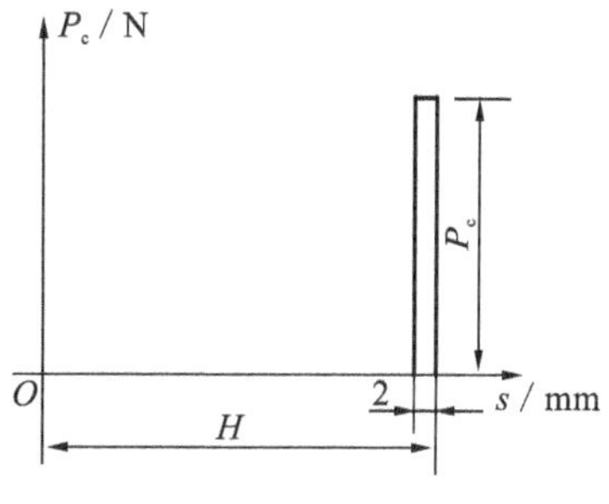

图 6-21　模切机生产阻力曲线

6.4.3　设计任务

(1)确定传动机构方案，计算总传动比，分配各级传动比。

(2)确定各机构的运动学尺寸及相关结构参数。

(3)画出机构系统的运动简图。

(4)用解析法分析下模在一个运动循环内的位移、速度、加速度，并绘制运动线图。

(5)用图解法或解析法设计控制机构所用凸轮的轮廓曲线，并绘制凸轮机构运动简图。

(6)编写设计说明书。

6.4.4　设计方案及讨论

根据半自动平压模切机的工作原理，可把机器完成加工要求的动作分解成若干种基本运动。进行机械运动方案设计时，最主要的是要弄清设计要求和条件，掌握现有机构的基本性能，灵活地应用现有机构或有创造性地构思新的机构，以保证机器有完善的功能和尽可能低的成本。完成一项运动，一般来说总有几种机构可以实现，所以不同的机构类型及其组合将构成多种运动方案。对本题进行机械运动方案设计时应考虑以下问题。

(1)设计实现下模往复移动的机构时,要同时考虑机构应满足的运动条件和动力条件。例如实现往复直线移动的机构有凸轮机构、连杆机构、螺旋机构等。由于压制纸板时受力较大,故宜采用承载能力高的平面连杆机构,而连杆机构中常用的有四杆机构和六杆机构。再从机构应具有急回特性的要求出发,在定性分析的基础上,选取节省动力的机构。当受力不大而运动规律又比较复杂时,可采用凸轮机构。例如本题中推动夹紧装置使夹紧片张开的控制机构,由于夹紧片张开后要停留片刻,将纸板送入后才能夹紧,因而推杆移动到最高位置时有较长时间停歇的运动要求,故采用凸轮机构在设计上易于实现此要求,且结构简单。

(2)为满足机器的工艺要求,各机构执行构件的动作在规定的位置和时间上必须协调,如下模在工作行程时,纸板必须夹紧;下模回程时,纸板必须送到模压位置。因此,为使各执行构件按工艺要求协调运动,应绘出机械系统的运动循环图。

(3)根据要求的机器每小时完成的加工件数,可以确定执行机构主动构件的转速。若电动机转速与执行机构主动构件转速不同,可先确定总传动比,再根据总传动比选定不同的传动机构及组合方式。例如可采用带传动和定轴轮系串联或采用行星轮系等;有自锁要求且功率又不大时,可采用蜗杆机构。对定轴轮系要合理分配各对齿轮的传动比,这是传动装置设计的一个重要问题,它将直接影响机器的外廓尺寸、重量、润滑和整个机器的工作能力。

(4)在一个运动循环内仅在某一区间承受生产阻力很大的机器,将使等效构件所承受的等效阻力矩产生明显的周期性变化。若把电动机所产生的驱动力矩近似认为是常数,则将引起角速度的周期性波动。为使主动件的角速度较为均匀,应考虑安装飞轮。可适当选择带传动的传动比,使大带轮具有一定的转动惯量而起到飞轮的作用,通常应计算大带轮的转动惯量是否满足要求,如不满足则需另外安装飞轮。

实现本题要求的机构方案有多种,现介绍以下几种。

(1)实现下模往复移动的执行机构。具有急回或增力特性的往复直移机构有曲柄滑块机构、曲柄摇杆机构(或导杆机构)与摇杆滑块机构串联组成的六杆机构等(图 6-22 至图6-24)。

(2)传动机构。连续匀速运动的减速机构有带传动与两级齿轮传动串联(图 6-22 中的传动机构)、带传动与行星轮系串联和行星轮系(需安装飞轮)等。

(3)控制夹紧装置的机构。可产生一端停歇的往复直移运动的机构有凸轮机构、具有圆弧槽的导杆机构等。

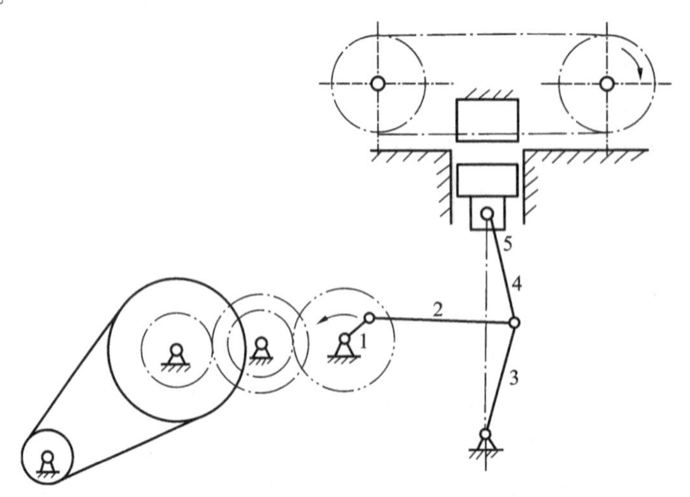

图 6-22　下模传动机构与执行机构方案 1

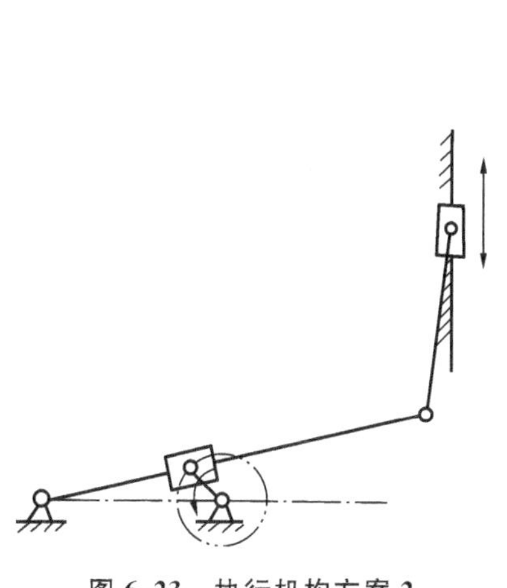

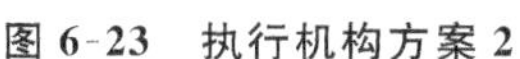

图 6-23　执行机构方案 2

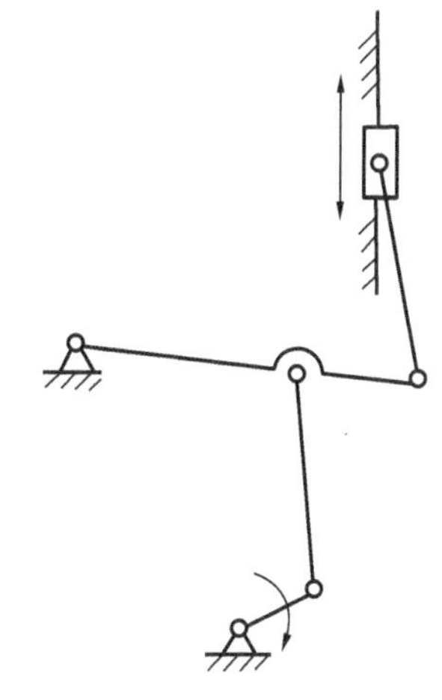

图 6-24　执行机构方案 3

图 6-22 所示方案的主要优点是当滑块 5 承受很大载荷时，连杆 2 受力较小，曲柄 1 所需的驱动力矩小，因此该六杆机构常称为增力机构，它具有节省动力的优点。图 6-23、图 6-24 所示为另外两种六杆机构，供分析比较。其他方案可由设计者自行构思。

6.4.5　设计步骤

1. 构思、选择机构方案

机构方案的构思和选择讨论如上所述。下面以图 6-22 所示方案为例介绍设计步骤。

2. 计算总传动比、分配各级传动比和确定传动机构方案

3. 机构设计

按选定的平面连杆机构，由已知参数用解析法、图解法或同时结合两种方法，计算机构尺寸。由于本题是具有短暂高峰载荷的机器，故应验算其最小传动角，并尽可能保证下模工作时有较大的传动角，以提高机器的效率。

当机构在图 6-25(a)所示的位置上时，摇杆滑块机构的受力可用图解法求得(图 6-25(b))。由于该瞬时构件 BC 垂直于 DE，所以力多边形中

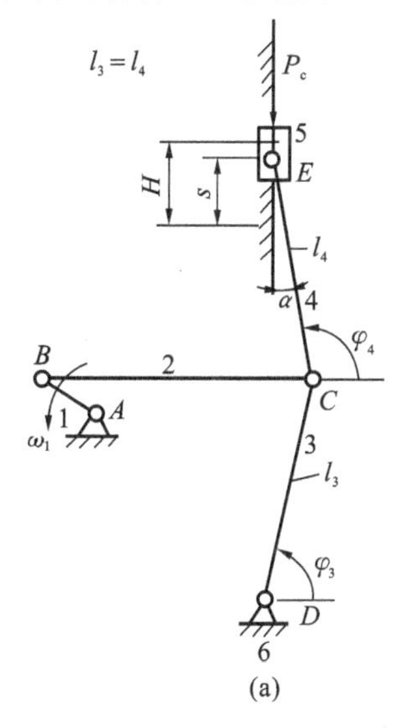

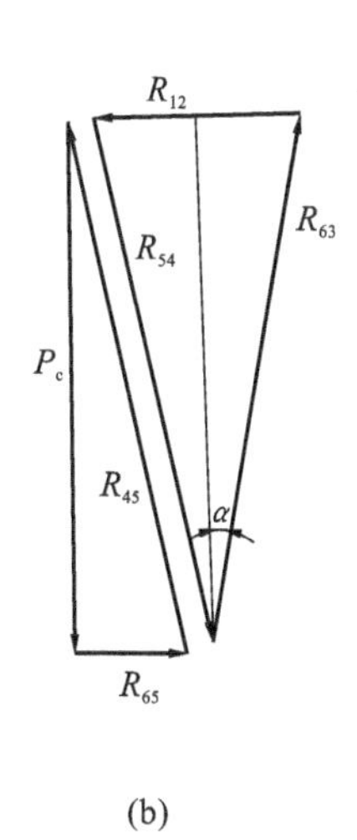

图 6-25　模切机执行机构及力分析

$$R_{12}=2P_c\tan\alpha$$

由此可知，P_c 很大而 R_{12} 较小，压力角 α 越小 R_{12} 越小，从而有利于节省动力。

根据上述观点安排机构位置以后，可先进行摇杆滑块机构的设计计算。这可采用解析法来得到较为合适的尺寸参数。由图 6-25(a)得

$$s=H-[(l_3+l_4)-(l_3\sin\varphi_3+l_4\sin\varphi_4)]$$

式中，s 为滑块位移，H 为滑块行程，其余参数如图所示。

若取 $l_3=l_4$，$\varphi_4=\pi-\varphi_3$，则

$$s=H-(2l_3-2l_3\sin\varphi_3)$$

当摇杆在最右端极限位置时，取 $\varphi_3=\varphi_{30}$，由 $s=0$ 得

$$l_3=\frac{H}{2(1-\sin\varphi_{30})}$$

适当考虑安装尺寸，选择不同的 φ_{30}，可得到不同的 l_3。当摇杆长度 l_3 和往复摆动角已知后，可用图解法设计曲柄摇杆机构。

4. 运动分析和力分析

在完成平面连杆机构设计的基础上，进行运动分析和动态静力分析(仅考虑走纸滑块和下模的惯性力)，包括用解析法建立数学模型，绘制程序框图，用计算机打印源程序与计算结果，并根据计算结果绘制运动线图(位移、速度、加速度线图)和平衡力矩线图。

5. 选择控制夹紧装置的机构方案

6. 绘制所设计方案的机构运动简图

7. 编写设计说明书

设计说明书内容包括设计题目、机构方案设计和选择、机构设计、机构运动分析、力分析及其结果等。

6.5　工件自动传送机

6.5.1　设计题目

设计一自动生产线中用于工件自动传送的机械系统。根据工件自动传送机的主要动作要求，进行机械系统运动方案设计和主要机构的设计与分析。

图 6-26 为工件传送机执行构件示意图。图中工件载送器能实现往复直线移动，将置于其上的工件送至下一工位。带动工件载送器运动的一套执行机构能将原动机经减速后的匀速转动变为按一定规律运动的摇杆往复摆动(该执行机构是本题目设计的主要机构)，最后经过导杆滑块机构转变为工件载送器的往复移动。

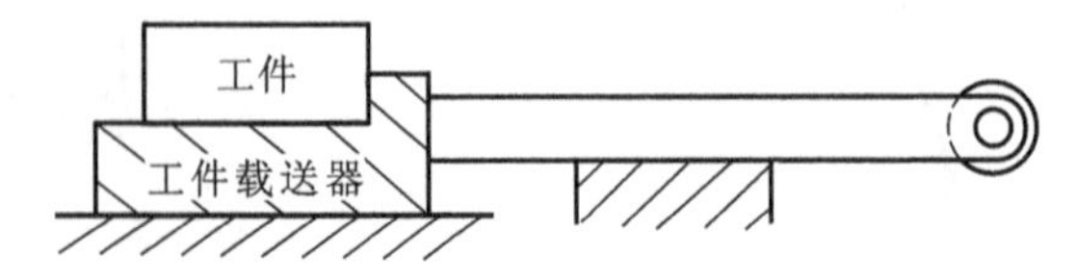

图 6-26　工件自动传送机执行构件示意图

6.5.2　原始数据与设计要求

工件自动传送机执行机构中各固定铰链点(包括可选用的铰链点)之间的相对位置关系如图6-27所示。其输入构件在转动副A中以60 r/min的转速等速回转。执行构件绕转动副D摆动。要求执行构件上的某一标线在15 s内自位置Ⅰ经位置Ⅱ摆至位置Ⅲ,停顿15 s;接着在10 s内由位置Ⅲ摆回至位置Ⅰ,然后停顿20 s。已知执行构件的摆角$\psi=120°$,且摆动时的运动规律不限,滑动摩擦系数$f=0.15$,各回转副的跑合轴颈直径为$d=40$ mm,各构件的重力和惯性力忽略不计。执行构件上的生产阻力曲线如图6-28所示。设计时要求该机械系统的结构紧凑、运动链尽可能短。

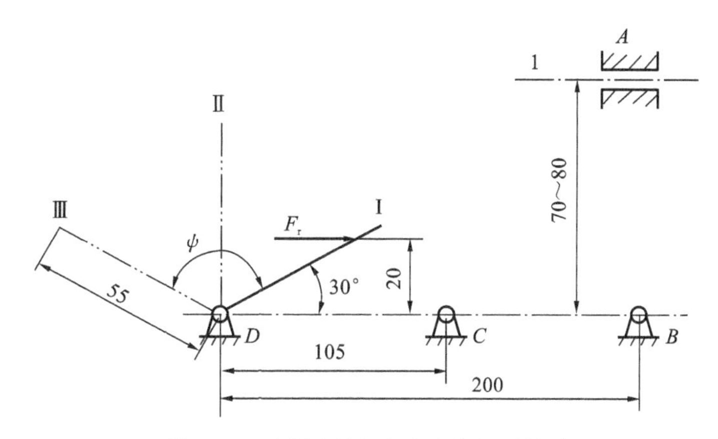

图6-27　各固定铰链点之间的相对位置

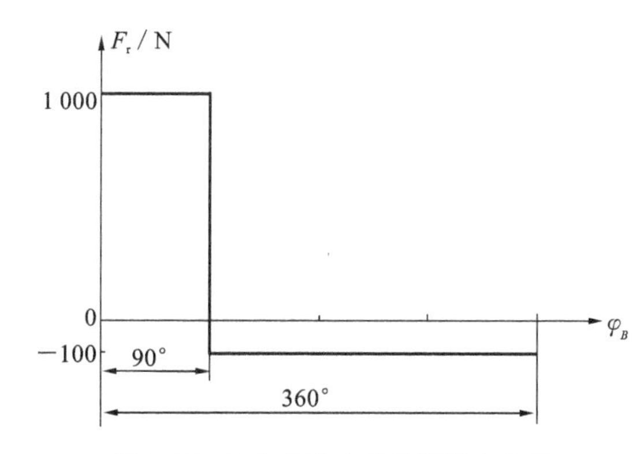

图6-28　执行构件上的生产阻力曲线

6.5.3　设计任务

(1)查找和研究与设计内容有关的参考资料,在功能分析基础上拟定出至少两种机械系统运动方案;进行分析对比、评价选优,确定设计方案;计算总传动比,分配各级传动比。

(2)机械系统中各机构的运动尺寸设计及有关结构参数的确定。

(3)画出机械系统运动简图。

(4)用相对运动图解法作执行机械系统某一个位置的运动分析,或用解析法作执行机械系统各位置(一个运动循环)的运动分析,绘制执行构件的运动线图。

(5)用图解法对执行机械系统某一个位置进行力分析。

(6)(选作)用解析法对执行机械系统各位置(一个运动循环)进行力分析,并绘出执行构件的平衡力矩曲线图,用图解法或解析法求最大盈亏功,计算飞轮的转动惯量和尺寸。

(7)(选作)用二维或三维软件进行运动仿真,或用创新搭接实验验证机械运动设计的合理性。

(8)编写设计计算说明书。

6.5.4 设计方案提示

拟定机械系统运动方案时,应根据各执行构件的运动要求构思实现动作要求的执行机构,再确定各执行机构前面的传动机构。完成这些运动的机构以及连成的整机,均应力求结构简单、紧凑。工件自动传送机机械系统参考设计方案如图 6-29 所示。

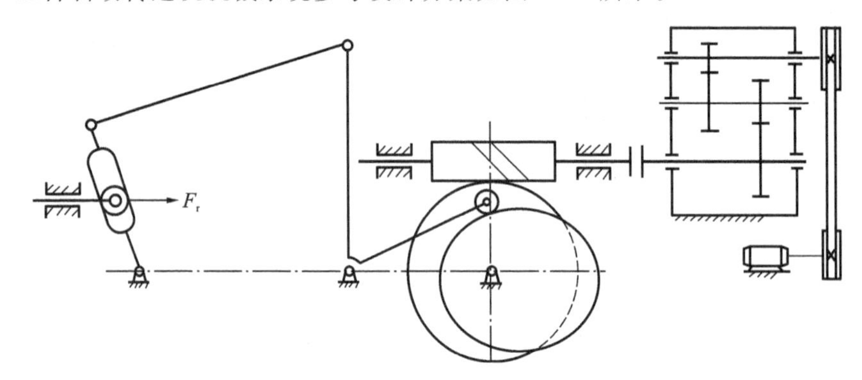

图 6-29　工件自动传送机机械系统参考设计方案

6.6 工件步进输送机

6.6.1 设计题目

设计某自动生产线中的工件步进输送机。根据工件步进输送机的主要动作要求,进行机械系统运动方案设计和主体机构的设计与分析。

步进输送机是一种间歇输送工件的传送机械。工件步进输送过程如图 6-30 所示。当工件由料仓卸落到辊道上时,滑架作往复直线运动(A_2)。滑架正行程时,通过棘钩使工件向前运动;滑架返回时,棘钩下的弹簧被工件压下,棘钩从工件下面滑过,而工件不动。当滑架再次向前运动时,棘钩又钩住下一个工件向前运动,从而实现了工件的步进传送(A_1)。插板作间歇的往复直线运动(A_3),可将工件以一定的时间间隔卸落在辊道上。滑架具有急回特性,插板运动与滑架(主体)运动应保持一定的协调配合关系。

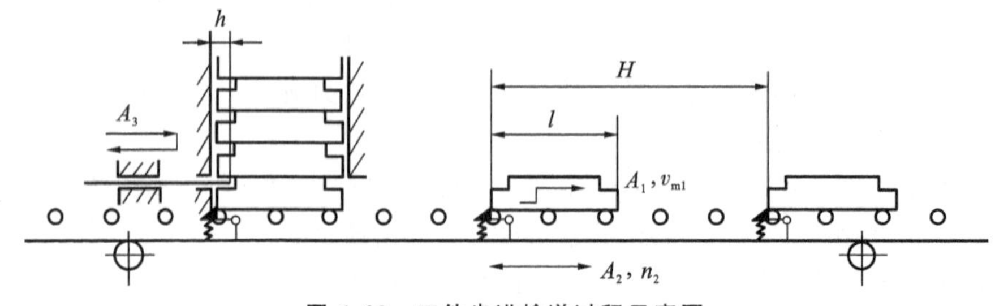

图 6-30　工件步进输送过程示意图

6.6.2　原始数据与设计要求

原始数据见表 6-5。其中 H 为工件每次的移动距离，v_{m1} 为工件平均移动速度，K 为行程速比系数，l 为工件长度，h 为插板的插入深度，m_g 为辊道上工件的总质量，f_g 为工件相对于导路的当量摩擦系数，m_h 为滑架的质量，f_h 为滑架相对于导路的当量摩擦系数，$[\delta]$为机器的许用速度不均匀系数。

表 6-5　工件步进输送机的原始数据

数据组编号	H/m	v_{m1}/(m/s)	K	l/mm	h/mm	m_g/kg	f_g	m_h/kg	f_h	$[\delta]$
A	0.8	0.2	1.6	350	80	1 000	0.1	240	0.08	0.18
B	1	0.2	1.5	450	100	1 200	0.1	280	0.08	0.19
C	1.2	0.2	1.7	550	120	1 400	0.1	320	0.08	0.20

滑架向前运动时的生产阻力可根据工件总重量、滑架重量和相应的摩擦系数求出，回程时的阻力仅为滑架的摩擦阻力。设计时要求机构传力性能良好，机械系统结构紧凑，运动链尽可能短，制造方便。

6.6.3　设计任务

(1)针对题目查找、收集和研究与设计内容有关的参考文献与资料，在功能分析基础上拟定出至少两种机械系统运动方案，然后进行分析对比、评价选优，确定设计方案。计算总传动比，分配各级传动的传动比，协调设计各执行机构的运动，绘制运动循环图。

(2)机械系统中各机构的运动尺寸设计及有关结构参数的确定。

(3)画出机械系统运动简图。

(4)用相对运动图解法对主体机构的某一个位置进行运动分析，或用解析法对主体机构各位置(一个运动循环)进行运动分析，绘制主体机构执行构件的运动线图。

(5)用图解法对主体机构某一个位置进行力分析。

(6)(选作)用解析法对主体机构各位置(一个运动循环)进行力分析，绘出其执行构件的平衡力矩曲线图，用图解法或解析法求最大盈亏功，计算飞轮的转动惯量和尺寸。

(7)(选作)用二维或三维软件进行运动仿真，或用创新搭接实验验证机械运动设计的合理性。

(8)编写设计计算说明书。

6.6.4　设计方案提示

拟定机械系统运动方案时，应根据插板与滑架两个执行构件的运动协调配合要求，构思实现动作的执行机构，再确定各执行机构前面的传动机构。完成这些运动的机构以及连成的整机，均应力求结构简单、紧凑。工件步进输送机机械系统参考设计方案如图 6-31 所示。

按图 6-31 所示方案进行机构运动尺寸设计时，可根据工件每次的移动距离 H、平均移动速度 v_{m1} 和行程速比系数 K，求出滑架每分钟的往复次数。主体机构相对于料仓的位置及摆动推杆的固定铰链位置由设计者自行确定。摆动推杆的摆角可依据 h 确定。动态静力分析时要考虑滑架的惯性力和摆杆的惯性力及惯性力偶。摆杆的质心位于摆杆长度的中点，摆杆对质心轴的转动惯量可用 $J=\frac{1}{12}ml^2$ 计算。摆杆质量 m_b=18 kg(方案 A)、20 kg(方案 B)、22 kg

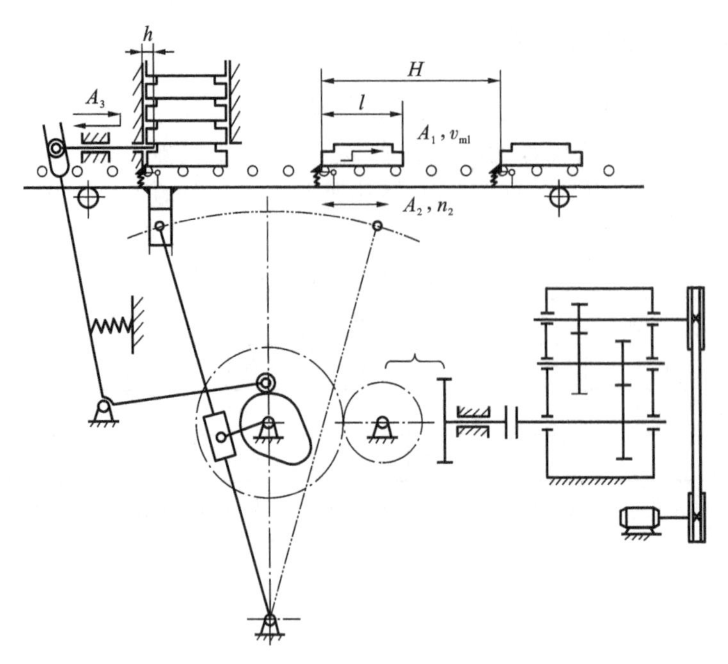

图 6-31 工件步进输送机机械系统参考设计方案

（方案 C）。大齿轮兼起飞轮的作用，计算飞轮转动惯量时其他构件的转动惯量可忽略不计。

6.7 牛头刨床

6.7.1 设计题目

牛头刨床是一种用于平面切削加工的机床。根据牛头刨床切削加工工件的主要动作要求，进行该机械系统运动方案设计和主体机构的设计与分析。

牛头刨床外形如图 6-32 所示，刨头右行时，刨刀进行切削，称工作行程。此时要求刨刀切削速度较低并且均匀平稳，近似匀速运动，以减少电动机容量，提高切削质量；刨头左行时，刨刀不切削，称空回行程，此时要求速度较高，即应具有急回特性，以提高生产效率。

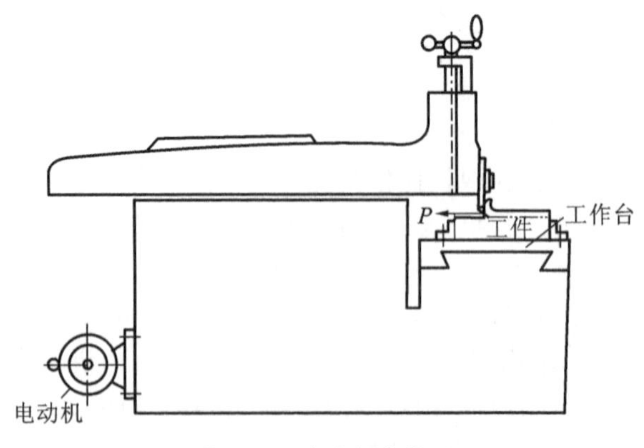

图 6-32 牛头刨床外形

6.7.2　原始数据与设计要求

刨床主轴转速为 60 r/min，刨刀的行程 H 约为 300 mm，刨头在工作行程中受到很大的切削阻力，约为 7 000 N，在切削的前后各有一段约 0.05H 的空刀距离，如图 6-33 所示，空回行程中无切削阻力，因此刨头在整个运动循环中受力变化很大。设计时要求该机械系统的运动链尽可能短，具有急回特性，行程速比系数 K 约为 1.4，传力性能好，结构紧凑。

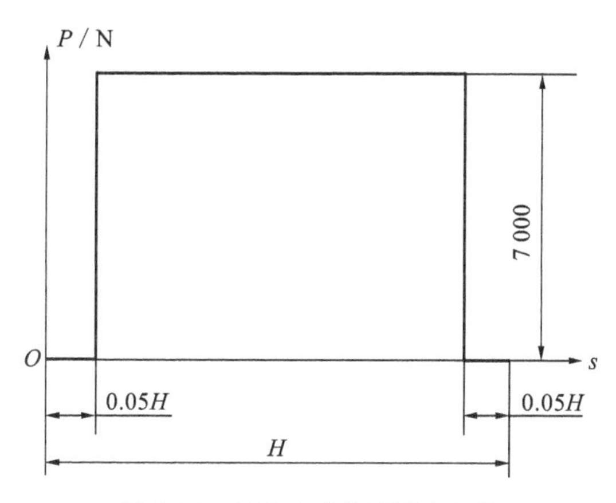

图 6-33　刨头上的生产阻力曲线

6.7.3　设计任务

(1)针对题目查找、收集和研究与设计内容有关的参考文献与资料，在功能分析的基础上拟定出至少两种机械系统运动方案；进行分析对比、评价选优，确定设计方案；计算总传动比，分配各级传动的传动比，协调设计各执行机构的运动，绘制运动循环图。

(2)机械系统中各机构的运动尺寸设计及有关结构参数的确定。

(3)画出机械系统运动简图。

(4)用相对运动图解法对主体机构某一个位置进行运动分析，或用解析法对主体机构各位置(一个运动循环)进行运动分析，绘制主体机构执行构件的运动线图。

(5)用图解法对主体机构某一个位置进行力分析。

(6)(选作)用解析法对主体机构各位置(一个运动循环)进行力分析，并绘出其执行构件的平衡力矩曲线图，用图解法或解析法求最大盈亏功，计算飞轮的转动惯量和尺寸。

(7)(选作)用二维或三维软件进行运动仿真，或用创新搭接实验验证机械运动设计的合理性。

(8)编写设计计算说明书。

6.7.4　设计方案提示

拟定机械系统运动方案时，应根据刨刀与工作台两执行构件的运动协调配合要求构思实现动作的执行机构，然后确定各执行机构前面的传动机构。完成这些运动的机构以及连成的整机，均应力求结构简单、紧凑、传力性能好。牛头刨床机械系统参考设计方案如图 6-34 所示。

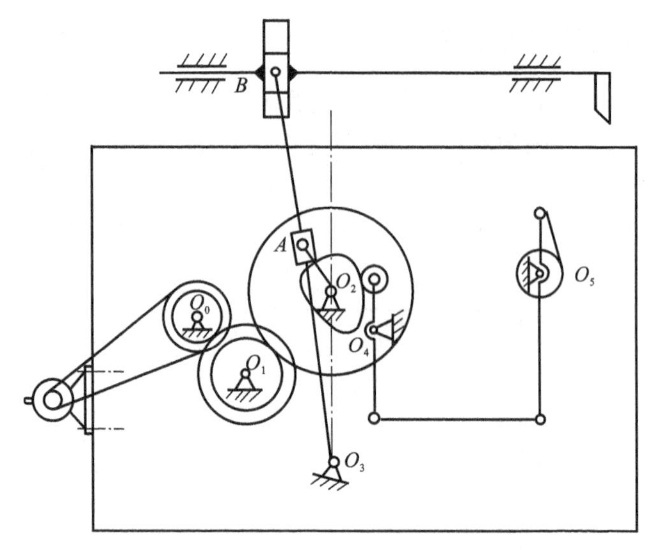

图 6-34　牛头刨床机械系统参考设计方案

6.8　插　床

6.8.1　设计题目

插床是常用的机械加工设备，主要用于加工工件的内表面。图 6-35 所示为某插床的外形。插床的主运动是滑枕带动刀架沿垂直方向所作的直线往复运动。滑枕 2 向下移动为工作行程，向上为空行程。滑枕导轨座 3 可以绕销轴 4 在小范围内调整角度，以便加工倾斜的内外表面。床鞍 6 及溜板 7 可分别作横向及纵向进给，圆工作台 1 可绕垂直轴线旋转，以完成圆周进给或进行分度。圆工作台在上述各方向的进给运动是在滑枕空行程结束后的短时间内进行的。圆工作台的分度用分度装置 5 实现。

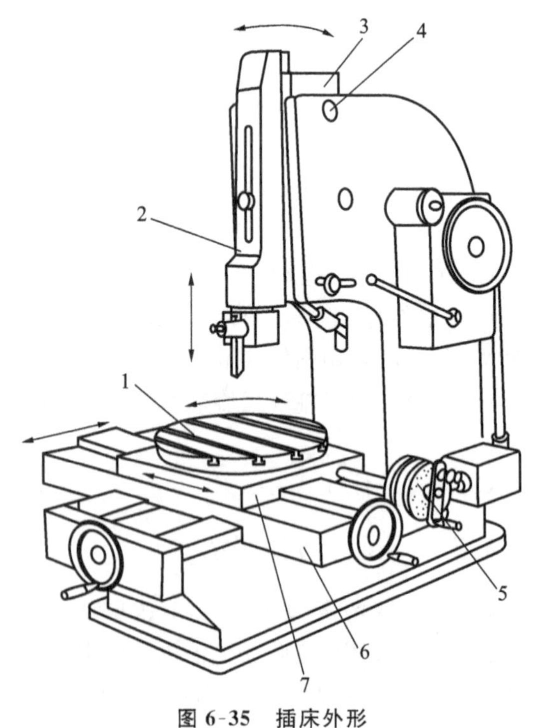

图 6-35　插床外形

1—圆工作台；2—滑枕；3—滑枕导轨座；4—销轴；5—分度装置；6—床鞍；7—溜板

图 6-36 所示为插床机构运动方案示意图。该机构系统主要由齿轮传动、连杆机构和凸轮机构等组成。电动机经过减速装置带动曲柄 1 转动，再通过导杆机构 1—2—3—4—5—6，使装有刀具的滑块沿垂直方向 y—y 往复运动，以实现刀具的切削运动。为了缩短空行程时间，要求刀具具有急回运动。刀具与工作台之间的进给运动，是由固结于轴 O_2 上的凸轮驱动摆动从动件 O_4D 和其他有关机构

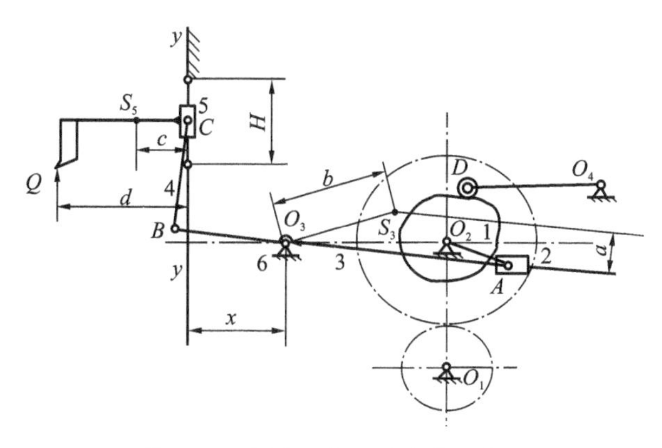

图6-36 插床机构运动方案示意图

(图中未画出)来实现的。

6.8.2 原始数据与设计要求

原始数据见表6-6。图6-37所示为插刀所受阻力曲线。

要求所设计的插床结构紧凑,机械效率高。

表6-6 插床机构原始数据

数据组编号	A	B	C	D
插刀往复次数 n_1/(次/min)	30	60	90	120
插刀往复行程 H/mm	150	120	90	60
插削机构行程速比系数 K	2	2	2	2
中心距 l_{O2O3}/mm	160	150	140	130
杆长之比 l_{BC}/l_{O3B}	1	1	1	1
质心位置 a/mm	60	55	50	45
质心位置 b/mm	130	125	120	115
质心位置 c/mm	60	55	50	45
凸轮摆杆长度 l_{O4D}/mm	125	125	125	125
凸轮摆杆最大摆角 ϕ/(°)	15	15	15	15
推程许用压力角[α]/(°)	45	45	45	45
推程运动角 δ_0/(°)	60	90	60	90
回程运动角 δ'_0/(°)	90	60	90	60
远休止角 δ_{01}/(°)	10	15	10	15
推程运动规律	等加速等减速	余弦加速度	正弦加速度	3-4-5次多项式
回程运动规律	等速	等速	等速	等速
许用速度不均匀系数[δ]	0.03	0.03	0.03	0.03
最大切削阻力 Q/N	2 300	2 200	2 100	2 000
阻力力臂 d/mm	150	140	130	120
滑块5所受重力 G_5/N	350	340	330	320
构件3所受重力 G_3/N	150	140	130	120
构件3转动惯量 J_3/(kg·m^2)	0.12	0.11	0.1	0.1

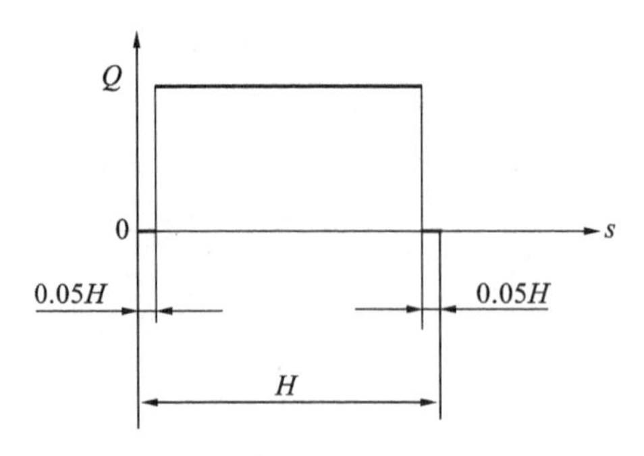

图 6-37　插刀所受阻力曲线图

6.8.3　设计任务

(1)确定传动机构方案,计算总传动比,分配各级传动比。

(2)确定各机构的运动学尺寸及有关结构参数。

(3)画出机械系统运动简图。

(4)用相对运动图解法对六杆机构某一位置进行运动分析。

(5)用解析法分析滑块在一个运动循环内的角位移、角速度、角加速度,并绘制运动线图。

(6)用图解法对六杆机构某一位置进行动态静力分析,并确定需加在曲柄上的平衡力矩。

(7)设等效驱动力矩 M_{ed} 为常量,取曲柄轴为等效构件,确定应加于曲柄轴上的飞轮转动惯量 J_F。

(8)用图解法设计凸轮轮廓曲线。

(9)编写设计说明书。

6.8.4　设计步骤

1. 确定机械系统运动方案

拟订机械系统运动方案,并进行方案的分析比较,编制机器运动循环图。

2. 六杆机构的设计及运动分析

图 6-36 所示的六杆机构是由摆动导杆机构 1—2—3—6 和二级杆组通过外副 B 串联而成。可先根据行程速比系数 K 及中心距 l_{O2O3} 设计出摆动导杆机构,然后根据插刀往复行程 H 及杆长之比 l_{BC}/l_{O3B} 以及插刀在整个行程中有较小压力角的要求,将滑块导路 y—y 平移至 B 点所画圆弧弦高中点处,从而确定出 BC 和 O_3B 的长度。

选取长度比例尺 μ_l(单位:m/mm)作机构某一位置的位置图。

选取速度比例尺 μ_v[单位:(m/s)/mm]和加速度比例尺 μ_a[单位:(m/s^2)/mm],用相对运动图解法作该位置的速度和加速度多边形。

用解析法对该六杆机构进行运动分析,绘制出滑块 5 的位移、速度、加速度的运动线图。

3. 六杆机构的动态静力分析

根据各构件的重量及其对质心的转动惯量、阻力曲线及六杆机构的设计及运动分析结果对步骤 2 所定位置进行动态静力分析,求出各运动副反力及加于曲柄上的平衡力矩。

4. 飞轮设计

根据步骤 3 所求各位置的平衡力矩,求出等效驱动力矩 M_{ed} 和最大盈亏功 ΔW_{max},然后确定飞轮的转动惯量 J_F。

5. 凸轮机构设计

按给定的运动规律及许用压力角[α]确定凸轮机构的基圆半径 r_0，求出理论廓线外凸曲线的最小曲率半径 $\rho_{\min}$，选取滚子半径 r_r，绘制凸轮的实际廓线。

最后，编写设计计算说明书。

6.9　书本打包机

6.9.1　设计题目

设计书本打包机中的推书机构、送纸机构及裁纸机构。

书本打包机的用途是用牛皮纸将一摞书包成一包，并在两端贴好标签，如图 6-38 所示。

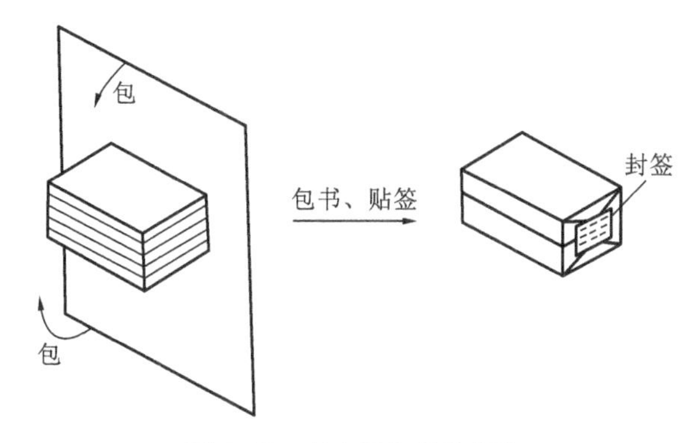

图 6-38　书本打包机的用途

书摞的包、封工艺顺序如图 6-39 所示，各工位布置（俯视）如图 6-40 所示，其工艺过程如下所示（各工序标号与图 6-39、图 6-40 中标号一致）。

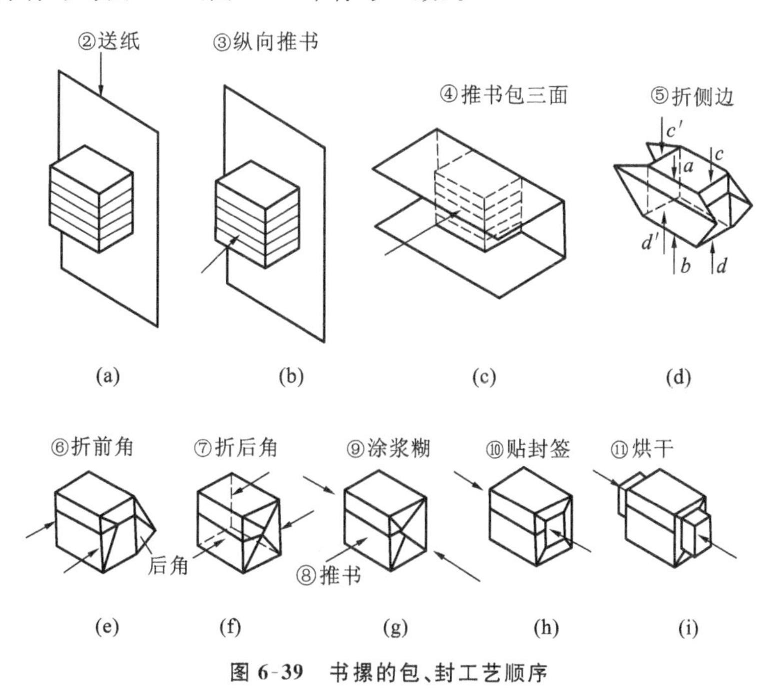

图 6-39　书摞的包、封工艺顺序

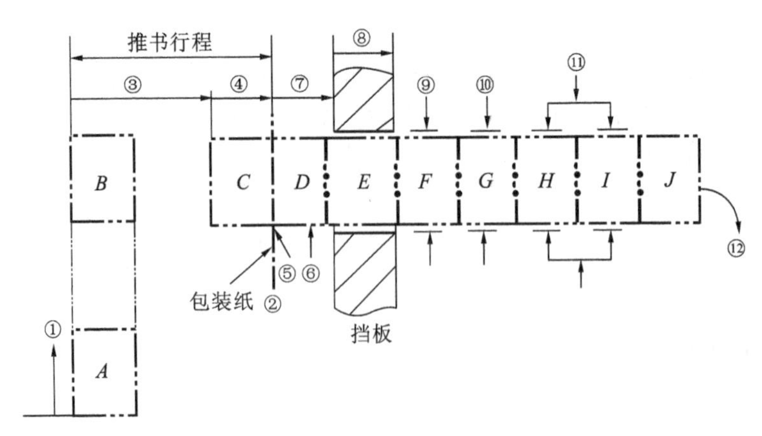

图 6-40　书摞的包、封过程各工位布置(俯视)

①横向送书(送一摞书由 A 到 B)。

②横向送书时将包装纸送至图 6-40 所示位置。包装纸原为整卷筒纸,由上至下送够长度后进行裁切。

③纵向推书(推一摞书至工位 C),使它与工位 D～I 上的六摞书紧贴在一起。

④继续推书前进到工位 D,此时将带动包装纸一同前进。在工位 C 处书摞前面上下方设置有挡板,可以挡住书摞上下方的包装纸,所以书摞被推到工位 D 时可将书摞的上面、下面和前面包好,实现三面包,这一工序共推动 C～I 工位的七摞书。

⑤推书机构回程,折纸机构动作,在工位 D 处实现折筒,先折侧边将纸包成筒状,再折两端和上、下边。

⑥ 折前角(将包装纸折成如图 6-39(e)所示位置的形状)。

⑦在下一摞书进行纵向推书时,将工位 D 上的一摞书推至工位 E,利用两端固定挡板实现折后角。

⑧下一摞书纵向推书时,将工位 E 上的书推至工位 F。

⑨在工位 F 处向两端涂浆糊。

⑩ 在工位 G 处贴封签。

⑪在工位 H、I 处,用电热器把浆糊烘干。

⑫在工位 J 处,人工将包封好的书摞取下。

6.9.2　原始数据与设计要求

1. 纵向推书机构的基本数据

纵向推书机构的基本数据见表 6-7,其参数含义如图 6-41 所示。为了保证工作安全、台面整洁,纵向推书机构最好放在工作台面以下。

表 6-7　纵向推书机构的基本数据

数据组编号	x_1 /mm	y_1 /mm	x_{D0} /mm	y_D /mm	φ_{20} /(°)	H /mm	$[\alpha_1]$ /(°)	$[\alpha_3]$ /(°)	r_r /mm	φ_{01} /(°)	φ_{02} /(°)	φ_{03} /(°)	m_4 /kg
A	120	300	100	650	100	200	45	40	10	120	100	140	5
B	120	350	200	650	100	200	45	40	10	120	100	140	6
C	120	400	300	650	100	200	45	40	10	120	100	140	6

续表

数据组编号	x_1 /mm	y_1 /mm	x_{D0} /mm	y_D /mm	φ_{20} /(°)	H /mm	$[\alpha_1]$ /(°)	$[\alpha_3]$ /(°)	r_r /mm	φ_{01} /(°)	φ_{02} /(°)	φ_{03} /(°)	m_4 /kg
D	100	300	100	650	100	200	45	40	10	120	100	140	5
E	100	350	200	650	100	200	45	40	10	120	100	140	6
F	100	400	300	650	100	200	45	40	10	120	100	140	6
G	80	300	100	650	100	200	45	40	10	120	100	140	5
H	60	350	300	650	100	200	45	40	10	120	100	140	6

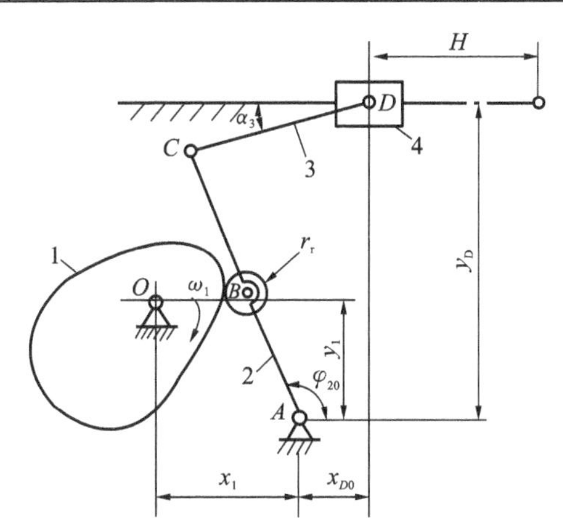

图 6-41　纵向推书机构运动简图

2. 工艺要求的数据

书摞尺寸为:宽度 a=130～140 mm,长度 b=180～220 mm,高度 c=180～220 mm。

推书起始位置 x_{D0} 为表中数据。

推书行程 H 为表中数据。

推书主轴转速 n 为(10±0.1) r/min。

主轴转速不均匀系数$[\delta]\leqslant 1/4$。

3. 纵向推书运动要求

(1)推书运动循环:整个机器的运动以主轴回转一周为一个循环周期。因此,可以用主轴的转角表示推书机构从动件(推头或滑块)的运动时间。

①推书动作占时 1/3 周期,相当于主轴转角 120°。

②快速退回动作占时小于 1/3 周期,相当于主轴转角 100°。

③停止不动占时大于 1/3 周期,相当于主轴转角 140°。

每个运动时期内纵向推书机构从动件的工艺动作与主轴转角的关系见表 6-8,图 6-42 所示为推书机构运动循环图。

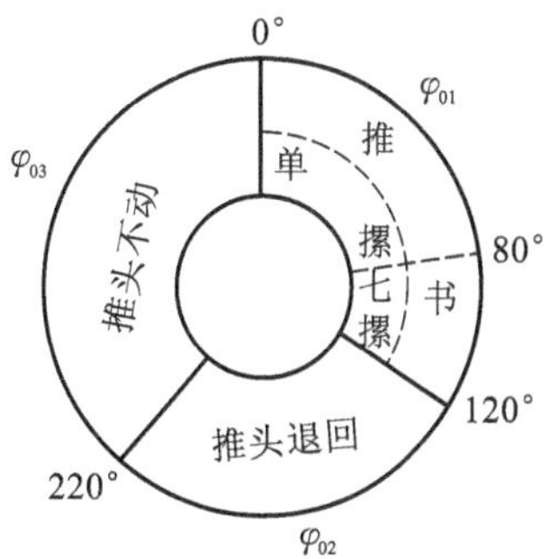

图 6-42　纵向推书机构运动循环图

(2)推书前进和退回时,要求采用等加速等减速运动规律。

表 6-8 纵向推书机构从动件的工艺动作与主轴转角的关系

主轴转角	纵向推书机构执行滑块的动作	主轴转角	纵向推书机构执行滑块的动作
0°～80°	推单摞书前进	120°～220°	滑块退回
80°～120°	推七摞书前进，同时折后角	220°～360°	滑块停止不动

4. 其他机构的运动关系

其他机构的运动关系见表 6-9。

表 6-9 其他机构的运动关系

工 艺 动 作	主轴转角	工 艺 动 作	主 轴 转 角
横向送书	150°～340°	送纸	200°～360°，0°～70°
折侧边，折两端上、下边，折前角	180°～340°		
涂浆糊，贴封签，烘干	180°～340°	裁纸	70°～80°

5. 各工作阻力的数据

(1)每摞书的质量为 4.6 kg。

(2)横向送书机构的阻力可假设为常数，相当于主轴上有等效阻力矩 $M_{r4}=40\ \mathrm{N \cdot m}$。

(3)送纸、裁纸机构的阻力也假设为常数，相当于主轴上有等效阻力矩 $M_{r5}=10\ \mathrm{N \cdot m}$。

(4)折后角机构的阻力，相当于四摞书的摩擦阻力（设摩擦系数 $f=0.1$）折算到主轴上的阻力矩。

(5)折边、折前角机构的阻力总和，相当于主轴上受到等效阻力矩 M_{r6}，其大小可用机器在纵向推书行程中（即主轴转角从 0°转至 120°范围内）主轴所受纵向推书阻力矩的平均值 M_{r3m} 表示，为

$$M_{r6}=6M_{r3m}$$

其中 M_{r3m} 的大小可由下式求出

$$M_{r3m}=\frac{\sum_{i=1}^{n}M_{r3i}}{n}$$

式中：M_{r3i} 为推程中各分点的阻力矩的值；

n 为推程中的分点数。

(6)涂浆糊、贴封签和烘干机构的阻力总和，相当于主轴上受到等效阻力矩 M_{r7}，其大小可用 M_{r3m} 表示为

$$M_{r7}=8\ M_{r3m}$$

6.9.3 设计内容和设计步骤

1. 构思并选定机构方案

除纵向推书机构按图 6-41 设计外，送纸、裁纸机构以及从电动机到主轴（图 6-41 所示凸轮轴）之间的传动机构应画出机械传动示意图，并确定传动机构及送纸、裁纸机构中与整机运动协调配合有关的主要尺寸或参数，如齿轮的齿数、模数，带轮直径，各机构间相互位置尺寸等。画出包封全过程的机械运动循环图，即全部工艺动作与主轴转角的关系图。

2. 设计纵向推书机构

5～6 人为一组，每组一个方案。每人选择方案中的两个位置(注意两个点要分别取在推程和回程，应特别注意速度、加速度的突变点)。

(1)用图解法初选 AC 杆长度，找出 α_3 的大致范围，并保证滑块能达到行程 H。

(2)按 α_{3max} 最小化的原则确定 AC 和 CD 杆的长度(保证 C 点低于滑块导路以保证安全，应满足 $\alpha_{3max} \leqslant [\alpha_3]$ 的要求)，用作图法求出摆杆 AC 的摆角 φ_2。

(3)摆杆 AC 的摆角 φ_2 与凸轮转角 φ_1 之间为等加速等减速运动规律，绘出 φ_2-φ_1 位移线图。根据 φ_2-φ_1 曲线，用作图法设计凸轮廓线，并校核实际廓线是否变尖或失真，校核 α_{1max} 是否不大于 $[\alpha_1]$。

(4)对摇杆滑块机构进行运动分析，绘出 s_4-φ_1、v_4-φ_1、a_4-φ_1 线图。

(5)对机构进行力分析，直接在推书机构简图上标出各构件上力的大小及方向，并列出力矢量方程。

(6)求出主轴上的阻力矩 M_r 在主轴旋转一周中的一系列数值，即

$$M_{ri} = M_r(\varphi_{1i})$$

式中：φ_{1i} 为主轴(凸轮轴)回转一周中各分点的转角。在进行力分析时，只考虑工作阻力、重力和惯性力。

汇集本组其他人的数据，绘制 M_r-φ_1 线图，并计算出阻力矩的平均值 M_{rm}。

(7)根据上面求出的平均阻力矩 M_{rm}，考虑各运动副的效率，估算出整机效率 η，算出所需电动机功率 $P_d = KM_{rm}\omega/\eta$，式中 K 为安全系数(一般取 $K=1.2 \sim 1.4$)，ω 为主轴的角速度。查阅电动机产品目录(或本书第 10 章)，选择电动机型号，应使所选电动机的额定功率 $P \geqslant P_d$。

(8)根据力矩曲线和给定的速度不均匀系数 $[\delta]$，不计各构件的质量和转动惯量，计算出飞轮的等效转动惯量，并指出飞轮安装在哪根轴上较合理。

3. 编写、整理设计说明书

4. 几点说明

(1)纵向推书机构运动简图及运动分析、力分析线图绘制在 A1 图纸上。

(2)φ_2-φ_1、s_4-φ_1、v_4-φ_1、a_4-φ_1、M_r-φ_1 线图及凸轮轮廓线图绘制在另一张 A1 图纸上。

(3)送纸、裁纸机构及电动机到主轴之间的传动机构示意图均绘制在说明书上。

(4)允许用解析法计算 v_4、a_4。用解析法设计时，必须绘制机构运动简图和凸轮廓线图，并在设计说明书中附有设计程序。

6.10 旋转型灌装机

6.10.1 设计题目

设计旋转型灌装机的传动系统及各工作机构。

旋转型灌装机的总体布置如图 6-43 所示，其工作过程为：在转动工作台上对包装容器(如玻璃瓶)连续灌装流体(如饮料、酒、冷霜等)。转台有多个工位，进行间歇回转运动，以实现灌装、封口等工序。为保证在这些工位上能够准确地完成灌装、封口，应有定位装置。如图 6-43 所示，工位 1 为输入空瓶，工位 2 为灌装，工位 3 为封口，工位 4 为输出包装好的容器。

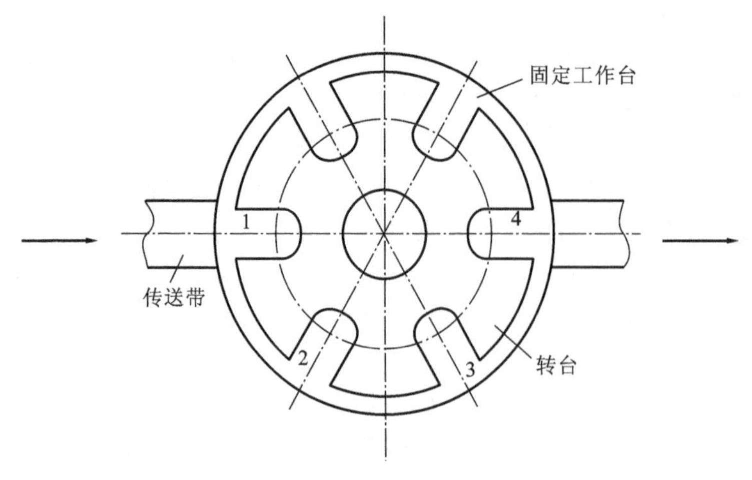

图 6-43 旋转型灌装机

6.10.2 原始数据和设计要求

该机采用电动机驱动，传动方式为机械传动。技术参数见表 6-10。

表 6-10 旋转型灌装机技术参数

数据组编号	转台直径/mm	电动机转速/(r/min)	灌装速度/(r/min)
A	600	1 440	10
B	550	1 440	12
C	500	960	10

6.10.3 设计任务

(1)旋转型灌装机的结构方案中应包括连杆机构、凸轮机构、齿轮机构、槽轮机构等常用机构。

(2)设计传动系统并确定其传动比分配。

(3)设计旋转型灌装机的运动方案简图，并用运动循环图分配各机构运动节拍。

(4)对连杆机构进行速度、加速度分析，绘出其运动线图。可用图解法或解析法设计平面连杆机构，也可以采用计算机辅助设计。

(5)凸轮机构的设计计算。按凸轮机构的工作要求选择从动件运动规律，确定基圆半径，校核最大压力角与最小曲率半径。对盘状凸轮可用图解法或者电算法计算出理论廓线、实际廓线的数据。画出从动件运动规律线图及凸轮廓线图。

(6)完成齿轮机构的设计计算。

(7)完成间歇转位机构的选型与设计。

(8)编写设计计算说明书。

(9)设计中可进一步完成各机构(或灌装机整机)的计算机动态仿真演示等。

6.10.4 设计提示

(1)采用灌瓶泵灌装流体，泵固定在某工位的上方。

(2)采用软木塞或金属冠盖封口，它们可先用气泵吸附在压盖机构上，再由压盖机构压入或通过压盖模将瓶盖紧固在瓶口。设计者只需设计作直线往复运动的压盖机构。压盖机构可采用移动导杆机构等平面连杆机构或凸轮机构。

(3)设计间歇传动机构时，为保证停歇可靠，还应有定位(锁紧)机构。间歇传动机构可采用槽轮机构、不完全齿轮机构等。

6.11　抓取传递机构设计*

6.11.1　设计题目

设计抓取传递机构，其工作端合成运动轨迹为门形。

6.11.2　原始数据和设计要求

(1)工作部分采用双凸轮机构串联连杆机构、摆杆滑块机构等组合而成，其典型机构如图6-44所示，也可以采用其他结构。

(2)工作端 W 点的轨迹如图6-45所示，行程为 $h_x=100$ mm，$h_z=50$ mm(可按要求变化为不同参数)。

(3)凸轮轴转速为60 r/min。

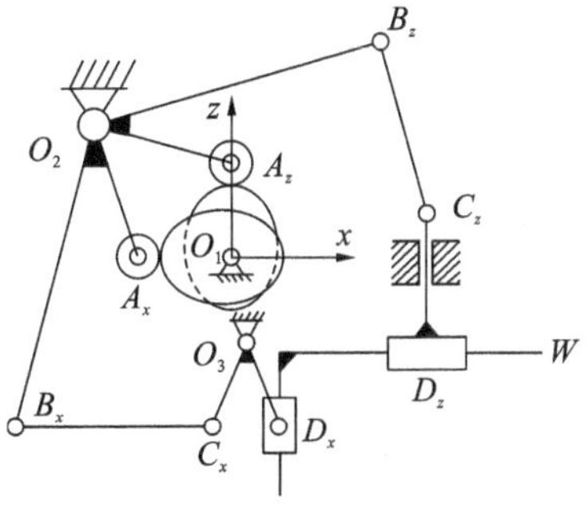

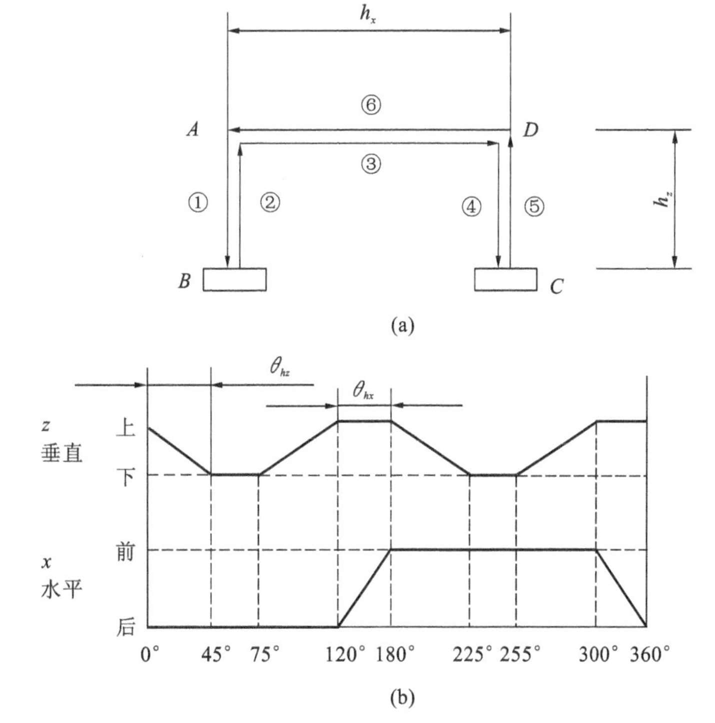

图 6-44　机构示意图

图 6-45　轨迹及循环图

6.11.3　设计任务

(1)分析机构的各种方案。

(2)拟定运动循环图。

(3)完成凸轮机构的具体设计(选做)。

(4)完成串联连杆机构运动综合与结构设计(选做)。

(5)完成串联的摆杆滑块机构运动综合与结构设计(选做)。

(6)完成总体结构设计(选做)。

(7)工作量:编写设计说明书,不低于1万字;绘图量不低于0.5~1.5张A0图。

6.11.4 设计提示

以设计图6-44所示抓取传递机构中的凸轮机构为例进行说明。

1. 确定结构

根据工艺要求等条件,确定图6-44所示的结构。该结构由两个凸轮机构组合而成。一个推动工作端W点作x方向的水平运动,一个使W点作z方向的垂直运动。从动系统中的三个滑动副可以保证x、z两个方向的运动互相独立。为了使结构简单,两个凸轮都采用沟槽式凸轮(图中以普通凸轮表示)。

根据生产要求给定以下参数。

行程:x方向 $h_x=100$ mm(可取其他值,下同,不再说明)

z方向 $h_z=50$ mm(可取其他值,下同,不再说明)

设计速度:$\omega_1=2\pi$ rad/s(凸轮轴转速为60 r/min,即传送一个工件的循环时间为$T=1$ s)

2. 确定循环图和动程角

设x方向和z方向的运动完成一个行程的时间分别为t_{hx}和t_{hz},相应的凸轮动程角为θ_{hx}和θ_{hz},并设两个方向为相同的运动规律,且实际最大加速度相等,即$a_{mx}=a_{mz}$。用A_m表示从动件运动规律的无因次最大加速度,由

$$a_{mx}=\frac{h_x}{t_{hx}^2}\cdot A_m,\quad a_{mz}=\frac{h_z}{t_{hz}^2}\cdot A_m,\quad \omega_1=\frac{\theta_{hx}}{t_{hx}}=\frac{\theta_{hz}}{t_{hz}}$$

有

$$h_x:h_z=t_{hx}^2:t_{hz}^2$$

$$\theta_{hx}:\theta_{hz}=\sqrt{h_x}:\sqrt{h_z}=\sqrt{100}:\sqrt{50}=1:0.7$$

图6-45(a)表示水平和垂直两个运动在时间上错开进行时的运动方向。这时,运动轨迹为“门”形。在一个运动循环中,x方向要完成两个行程h_x(③和⑥),z方向要完成四个行程(①、②、④、⑤)。设在B点和C点抓放动作各需要相当于凸轮转角30°的时间(即$t_0=1/12$ s)。因此,应在300°凸轮转角时间内完成上述六个行程。这样,就可以求得

$$\theta_{hx}=\frac{300^\circ}{1\times2+0.7\times4}\approx60^\circ$$

$$\theta_{hz}=60^\circ\times0.7=42^\circ$$

取定$\theta_{hz}=45^\circ$。

求得θ_{hx}、θ_{hz}以后,就可画出图6-45(b)所示的运动循环图。为了增大这两个凸轮的动程角,可将循环图适当修正,即让x方向、z方向上的运动与抓取的动作有一段时间同时进行。其最终的循环图如图6-46(a)所示,这样合成起来的运动轨迹为图6-46(b)所示的类似倒U形。这时,取$\theta_{hx}=80^\circ$,$\theta_{hz}=60^\circ$。

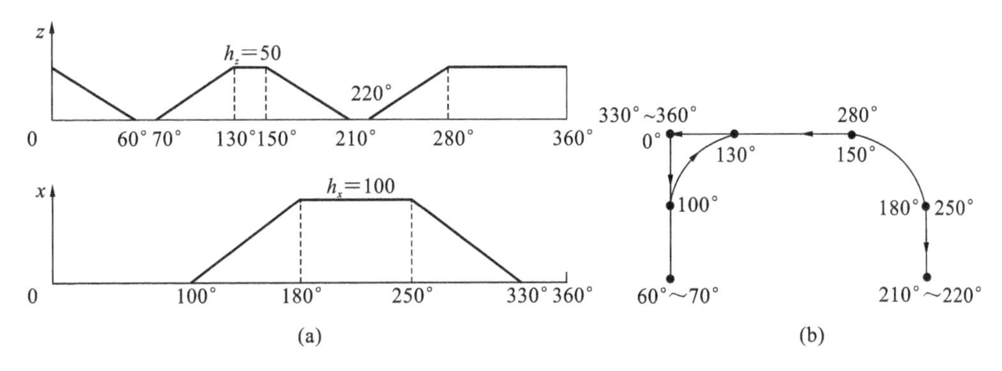

图 6-46　最终的循环图

3. 选择从动件运动规律

1)判断机构速度类型

判断机构速度类型依据最大速度和最大加速度判定准则进行。取常用从动件加速度曲线的无因次最大值平均值 $A_m=6$(修正等速曲线的无因次最大值为 8.01,修正正弦曲线为 5.53,修正梯形曲线为 4.89),则可先估计出速度较高的 x 方向的实际最大加速度。

相关的计算公式为

$$a_m=\frac{h}{t_h^2}\cdot A_m \tag{6-1}$$

代入 h_x 的行程及对应的完成时间,有

$$a_m=\frac{100}{(80/360)^2}\times 6\ \text{mm/s}^2=12\ 150\ \text{mm/s}^2\approx 1.24\ \text{g}$$

2)确定从动件运动规律

由经验判别准则可知,该机构已超出低速范围。另外,考虑到从动系统较复杂、刚度不太好等因素,可选择综合性能好的修正正弦曲线。该曲线的 $A_m=5.53$,其从动件实际最大加速度要比上面的估算值偏小。

4. 初步设计

1)确定基圆半径

对于摆动从动件盘形凸轮机构,基圆半径为

$$r_0=\frac{r_2\tau_h V_m}{\theta_h\tan[\alpha]}-\frac{1}{2}r_2\tau_h \tag{6-2}$$

式中:r_2 为从动件摆杆长度;τ_h 为从动件摆杆摆角;V_m 为从动件运动规律的无因次量最大速度;θ_h 为凸轮升程角,单位为 rad;$[\alpha]$为许用压力角,取$[\alpha]=45°$。式中的 $r_2\tau_h$ 项需要通过从动系统的杆长比由工作端的 h_x 和 h_z 换算出来。设 z 方向与 x 方向从动系统的杆长比分别为 1∶2和 1∶2.5(参看图 6-44),即

$$O_2A_z : O_2B_z=1:2$$

$$O_2A_x : O_2B_x=1:2.5$$

再设 x 方向从动系统中的 O_3C_x 与 O_3D_x 相等,这样 x 方向与 z 方向的从动件 O_2A_x 与 O_2A_z 端点的行程(圆弧长)为

$$r_{2x}\tau_{hx}=\frac{h_x}{2.5}=40\ \text{mm}$$

$$r_{2z}\tau_{hz}=\frac{h_z}{2}=25\ \text{mm}$$

将最大压力角 α_m 设为 40°，再代入修正正弦曲线的 $V_m=1.76$，就可以由式(6-2)算出两个凸轮的允许最小基圆半径

$$r_{0x}=\frac{40\times1.76}{80/180\times\pi\times\tan40^\circ}-\frac{40}{2}\ \text{mm}\approx40\ \text{mm}$$

$$r_{0z}=\frac{25\times1.76}{60/180\times p\times\tan40^\circ}-\frac{25}{2}\ \text{mm}\approx37.5\ \text{mm}$$

凸轮理论廓线最大矢径的近似值可以取为

$$r_h=r_0+r_2\tau_h \tag{6-3}$$

代入相关值有

$$r_{hx}=r_{0x}+r_{hx}\tau_{hx}=40\ \text{mm}+40\ \text{mm}=80\ \text{mm}$$

$$r_{hz}=r_{0z}+r_{hz}\tau_{hz}=37.5\ \text{mm}+25\ \text{mm}=62.5\ \text{mm}$$

考虑到凸轮应有足够的刚度，凸轮轴直径应取 45 mm 左右。初步选取滚子半径在 10 mm 左右，所以凸轮理论廓线的基圆半径应不小于 55 mm。两个凸轮装在同一根轴上，考虑取同样的最大矢径 r_h。具体数据确定如下

$$r_{0x}=55\ \text{mm},\quad r_{hx}=95\ \text{mm}$$

$$r_{0z}=70\ \text{mm},\quad r_{hz}=95\ \text{mm}$$

再考虑到滚子半径在 10 mm 左右及凸轮外缘的壁厚应不小于 10 mm，确定两个沟槽凸轮外圆柱面的直径都为 240 mm。

2)计算摆杆长度，确定从动系统其他尺寸

(1)确定凸轮中心和摆杆回转中心的距离 C。凸轮的回转半径是 120 mm，再加上摆杆心轴和凸缘的尺寸，故设定 $C=180$ mm。

(2)求摆杆的长度。根据图 6-47 所示的几何关系有

$$r_2^2-\left(\frac{r_h-r_0}{2}\right)^2=C^2-\left(\frac{r_0+r_h}{2}\right)^2$$

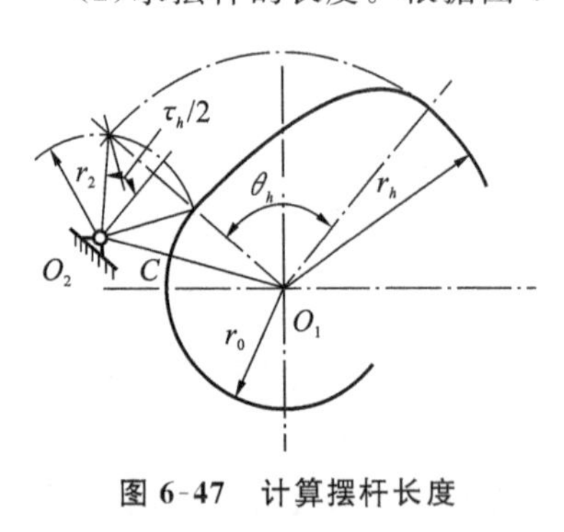

图 6-47　计算摆杆长度

简化得

$$r_2=\sqrt{C^2-r_0r_h} \tag{6-4}$$

代入相关值有

$$r_{2x}=\sqrt{C^2-r_{0x}r_{hx}}=\sqrt{180^2-55\times95}\ \text{mm}\approx165\ \text{mm}$$

$$r_{2z}=\sqrt{C^2-r_{0z}r_{hz}}=\sqrt{180^2-70\times95}\ \text{mm}\approx160\ \text{mm}$$

再由设定的杠杆比可得

$$\overline{O_2B_x}=165\times2.5\ \text{mm}=410\ \text{mm}$$

$$\overline{O_2B_z}=160\times2\ \text{mm}=320\ \text{mm}$$

(3)其他尺寸的确定。为了提高连杆的传动效率，应尽量使连杆 B_zC_z 与 z 轴方向一致，连杆 B_xC_x 与 x 轴方向一致。另外，当工作端 W 点 z 方向的实际位移 $z=h_z/2$ 时，O_2B_z 杆正好处于水平位置；当 x 方向的实际位移 $x=h_x/2$ 时，O_2B_x 杆正好处于垂直位置。由这样的几何关系，又可以确定$\angle B_zO_2A_z$ 和$\angle B_xO_2A_x$ 的大小。从动杆系的其他尺寸可在已确定尺寸的基

础上酌情确定。

3)确定滚子半径

考虑到该机构的速度比低速机构略高,故应尽量使从动系统的质量减小。

取滚子半径 $r_r \leqslant 0.3r_0$,r_0 为凸轮基圆半径中的较小者,即 $r_0 = r_{0x} = 55$ mm。

代入数据有 $r_r \leqslant 16.5$ mm,取 $r_r = 15$ mm。z 方向凸轮亦取同样值。

5. 计算凸轮理论廓线

首先运用连杆运动分析方法,由给定的从动件工作端的运动规律换算出从动杆 O_2A_x 和 O_2A_z 的运动参数,然后求出凸轮理论廓线坐标。

计算凸轮理论廓线时,可以采用解析法或图解法。

6. 校核(选做)

校核凸轮曲率半径、压力角与强度,最后算出两个凸轮的实际廓线坐标和加工坐标。

7. 编写设计说明书

设计说明书包括设计题目、原始数据和设计要求、方案设计及选择、运动学设计计算、结构设计计算及强度校核等内容。

6.12　纸袋包装机工作台转位机构设计*

6.12.1　设计题目

纸袋包装机主要应用于袋装茶叶的包装。它能将已定量的 50 g 茶叶装入已制成的开口袋中,然后上胶封口。各执行机构在工作台静止时进行操作。

纸袋包装机工艺流程如图 6-48 所示。

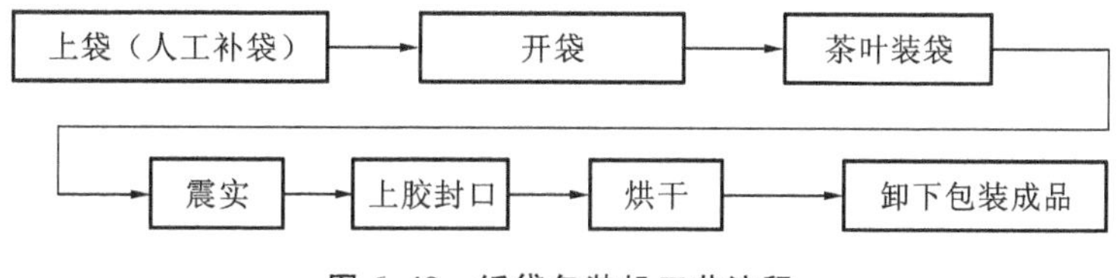

图 6-48　纸袋包装机工艺流程

本题目要求根据纸袋包装机工作台的转位要求,设计工作台转位机构。

6.12.2　原始数据和设计要求

(1)主要工艺时间参数为:茶叶装袋,1～1.15 s;震实,2.5 s(采用电磁振动);烘干,3.5 s。

(2)生产率为 30 包/min。

(3)工作台间歇转位,静止时进行各种操作。

(4)根据结构布置,工作台直径为 1 m(圆盘),厚度为 20 mm,工作台及其转动装置的总重为 150 kg,转动惯量为 75×0.5^2 kg·m²,工作台水平安装。要求转位机构具有良好的动力性能。

6.12.3　设计任务

(1)确定由电动机到工作台转位机构之间传动系统方案,计算总传动比,分配各级传动比。

(2)对转位机构方案进行选定与比较。

(3)完成所选间歇转位机构的设计计算,包括主要参数的确定、尺寸确定、运动分析、动力计算、强度校核等。

(4)绘制间歇转位机构的装配图、零件图(选做)。

(5)绘制工作台及转位机构的总装配图(选做)。

(6)编写说明书,图样工作量合 0.5~1.5 张 A0 图。

6.12.4　设计方案提示

先根据生产率要求计算循环时间,确定工作台的工位数,再根据工艺要求确定方案。图 6-49、图 6-50 所示为两种典型间歇转位机构的应用方案。

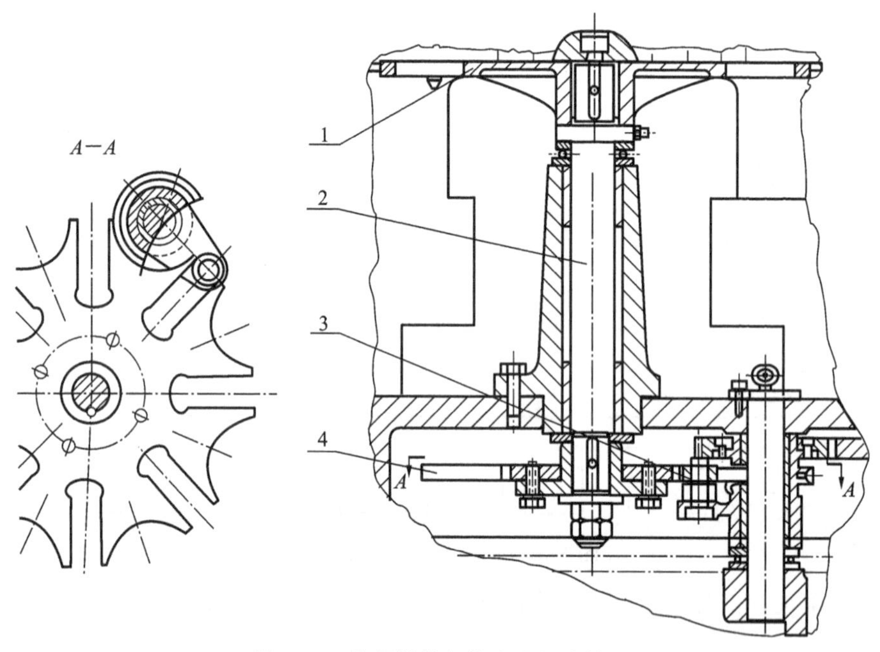

图 6-49　使用槽轮机构实现间歇转位

1—工作转盘;2—主轴;3—槽轮拨销;4—槽轮盘

1. 槽轮机构

使用槽轮机构实现间歇转位,其速度及转位精度不高。通常根据工位数的情况,还要采取措施对其动态性能进行改善。改善槽轮机构动态性能的基本方法有三种:①增加槽数及转速,②改变主动拨销运动中的角速度(如椭圆齿轮-槽轮机构、曲柄导杆-槽轮机构),③改变主动拨销运动中的回转半径(如行星齿轮-槽轮机构、修正槽轮机构、凸轮-槽轮机构)。各相关机构的结构及设计要点参见相关教材及机构设计手册。

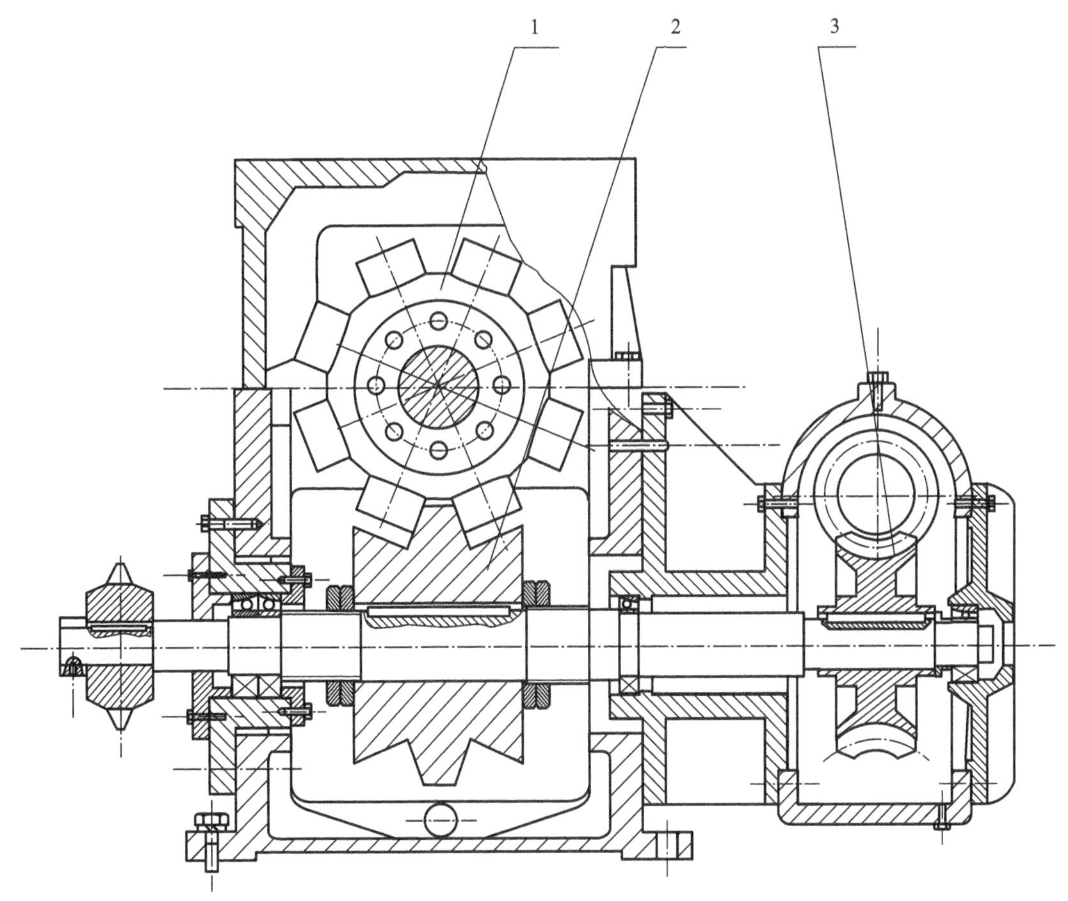

图 6-50　使用弧面分度凸轮机构实现间歇转位

1—从动盘；2—弧面凸轮；3—蜗杆传动

2. 凸轮式间歇运动机构

凸轮式间歇运动机构有圆柱分度凸轮机构、弧面分度凸轮机构及共轭盘形分度凸轮机构。它们是用凸轮的轮廓去推动转盘运动的。该类机构运转可靠、传动平稳，其动载荷、冲击和噪声都较小，特别适用于高速运转。这类机构是靠几何形状闭锁的，不需要附加定位装置。但其加工精度、装配调整要求比较高，且随工作频率的增加需进一步提高精度要求。设计时可先按具体工作要求确定转盘转位时的运动规律，然后以此为依据设计凸轮轮廓曲线。

6.12.5　设计步骤

1. 确定循环时间

根据生产率要求确定工作台的运动循环时间。

2. 确定工位数

根据工艺流程图及各工序参数确定工作台的运动时间，再进行循环内时间分配，确定工作台合理的工位数。

3. 方案设计

根据设计题目给定的要求选择合理的间歇运动机构方案。

根据回转工作台的转速，选择电动机及其转速，确定电动机到执行机构的总传动比及各级传动比，并选择相应各级机构的类型。

4. 结构设计

设计工作台转位机构及其定位装置。

5. 改善转位机构动态特性

根据需要，对转位机构设计改善其动态特性的相关机构。

6. 编写设计说明书

设计说明书包括设计题目、原始数据和设计要求、方案设计及选择、运动学设计计算、结构设计计算及强度校核等内容。

第2篇　设计资料汇编

第7章 常用字符、数据与一般标准

7.1 常用字符

常用字符见表7-1、表7-2。

表7-1 拉丁字母

正体		斜体		名称（国际音标注音）	正体		斜体		名称（国际音标注音）
大写	小写	大写	小写		大写	小写	大写	小写	
A	a	*A*	*a*	[ei]	N	n	*N*	*n*	[en]
B	b	*B*	*b*	[biː]	O	o	*O*	*o*	[ou]
C	c	*C*	*c*	[siː]	P	p	*P*	*p*	[piː]
D	d	*D*	*d*	[diː]	Q	q	*Q*	*q*	[kjuː]
E	e	*E*	*e*	[iː]	R	r	*R*	*r*	[aː]
F	f	*F*	*f*	[ef]	S	s	*S*	*s*	[es]
G	g	*G*	*g*	[dʒiː]	T	t	*T*	*t*	[tiː]
H	h	*H*	*h*	[eitʃ]	U	u	*U*	*u*	[juː]
I	i	*I*	*i*	[ai]	V	v	*V*	*v*	[viː]
J	j	*J*	*j*	[dʒei]	W	w	*W*	*w*	[ˈdʌbljuː]
K	k	*K*	*k*	[kei]	X	x	*X*	*x*	[eks]
L	l	*L*	*l*	[el]	Y	y	*Y*	*y*	[wai]
M	m	*M*	*m*	[em]	Z	z	*Z*	*z*	[zed]

表7-2 希腊字母

正体		斜体		英文名称（国际音标注音）	正体		斜体		英文名称（国际音标注音）
大写	小写	大写	小写		大写	小写	大写	小写	
Α	α	*Α*	*α*	alpha[ˈæifə]	Ν	ν	*Ν*	*ν*	nu[njuː]
Β	β	*Β*	*β*	beta[ˈbiːtə]	Ξ	ξ	*Ξ*	*ξ*	xi[ksai]
Γ	γ	*Γ*	*γ*	gamma[ˈgæmə]	Ο	ο	*Ο*	*ο*	omicron[ouˈmaikrən]
Δ	δ	*Δ*	*δ*	delta[ˈdeltə]	Π	π	*Π*	*π*	pi[pai]
Ε	ε	*Ε*	*ε*	epsilon[ˈepsilən]	Ρ	ρ	*Ρ*	*ρ*	rho[rou]
Ζ	ζ	*Ζ*	*ζ*	zeta[ˈziːtə]	Σ	σ	*Σ*	*σ*	sigma[ˈsigmə]
Η	η	*Η*	*η*	eta[ˈiːtə]	Τ	τ	*Τ*	*τ*	tau[tau]
Θ	θ,ϑ	*Θ*	*θ,ϑ*	theta[ˈθiːtə]	Υ	υ	*Υ*	*υ*	upsilon[ˈjuːpsilən]
Ι	ι	*Ι*	*ι*	iota[aiˈoutə]	Φ	ϕ,φ	*Φ*	*ϕ,φ*	phi[fai]
Κ	k,κ	*Κ*	*κ*	kappa[ˈkæpə]	Χ	χ	*Χ*	*χ*	chi[kai]
Λ	λ	*Λ*	*λ*	lambda[ˈlæmdə]	Ψ	ψ	*Ψ*	*ψ*	psi[psiː]
Μ	μ	*Μ*	*μ*	mu[mjuː]	Ω	ω	*Ω*	*ω*	omega[ˈoumigə]

7.2 常用数据

常用数据见表 7-3～表 7-6。

表 7-3 机械传动和摩擦副的效率概略值

种类		效率 η	种类		效率 η
圆柱齿轮传动	很好跑合的 6 级精度和 7 级精度齿轮传动(油润滑)	0.98～0.99	摩擦传动	圆柱摩擦轮传动	0.85～0.92
	8 级精度的一般齿轮传动(油润滑)	0.97		槽摩擦轮传动	0.88～0.90
	9 级精度的齿轮传动(油润滑)	0.96		卷绳轮	0.95
	加工齿的开式齿轮传动(脂润滑)	0.94～0.96	联轴器	十字滑块联轴器	0.97～0.99
	铸造齿的开式齿轮传动	0.90～0.93		齿式联轴器	0.99
锥齿轮传动	很好跑合的 6 级和 7 级精度的齿轮传动(油润滑)	0.97～0.98		弹性联轴器	0.99～0.995
	8 级精度的一般齿轮传动(油润滑)	0.94～0.97		万向联轴器($\alpha \leqslant 3°$)	0.97～0.98
	加工齿的开式齿轮传动(脂润滑)	0.92～0.95		万向联轴器($\alpha > 3°$)	0.95～0.97
	铸造齿的开式齿轮传动	0.88～0.92	滑动轴承	润滑不良	0.94(一对)
蜗杆传动	自锁蜗杆(油润滑)	0.40～0.45		润滑正常	0.97(一对)
	单头蜗杆(油润滑)	0.70～0.75		润滑特好(压力润滑)	0.98(一对)
	双头蜗杆(油润滑)	0.75～0.82		液体摩擦	0.99(一对)
	四头蜗杆(油润滑)	0.80～0.92	滚动轴承	球轴承(稀油润滑)	0.99(一对)
	环面蜗杆传动(油润滑)	0.85～0.95		滚子轴承(稀油润滑)	0.98(一对)
带传动	平带无压紧轮的开式传动	0.98	卷筒		0.96
	平带有压紧轮的开式传动	0.97	减(变)速器	单级圆柱齿轮减速器	0.97～0.98
	平带交叉传动	0.90		双级圆柱齿轮减速器	0.95～0.96
	V 带传动	0.96		行星圆柱齿轮减速器	0.95～0.98
链传动	焊接链	0.93		单级锥齿轮减速器	0.95～0.96
	片式关节链	0.95		双级圆锥-圆柱齿轮减速器	0.94～0.95
	滚子链	0.96		无级变速器	0.92～0.95
	齿形链	0.97		摆线-针轮减速器	0.90～0.97
复滑轮组	滑动轴承(i=2～6)	0.90～0.98	螺旋传动	滑动螺旋	0.30～0.60
	滚动轴承(i=2～6)	0.95～0.99		滚动螺旋	0.85～0.95

表 7-4　常用材料的摩擦系数

摩擦副材料	摩擦系数 f		摩擦副材料	摩擦系数 f	
	无润滑	有润滑		无润滑	有润滑
钢-钢	0.1	0.05～0.1	青铜-青铜	0.15～0.20	0.04～0.10
钢-软钢	0.2	0.1～0.2	青铜-钢	0.16	—
钢-铸铁	0.18	0.05～0.15	青铜-夹布胶木	0.23	—
钢-黄铜	0.19	0.03	铝-不淬火的 T8 钢	0.18	0.03
钢-青铜	0.15～0.18	0.1～0.15	铝-淬火的 T8 钢	0.17	0.02
钢-铝	0.17	0.02	铝-黄铜	0.27	0.02
钢-轴承合金	0.2	0.04	铝-青铜	0.22	—
钢-夹布胶木	0.22	—	铝-钢	0.30	0.02
铸铁-铸铁	0.15	0.07～0.12	铝-夹布胶木	0.26	—
铸铁-青铜	0.15～0.21	0.07～0.15	钢-粉末冶金	0.35～0.55	—
软钢-铸铁	—	0.05～0.15	木材-木材	0.2～0.5	0.07～0.10
软钢-青铜	—	0.07～0.15	铜-铜	0.20	—

表 7-5　物体的摩擦系数

名　　称		摩擦系数 f	名　　称		摩擦系数 f
滑动轴承	液体摩擦	0.001～0.008	滚动轴承	深沟球轴承	0.002～0.004
	半液体摩擦	0.008～0.08		调心球轴承	0.001 5
	半干摩擦	0.1～0.5		圆柱滚子轴承	0.002
密封软填料盒中填料与轴的摩擦		0.2		调心滚子轴承	0.004
制动器装有普通石棉制动带(无润滑) $p=0.2\sim0.6$ MPa		0.35～0.46		角接触球轴承	0.003～0.005
				圆锥滚子轴承	0.008～0.02
离合器装有黄铜丝的压制石棉 $p=0.2\sim1.2$ MPa		0.40～0.43		推力球轴承	0.003

表 7-6　滚动摩擦力臂

摩擦材料	滚动摩擦力臂 k/mm	摩擦材料		滚动摩擦力臂 k/mm
低碳钢与低碳钢	0.05	木材与木材		0.5～0.8
淬火钢与淬火钢	0.01			
铸铁与铸铁	0.05	表面淬火的车轮与钢轨	圆锥形车轮	0.8～1
木材与钢	0.3～0.4		圆柱形车轮	0.5～0.7

7.3　一般标准

一般标准见表 7-7 至表 7-9、图 7-1。

表 7-7　图纸幅面(摘自 GB/T 14689—2008)

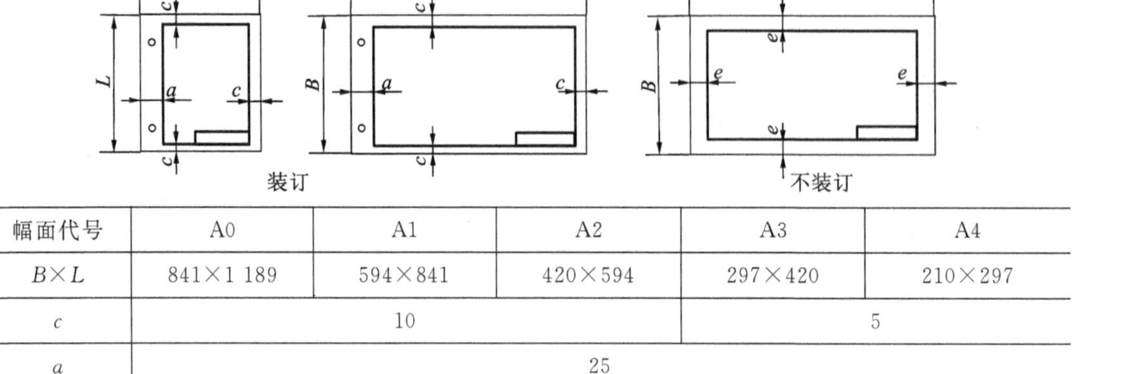

幅面代号	A0	A1	A2	A3	A4
$B\times L$	841×1 189	594×841	420×594	297×420	210×297
c	10			5	
a	25				
e	20		10		

注:1. 表中为基本幅面的尺寸。

2. 必要时可以将表中幅面的边长加长,成为加长幅面。它由基本幅面的短边成整数倍增加后得出。

3. 加长幅面的图框尺寸,按比所选用的基本幅面大一号的图框尺寸确定。

表 7-8　比例(摘自 GB/T 14690—1993)

与实物相同	1∶1
缩小的比例	(1∶1.5)　1∶2　1∶2.5　(1∶3)　(1∶4)　1∶5　(1∶6)　1∶10 $(1:1.5\times10^n)$　$1:2\times10^n$　$1:2.5\times10^n$　$(1:3\times10^n)$　$(1:4\times10^n)$ $1:5\times10^n$　$(1:6\times10^n)$　$1:1\times10^n$
放大的比例	2∶1　(2.5∶1)　(4∶1)　5∶1　$1\times10^n:1$ $2\times10^n:1$　$(2.5\times10^n:1)$　$(4\times10^n:1)$　$5\times10^n:1$

注:1. 绘制同一机件的一组视图时应采用同一比例,当需要用不同比例绘制某个视图时,应当另行标注。

2. 当图形中孔的直径或薄片的厚度等于或小于 2 mm、斜度和锥度较小时,可不按比例夸大绘制。

3. n 为正整数。

4. 括号内的比例必要时允许选取。

<table>
<tr><td colspan="3" rowspan="2">(图样名称)</td><td>图号</td><td></td><td>比例</td><td></td></tr>
<tr><td>方案号</td><td></td><td>图总数</td><td></td></tr>
<tr><td>设计</td><td></td><td>年 月</td><td colspan="2" rowspan="3">机械原理
课程设计</td><td colspan="2" rowspan="3">(校名)
(班名)</td></tr>
<tr><td>绘图</td><td></td><td></td></tr>
<tr><td>审核</td><td></td><td></td></tr>
<tr><td>15</td><td>35</td><td>20</td><td colspan="2">45</td><td colspan="2">45</td></tr>
<tr><td colspan="7">160</td></tr>
</table>

16　8　8　8　8　8　40

图 7-1　标题栏格式(本课程用)

表 7-9 机构运动简图符号(摘自 GB/T 4460—1984)

名称	基本符号	可用符号
机架 轴、杆 组成部分与轴(杆)的固定连接	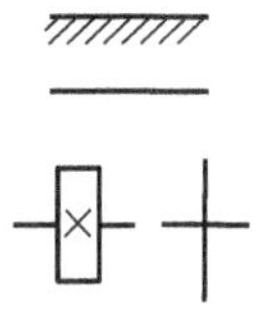	
连杆 平面机构	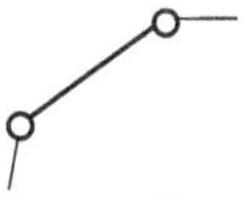	
曲柄(或摇杆) 平面机构	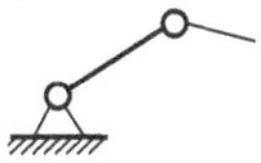	
偏心轮		
导杆		
滑块		
摩擦传动 圆柱轮	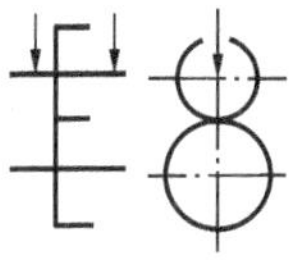	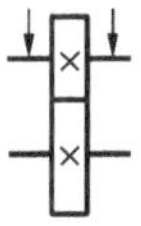
圆锥轮	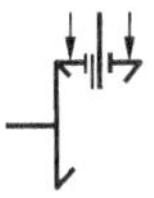	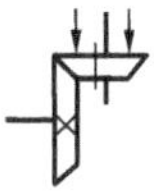
可调圆锥轮	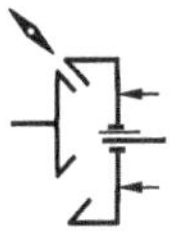	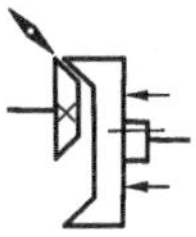
可调冕状轮		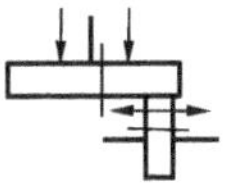
齿轮传动 (不指明齿线) 圆柱齿轮	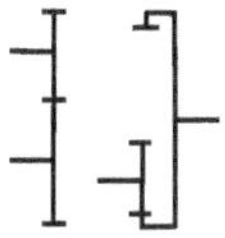	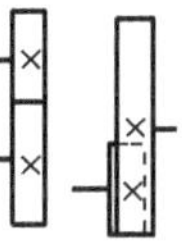
锥齿轮	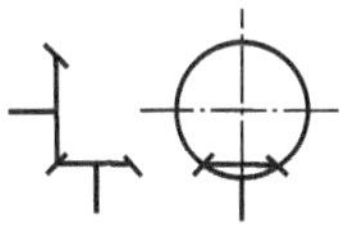	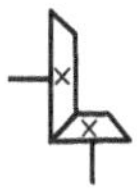
圆柱蜗杆传动	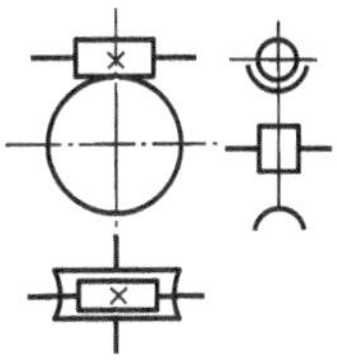	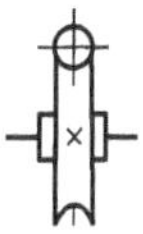
齿条传动 一般表示	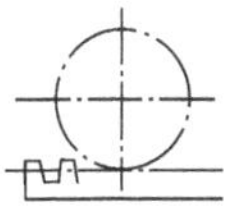	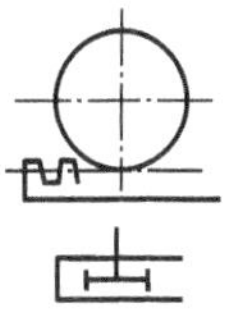
扇形齿轮传动	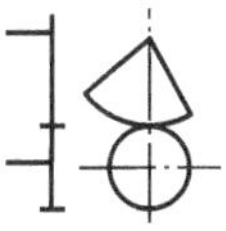	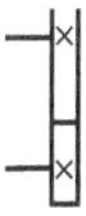
盘形凸轮	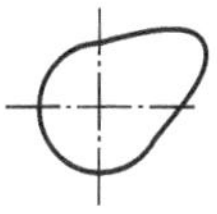	
圆柱凸轮		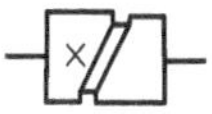
凸轮从动件 尖顶		
曲面		
滚子		
槽轮机构 一般符号	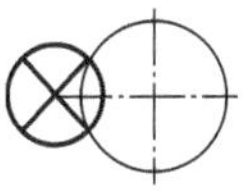	
棘轮机构 外啮合		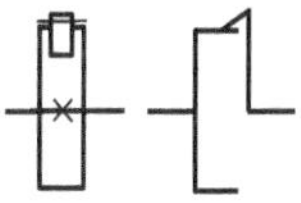
内啮合		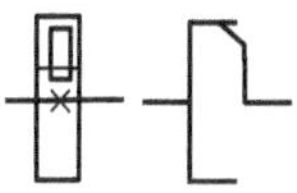

续表

名　　称	基本符号	可用符号
联轴器		
一般符号(不指明类型)		
固定联轴器		
可移式联轴器		
弹性联轴器		
啮合式离合器		
单向式		
双向式		
摩擦离合器		
单向式		
双向式		
电磁离合器		
安全离合器		
有易损元件		
无易损元件		
制动器		
一般符号		
带传动		若需指明类型可采用下列符号：
一般符号(不指明类型)		V带传动
链传动		滚子链传动
一般符号(不指明类型)		
螺杆传动		
整体螺母		整体螺母
挠性轴		

名　　称	基本符号	可用符号
轴上飞轮		
向心轴承		
普通轴承		
滚动轴承		
推力轴承		
单向推力普通轴承		
双向推力普通轴承		
推力滚动轴承		
向心推力轴承		
单向向心推力普通轴承		
双向向心推力普通轴承		
角接触滚动轴承		
弹簧	ϕ或▭	
压缩弹簧		
拉伸弹簧		
扭转弹簧		
涡卷弹簧		
电动机		
一般符号		
装在支架上的电动机		

第8章　常用机构简介

8.1　匀速转动机构

匀速转动机构是指主动件匀速转动，从动件也匀速转动的机构。匀速转动机构根据从动件的运动情况可分为定传动比匀速转动机构和变传动比匀速转动机构。

常见的定传动比匀速转动机构有连杆机构、齿轮机构、轮系、摩擦轮机构、挠性件机构等及它们的组合机构。变传动比匀速转动机构包括有级变速机构和无级变速机构。前者可用定轴轮系和复合轮系实现，后者可用摩擦轮机构、挠性件机构等实现。

鉴于机械原理课程设计的题目一般针对较为简单的机械系统，所以本书仅介绍定传动比匀速转动机构。

8.1.1　连杆机构

1. 平行四边形机构

当铰链四杆机构中 $AB=CD$、$BC=AD$ 时，铰链四杆机构就成为平行四边形机构(图 8-1(a))。它是双曲柄机构的特例，AB 和 CD 杆均为曲柄。

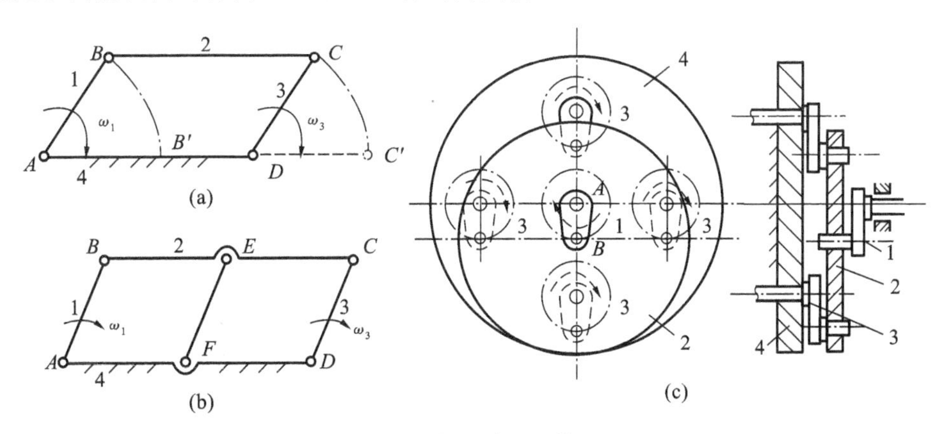

图 8-1　平行四边形机构

两个连架杆 1 和 3 的转向相同，角速度相同，$i_{13}=\omega_1/\omega_3=1$，所以任一曲柄为主动件匀速转动时，另一曲柄为从动件也匀速转动。

平行四边形机构中的连杆作平面平行运动，连杆上每点的运动都相同，连杆在任何时间都平行于机架。当机构运动到 $AB'C'D$ 处于同一直线时，从动件 CD 的运动将出现不确定。为使 CD 杆不反向，可增加辅助曲柄 EF(图 8-1(b))，或采用附加质量惯性导向以及用几个平行四边形机构同时工作等方法。

平行四边形机构结构简单，广泛应用于传递平行轴间的运动，例如火车车轮的联动机构，生产线中的操纵机构，刻模铣床的缩放机构，以及机加工机床中的多头铣、多头钻装置等。图 8-1(c)所示为多头钻机构。AB 为主动曲柄 1，长度与四个从动曲柄 3 一样，圆盘 2 是共用连杆，圆盘 4 是机架。曲柄 1 与四个曲柄 3 组成四个对应杆长都相等的平行四边形机构。在各曲柄上装上钻头，四个从动曲柄均以与主动曲柄 1 相同的转向和转速转动，钻头同时加工。

2. 转动导杆机构

图 8-2(a)所示的双导杆机构中，曲柄 1 的 A、B 两端铰接在能在盘 2 的垂直导槽中滑动的滑块 3 和 4 上。杆 1 和盘 2 的固定机架铰链 O_1、O_2 间的距离 $O_1O_2=O_1A=O_1B$。

与图 8-2(b)所示导杆机构相同，在 $O_1O_2=O_1A$ 的条件下，当主动曲柄作整周匀速转动时，通过滑块带动导杆 2 作整周同向匀速转动。传动比 $i_{12}=n_1/n_2=2$。

转动导杆机构可作为传动比为 2 的减速机构传递平行轴间的匀速运动，也可用作如图 8-2(c)所示的双缸旋转泵。

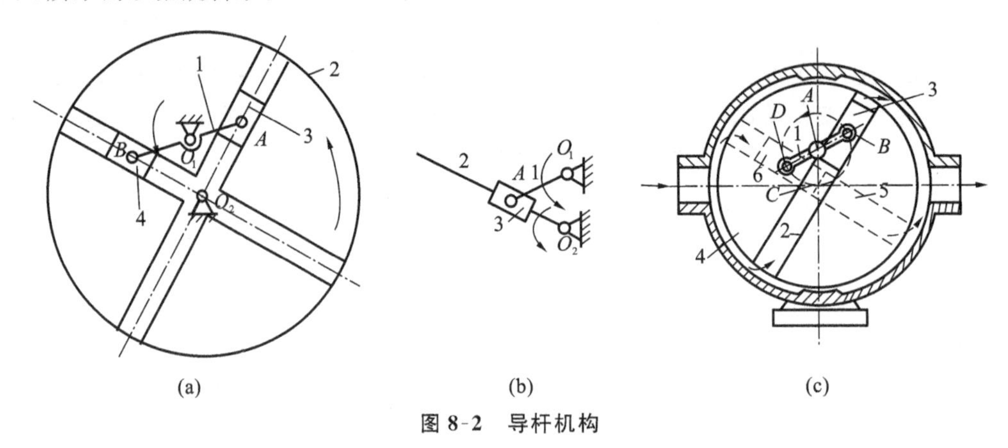

图 8-2 导杆机构

3. 双转块机构

图 8-3(a)所示的双转块机构可以看做是从双曲柄机构演化而来的双移动副导杆机构，导杆 2 同时与转块 1、3 组成移动副。

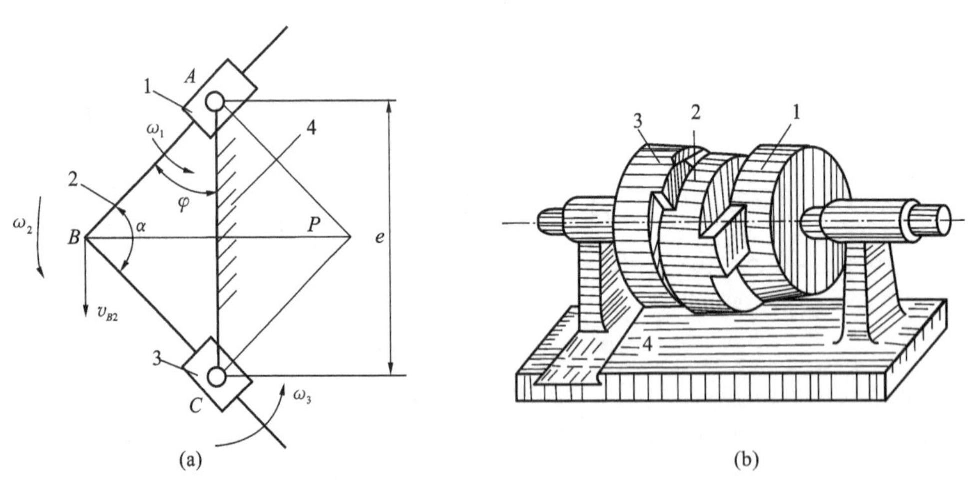

图 8-3 双转块机构

主动转块 1 整周匀速转动时，通过导杆 2 使从动转块 3 同向整周转动。由于三个构件间均以移动副连接，故角速度均相等，$i_{13}=\omega_1/\omega_3=1$。即使机架长 l_{AC} 发生变化时，i_{13} 仍为 1。此机构可实现两轴间有偏距 e 且具有等角速比的传动。

双转块机构常用作十字滑块联轴器，如图 8-3(b)所示。它的中间盘(导杆)2 的左侧凹槽与右侧凸肩垂直，凸肩嵌入主动盘(转块)1 的凹槽中，2 的凹槽又嵌入从动盘(转块)3 的凸肩中。这种联轴器可实现有偏距的两平行轴间的传动，$i_{13}=1$。在 K-H-V 轮系的输出机构和某些轴距经常变化的装置上常采用此联轴器。因偏距 e 越大，相对滑动越大，引起磨损越严重，故 e 应有所限制。此种机构笨重，传动效率较低，适用于小功率传动。

4. 双万向联轴器

双万向联轴器为空间六杆机构，它由两个单万向联轴器通过中间轴 2 连接而成(图 8-4)。中间轴 2 做成两部分用滑键连接，以调节长度。主、从动轴可安装成图 8-4(a)或图 8-4(b)所示的位置，但必须满足：①主动轴 1 与中间轴 2 的夹角 α_1 等于从动轴 3 与中间轴 2 的夹角 α_3；②中间轴两端的叉面必须位于同一平面。

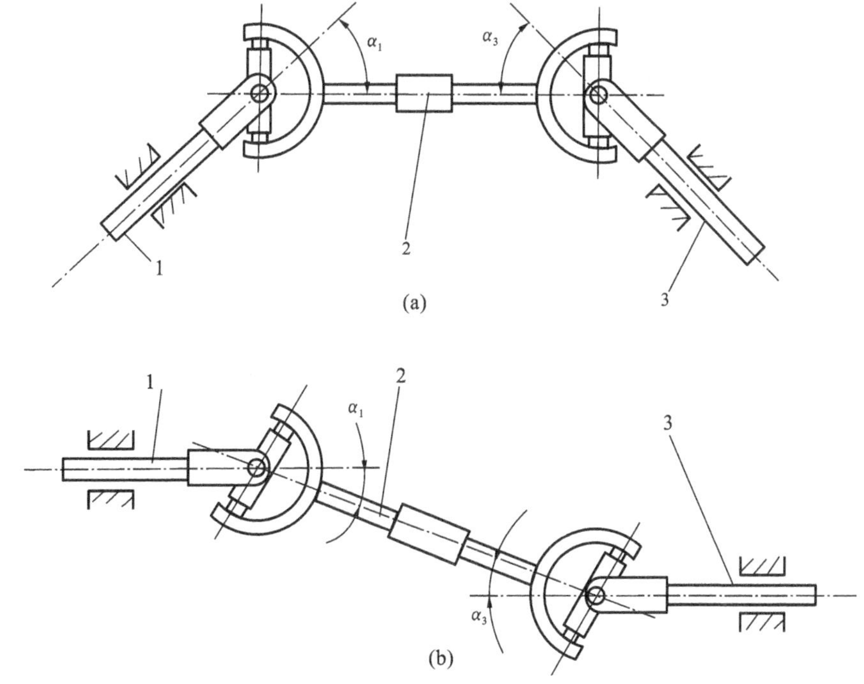

图 8-4　双万向联轴器

单万向联轴器作不等角速比传动，$i_{12}=\omega_1/\omega_2=\cos\alpha_1/(1-\sin^2\alpha_1\cos^2\varphi_2)$，或 $i_{32}=\omega_3/\omega_2=\cos\alpha_3/(1-\sin^2\alpha_3\cos^2\varphi_2)$，式中 φ_2 为中间轴的转角。因要求 $\alpha_1=\alpha_3$，故 $i_{13}=\omega_1/\omega_3=i_{12}/i_{32}=1$，即双万向联轴器能实现等角速比的传动。随着 α 角的增大，铰链磨损增大，传动效率降低。双万向联轴器的轴向尺寸大，故有些场合使用受限制。主、从动轴间允许有一定的相对位移。

双万向联轴器可用于平行轴或相交轴间的等角速比的传动，在各类机械中得到广泛应用，例如用于多轴钻床、汽车变速箱和后桥差速器间的传动。

8.1.2　齿轮机构

一对圆柱齿轮组成的齿轮机构可实现定传动比匀速转动。当主动轮匀速转动时，从动轮按传动比 $i_{12}=\omega_1/\omega_2=z_2/z_1$ 匀速转动。

齿轮机构与摩擦轮机构、带传动机构相比较，具有传递动力大、效率高、寿命长及传动平稳可靠等优点，但要求较高的制造和安装精度，且成本也较高。

齿轮机构是应用最广泛、最重要的一种定传动比匀速转动机构，可用来传递空间任意两轴间的运动和动力，适用范围广，直径可从 125 μm 至 150 m，传递功率可达 100 MW，转速可达

1 000 000 r/min。

圆柱齿轮机构因其结构不同，类型很多，各有其特点和适用范围。

1. 平面齿轮机构

平面齿轮机构一般采用圆柱形齿轮，用于传递两平行轴间的运动。

1）直齿圆柱齿轮机构

如图 8-5 所示，直齿圆柱齿轮的轮齿沿平行轴线方向均布在圆柱面上。

啮合时轮齿沿整个齿宽突然同时进入啮合和退出啮合，易引起冲击、振动和噪声，重合度小，每对轮齿负荷大，负荷变化量也大，传动平稳性差，不宜用于过高速度、过重载荷场合。

2）平行轴斜齿圆柱齿轮机构

如图 8-6 所示，斜齿圆柱齿轮的轮齿沿螺旋线方向分布在圆柱面上。通常采用外啮合，两齿轮的螺旋角 $\beta_1=-\beta_2$。

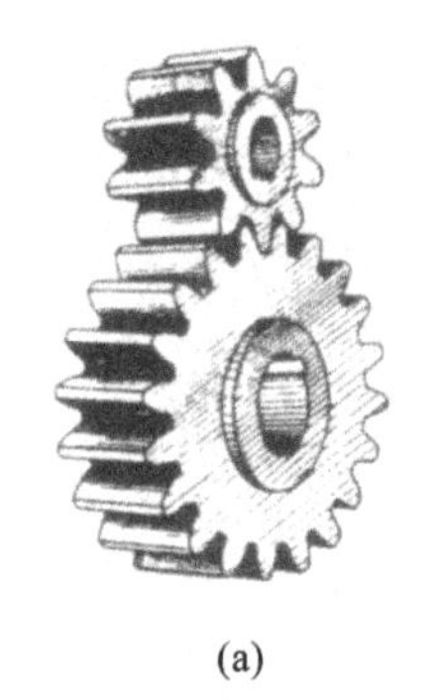

(a)

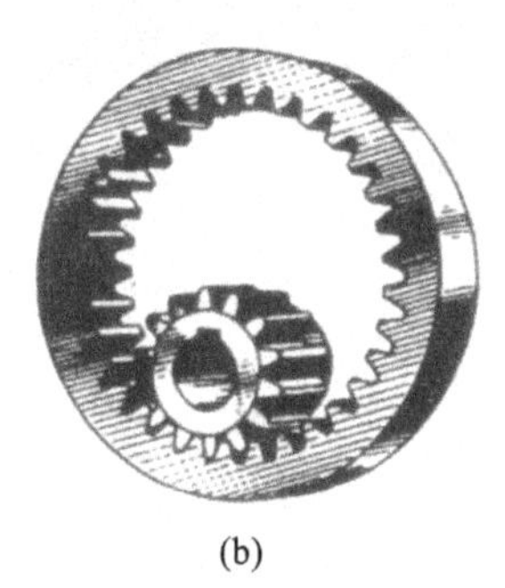

(b)

图 8-5 直齿圆柱齿轮机构

图 8-6 平行轴斜齿圆柱齿轮机构

传动时轮齿逐渐进入啮合、逐渐退出啮合，故传动平稳，噪声小，重合度大，相对提高了承载能力；最少齿数减少，结构更紧凑。其宜用于高速重载场合，但运转时产生轴向力。

3）人字齿轮机构

如图 8-7 所示，人字齿轮相当于左、右两个轮齿形状完全对称的斜齿轮组合为一体。左、右两侧轴向力自行抵消，适用于重型机械，但制造复杂。

4）圆弧齿轮机构

圆弧齿轮机构是法面齿廓为圆弧的平行轴斜齿轮机构。图 8-8 所示的是单圆弧齿轮机构，大、小齿轮的齿廓曲面分别为凹、凸圆弧螺旋面。双圆弧齿轮机构的大、小齿轮的齿顶部分均为凸圆弧，齿根部分均为凹圆弧。

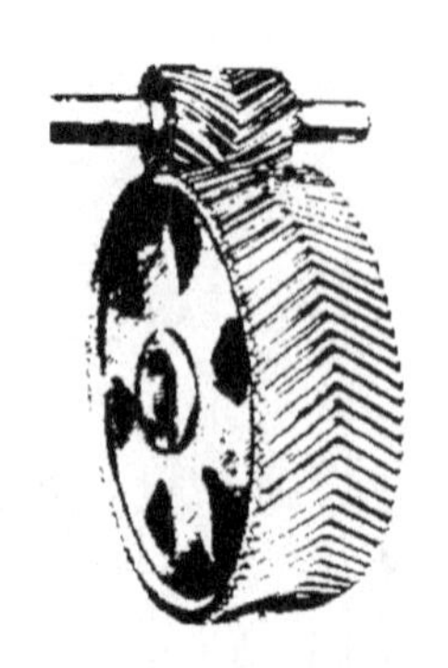

图 8-7 人字齿轮机构

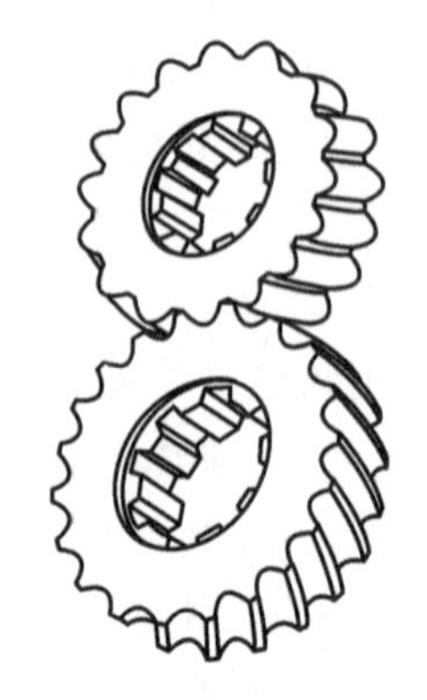

图 8-8 圆弧齿轮机构

圆弧齿轮机构跑合后，在齿廓法面上呈线接触，故对制造误差、变形不敏感；接触线沿齿长方向滚动速度大，有利于形成油膜，磨损小，效率高，承载能力强，跑合性能好，无根切现象，结构紧凑。单圆弧齿轮机构的中心距及切齿深度的偏差对承载能力影响较大，且弯曲疲劳强度较弱。双圆弧齿轮机构的接触、弯曲疲劳强度都有提高，多点接触使传动平稳、振动小。

圆弧齿轮机构在矿山、起重运输、冶金机械及高速齿轮传动中得到了广泛应用。

2. 空间齿轮机构

空间齿轮机构用于传递非平行轴（即相交轴或交错轴）之间的运动，能实现定传动比。

1）锥齿轮机构

锥齿轮的轮齿分布在截圆锥上，轮齿的形式有直齿、斜齿和曲线齿，如图 8-9 所示。锥齿轮机构可用于任意夹角的两相交轴间运动的传递。直齿锥齿轮机构制造容易，成本低，对安装误差和变形敏感，承载能力低，噪声大，宜用于低速传动（$v \leqslant 5$ m/s）中。斜齿和曲线齿锥齿轮机构可用于高速重载场合。

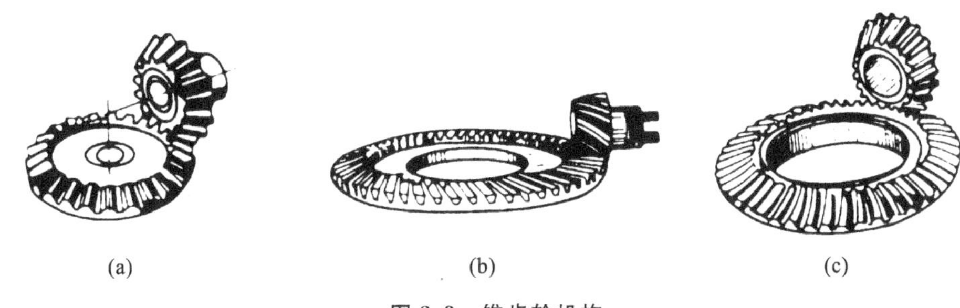

(a)　(b)　(c)

图 8-9　锥齿轮机构

2）交错轴斜齿轮机构

如图 8-10 所示，它是由两个螺旋角 $\beta_1 \neq -\beta_2$ 的斜齿轮组成的啮合传动。交错轴斜齿轮机构用于传递两个交错轴之间的运动，不宜用于高速、大功率的传动。既可通过改变螺旋角的大小来改变传动比或从动轮的转向，也可在传动比不变的条件下调整中心距。该机构因为是点接触，且沿齿高和齿长方向均有相对滑动，故接触强度低，易磨损。

3）蜗杆机构

如图 8-11 所示，蜗杆的螺旋角较大，其分度圆柱的直径较小，且其轴向长度也较大，则其轮齿在分度圆柱面上的螺旋线能绕一周以上，使得其外形像一根螺杆。与蜗杆相啮合的齿轮称为蜗轮。蜗杆头数 z_1 远少于蜗轮齿数 z_2，一般 $z_1 = 1 \sim 4$。蜗杆与蜗轮的齿面互为包络面。

图 8-10　交错轴斜齿轮机构

图 8-11　蜗杆机构

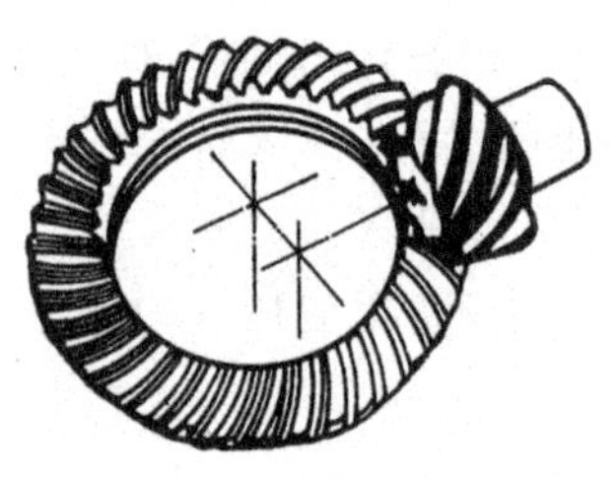
图 8-12　准双曲面齿轮机构

蜗杆机构用于传递两个交错轴间的运动，轴间角一般为 90°。其传动比大，可达 500 以上，结构紧凑，传动平稳，无噪声，传动效率低，一般为 0.7～0.8，也可设计成自锁蜗杆，但自锁蜗杆传动效率低于 0.5，齿间滑动速度大，磨损大。

4）准双曲面齿轮机构

如图 8-12 所示，准双曲面齿轮机构中小齿轮可偏置，从而可传递交错轴间的运动。准双曲面齿轮机构用于传递两个交错轴间的运动，轴间角一般为 90°。其他特点与曲线齿锥齿轮机构相似。

8.1.3　轮系

在工程实际中往往将各种齿轮机构组合使用，组合成的齿轮传动系统称为齿轮系，简称轮系。轮系按结构可分为定轴轮系、周转轮系、复合轮系。

（1）运转时轮系中各齿轮几何轴线的位置相对机架不变，即为定轴轮系。

（2）在周转轮系中至少有一个齿轮的轴线位置不固定，其中自由度为 1 的周转轮系称为行星轮系，自由度为 2 的周转轮系称为差动轮系。周转轮系根据组成的基本构件的不同又可分为 2K-H 型、3K 型、K-H-V 型。

（3）复合轮系是由几个周转轮系或由周转轮系与定轴轮系所组成的。

轮系工作可靠、效率高、适应性强，在各个工业部门都可得到广泛应用。它作为传动装置可获得大的传动比、大功率的传动，并可实现变速、换向和分路传动，可用作运动的合成和分解，可实现复杂的轨迹，完成复杂的动作。下面介绍一些典型轮系的结构和工作原理。

1. 定轴轮系

图 8-13 所示的轮系为一滚齿机工作台传动机构，工作台与蜗轮 9 固连。电动机带动主动轴转动，通过轴上的齿轮 1 和 3 分路传动，一路经齿轮 1 和 2 啮合后带动单线滚刀 A 转动；另一路经齿轮 3-4-5-6-7-8-9 带动轮坯 B 转动，保证滚刀与轮坯之间具有确定的范成关系，从而实现分路传动。适当地选配挂轮组 5-6-7 的齿数，便可切制出不同齿数的齿轮。

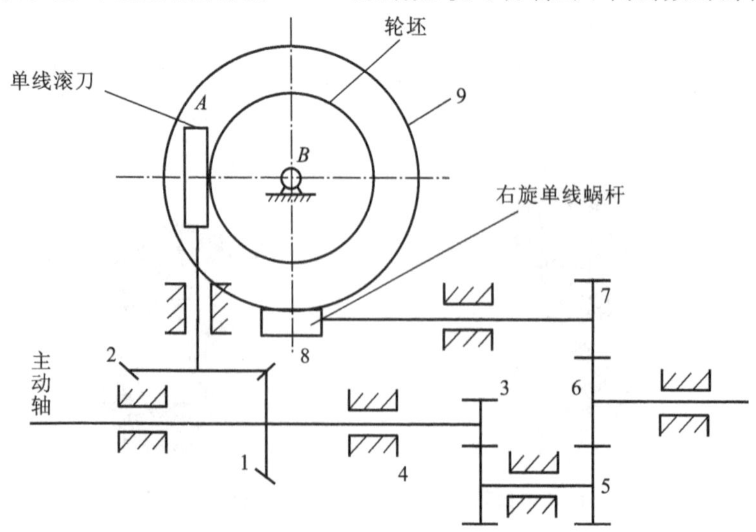

图 8-13　滚齿机工作台传动机构

2. 周转轮系

1)2K-H型行星轮系

图8-14所示的轮系中，中心轮1固定，齿轮2、3为行星轮，运动由行星架(系杆)H输入，并由中心轮4输出。它为双排外啮合行星轮系。此轮系属于2K-H型正号机构，即基本构件为两个中心轮(2K)和一个系杆(H)，且转化机构的传动比大于零。行星轮系的传动比为

$$i_{H4}=1/\left(1-\frac{z_1 z_3}{z_2 z_4}\right)$$

当H输入时可获得大传动比，可达几千甚至上万。但随传动比的增加，效率急剧下降，不宜用于动力传动，适于短期工作，只能用于H主动的减速传动。若轮4主动、系杆从动，则会产生自锁。

2K-H型行星轮系主要用于传递运动的装置中，如轧钢机及冲床的指示器、机床的进给机构或仪表中。图8-14所示为万能刀具磨床工作台横向微动进给装置，齿轮4的轴连接丝杠，传动至工作台。系杆H上装有手柄，摇动手柄，通过轮系、丝杠使工作台作微量进给。

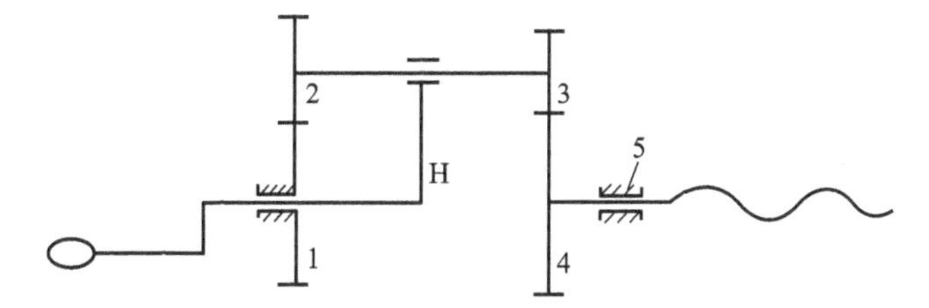

图8-14　2K-H型行星轮系

2)2K-H型差动轮系

图8-15所示的轮系中，两个中心轮1、3均为活动构件，其基本构件为两个中心轮和1个系杆，属于2K-H型差动轮系。当系杆H为运动输出构件时，$n_H=(n_1+z_3n_3/z_1)/(1+z_3/z_1)$，即行星架的转速是轮1、3转速的合成。

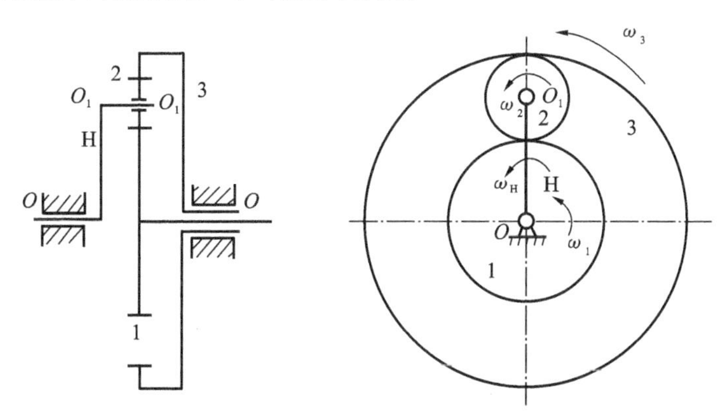

图8-15　2K-H型差动轮系

3)3K型周转轮系

图8-16所示为用于车床电动三爪自定心卡盘的行星减速装置。电动机带动齿轮1转动，通过一行星轮系带动内齿轮4转动，从而使内齿轮4右端面上的阿基米德螺旋槽转动，驱动三个卡爪径向移动，以夹紧或放松工件。该轮系中，双联行星轮2-2′分别与三个中心轮1、3、4相啮合，其基本构件为三个中心轮，且中心轮3固定，所以称为3K型周转(行星)轮系。该轮系

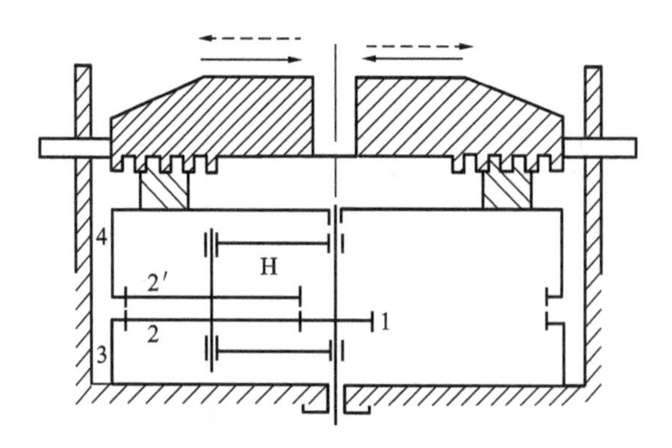

图 8-16　3K 型周转轮系

传动比 $i_{14}=(1+z_3/z_1)/(1-z'_2z_3/(z_4z_2))$，当 $z_2\to z_2{}'$、$z_3\to z_4$ 时，$i_{14}\to\infty$。因此，该轮系可用于实现大传动比。

4)摆线针轮机构

图 8-17 中，构件 1 为针轮，z_1 个圆柱针销均匀地分布在以 O_1 为圆心的圆周上；2 为摆线行星轮，回转中心为 O_2，齿数为 z_2，其轮廓曲线为变态外摆线；H 为系杆，3 为输出机构。摆线针轮机构仅有一个太阳轮、一个行星架和一根带有输出装置的输出轴，因此属于 K-H-V 型行星轮系。其传动比 $i_{HV}=i_{H2}=\dfrac{n_H}{n_2}=-\dfrac{z_2}{z_1-z_2}$。由于 $z_1-z_2=1$，故 $i_{HV}=-z_2$。

摆线针轮机构的优点是传动比大，结构紧凑，效率高，以及承载能力高，但加工工艺复杂，成本高。

5)谐波齿轮机构

谐波齿轮机构如图 8-18 所示，构件 1 为具有 z_1 个齿的内齿刚轮，构件 2 为具有 z_2 个齿的外齿柔轮，H 为波发生器。谐波齿轮机构也属于 K-H-V 型行星轮系。通常 H 为主动件，而刚轮和柔轮之一为从动件，另一个为固定件。当 H 装入柔轮后，迫使柔轮变形为椭圆，椭圆长轴两端附近的齿与刚轮的齿完全啮合，短轴附近的齿与刚轮的齿完全脱开。至于其余各处，或处于啮入状态，或处于啮出状态。当 H 转动时，柔轮的变形部位也随之转动，柔轮与刚轮之间就产生了相对位移，从而传递运动。

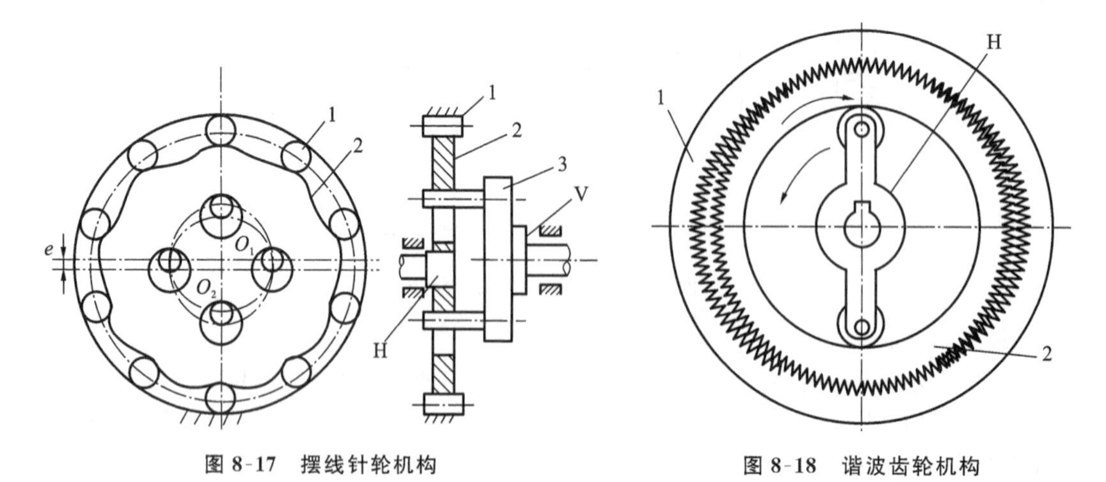

图 8-17　摆线针轮机构　　图 8-18　谐波齿轮机构

当刚轮1固定、H主动、柔轮2从动时，传动比 $i_{H2}=\frac{n_H}{n_2}=-\frac{z_2}{z_1-z_2}$，主、从动件转向相反；当柔轮2固定、H主动、1从动时，传动比 $i_{H1}=\frac{n_H}{n_1}=\frac{z_1}{z_1-z_2}$，主、从动件转向相同。

3. 复合轮系

1)定轴轮系与周转轮系组成复合轮系

图8-19所示为蜗轮螺旋桨发动机主减速器的传动简图。齿轮1、2、3和系杆H组成一个2K-H型差动轮系，齿轮3′、4、5组成一个定轴轮系。定轴轮系将差动轮系的内齿轮3和系杆H的运动联系起来，构成了一个自由度为1的封闭差动轮系。差动轮系采用了三个行星轮2均匀分布的结构，定轴轮系有五个中间惰轮4，图中均只画了一个。动力由中心轮1输入后，由系杆H和内齿轮3分成两路输往左部，最后在系杆H与内齿轮5的接合处汇合，输往螺旋桨。由于功率是分路传递的，加上采用了多个行星轮均匀分布承担载荷，从而使整个装置在体积小、重量轻的情况下实现了大功率传递。

2)两个周转轮系组成复合轮系

在主动轴转速不变的条件下，从动轴可以得到若干种不同的转速，这种传动称为变速传动。图8-20所示的变速器中，由1、2、3、H和4、5、6、3(H)分别组成两套差动轮系。当通过制动器 A、B 分别固定中心轮3或6时，可使从动轴H得到两种不同的转速。这种变速器虽结构较复杂，但操作方便，可在运动中变速，目前已被广泛应用于各种车辆上。

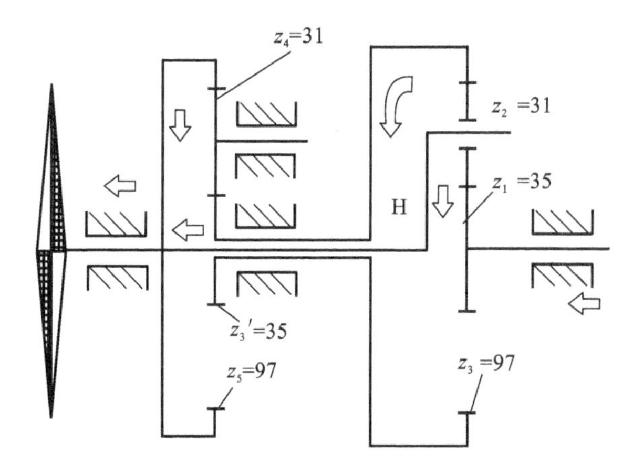

图8-19　蜗轮螺旋桨发动机主减速器的传动简图

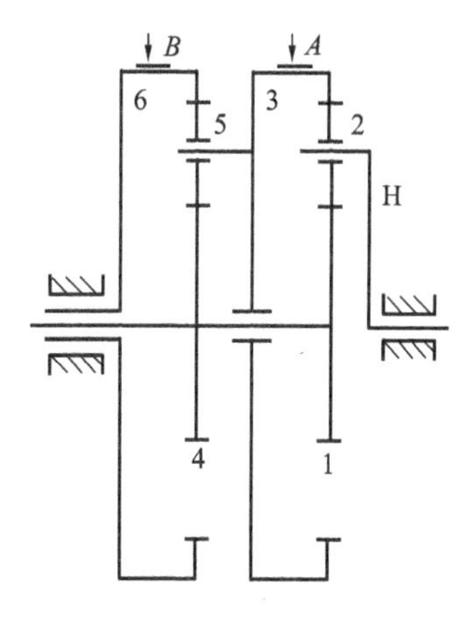

图8-20　两个周转轮系组成复合轮系

8.1.4　摩擦轮机构

摩擦轮机构主要由主动轮、从动轮、压紧装置等组成。

摩擦轮机构利用主、从动轮接触处的摩擦力来实现传动，其摩擦力的大小与传动轮间的相互压紧力的大小成正比。其优点是结构简单、制造容易；超载时轮间自动打滑，防止零件损坏，工作平稳，噪声小；缺点是要求相当大的压紧力，增加了零件的尺寸且磨损严重，可能产生相对滑动，使传动比得不到严格保证，承载能力低，效率较低。摩擦轮的材料，要求其摩擦系数大、耐磨损、弹性模量大。

摩擦轮机构一般用于低速、轻负荷的场合，在轻工、包装机械、电子工业中应用较多，如电子仪器中的手动微调摩擦轮。

1. 圆柱摩擦轮机构

圆柱摩擦轮机构可传递平行轴间的运动。如图 8-21(a)所示为外切形式，两轮圆柱面外切作纯滚动，无滑动时传动比为 $i_{12}=n_1/n_2=-R_2/R_1$。式中：R_1 和 R_2 为两轮半径。图 8-21(b)所示为内切形式，传动比 $i_{12}=+R_2/R_1$。两轮间的压紧力 Q 可由压紧弹簧或附加重量产生。

$$Q\geqslant\frac{M_1k}{fR_1}=\frac{M_2k}{fR_2}$$

式中：M_1 和 M_2 为作用在轮 1 和轮 2 上的力矩；f 为滑动摩擦系数；k 为传动安全系数，取 1.5～2.0。图 8-21(c)所示为行星轮系式的摩擦轮机构，轮 1 为主动中心轮，轮 2 为行星轮，件 4 为行星架 H，轮 3 为固定中心轮。当不计滑动率时，传动比 $i_{1H}=1+\frac{R_3}{R_1}$，其中 R_1 和 R_3 分别为轮 1 和轮 3 的半径。

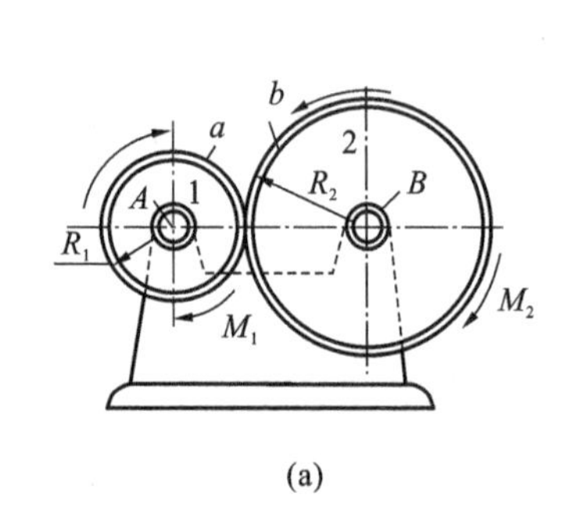

(a)

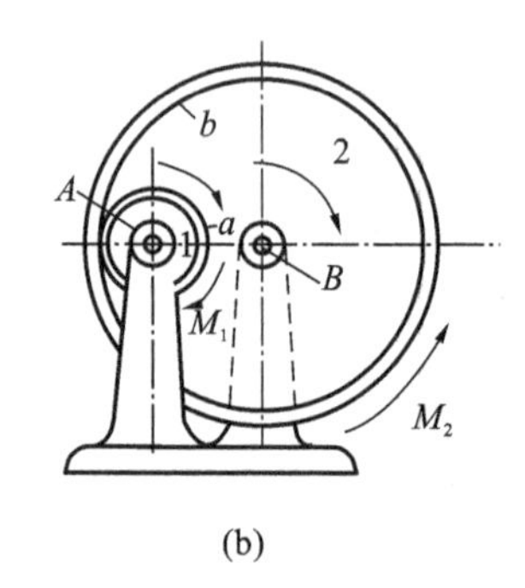

(b)

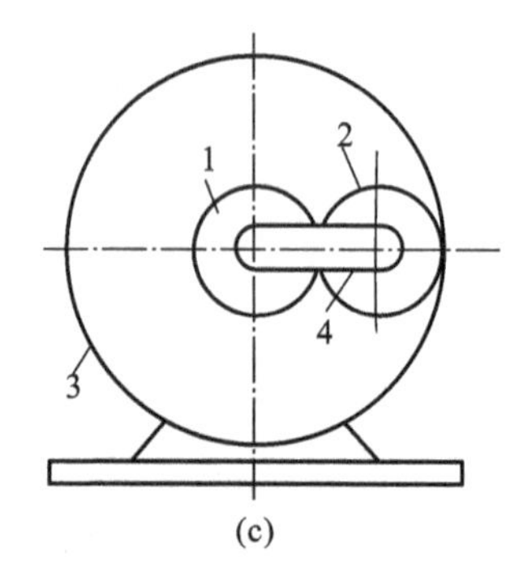

(c)

图 8-21　圆柱摩擦轮机构

2. 圆锥摩擦轮机构

圆锥摩擦轮机构(图 8-22)可传递相交轴间的运动。两轮锥面相切并作纯滚动，不考虑滑动时，传动比 $i_{12}=\frac{n_1}{n_2}=\frac{\sin\delta_2}{\sin\delta_1}$。其中：$\delta_1$ 和 δ_2 分别为两轮的圆锥角。两轮的轴向压紧力 $Q_1\geqslant\frac{M_1\sin\delta_1}{fR_1}k$，$Q_2\geqslant\frac{M_2\sin\delta_2}{fR_2}k$。其中：$R_1$ 和 R_2 分别为接触面中点半径；M_1、M_2 为作用在两轮上的力矩；f 为滑动摩擦系数；k 为安全系数。

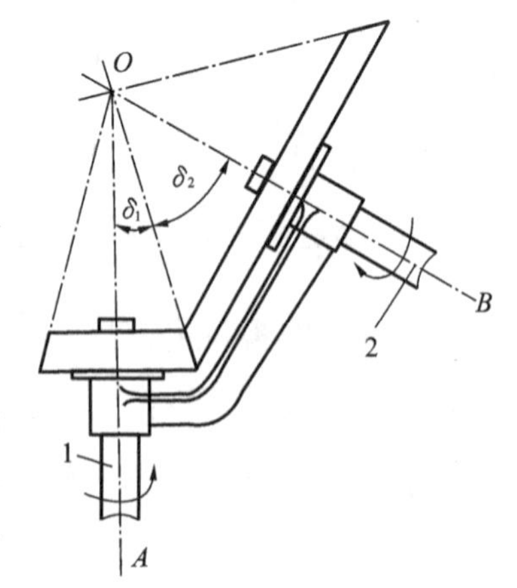

图 8-22　圆锥摩擦轮机构

3. 带内滚轮的摩擦轮机构

图 8-23 所示摩擦轮机构中，双臂曲柄 1 的两端铰接两个滚轮 3，带动从动摩擦轮 2 作同向匀速运动。传动比 $i_{12}=n_1/n_2=3/2$。滚轮中心 A、B 相对轮 2 的轨迹 γ 为摆线，圆盘 2 的内侧曲线 β 是 γ 的等距线。该机构中的中心距 O_1O_2 如果太大，γ 曲线将产生交叉点，O_1O_2 的最大值为 $O_1A/2$。

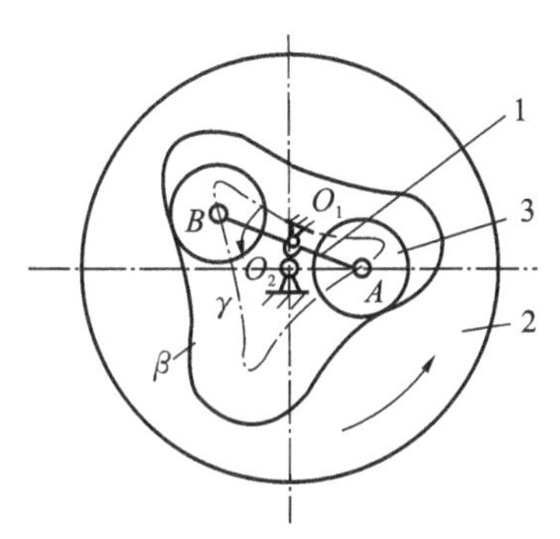

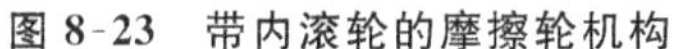
图 8-23　带内滚轮的摩擦轮机构

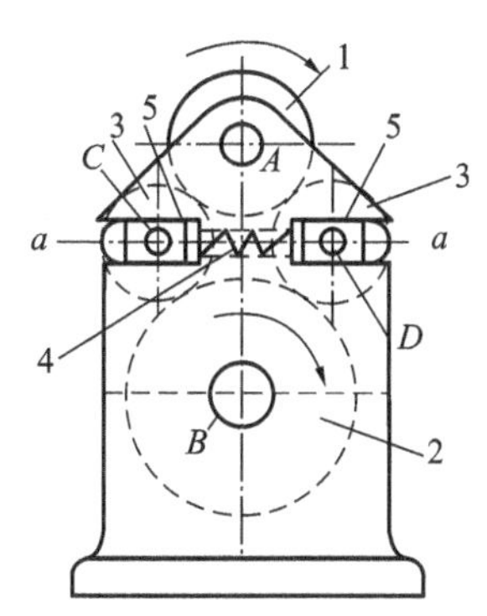

图 8-24　带中间滚轮的摩擦轮机构

4. 带中间滚轮的摩擦轮机构

图 8-24 所示机构中，主动轮 1 通过中间滚轮 3 带动从动轮 2 运动，传动比 $i_{12}=\dfrac{n_1}{n_2}=+\dfrac{R_2}{R_1}$。两个中间滚轮 3 一方面改变了从动轮的转向，同时起着压辊的作用，它们与各自的滑块 5 铰接于 C、D 点，两滑块在固定导槽 a—a 内，由弹簧 4 连接，使轮 3 在与轮 1、轮 2 接触处产生压紧力。

8.1.5　带传动机构

如图 8-25 所示，带传动机构一般由主动带轮 1、从动带轮 2 和紧套在两轮上的挠性件（带或绳）组成，有的还有控制张紧力的装置。

带以一定的预紧力套在两轮上，在运转时产生足够的摩擦力。主动带轮 1 匀速转动，靠摩擦力带动挠性件，挠性件又通过摩擦力带动从动带轮 2 匀速转动。传动比 $i_{12}=n_1/n_2=\pm[R_2/R_1(1-\varepsilon)]$，其中：$R_1$ 和 R_2 分别为两轮半径；ε 为滑动率，通常 $\varepsilon=0.01\sim0.02$。当传递的载荷超过摩擦力的极限值时发生打滑。

带传动可实现中心距较大两轴间的传动。根据带卷绕方式的不同可分为：开口传动（图 8-25(a)），其两轮转向相同，两轴平行；交叉传动（图 8-25(b)），其两轮转向相反，两轴平行；半交叉传动（图 8-25(c)），其两轴交错。带传动结构简单，维护方便，成本低廉，冲击力小，传动平稳，噪声小，过载时打滑，有安全保护作用；缺点是打滑现象致使传动比不恒定，传动效率低，寿命较短，轴和轴承上所受压力较大。

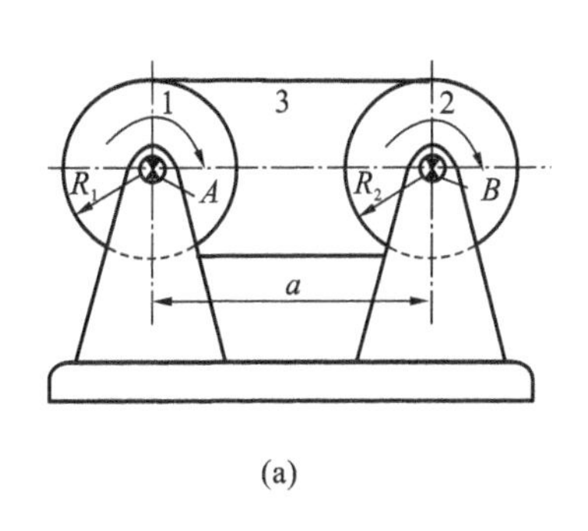

(a)

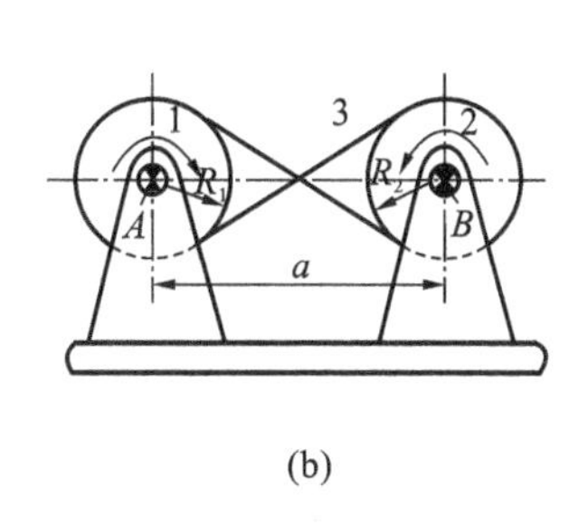

(b)

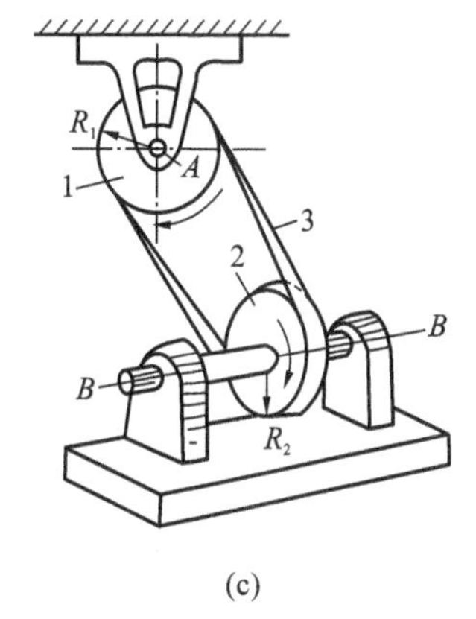

(c)

图 8-25　带传动机构

带传动机构的应用相当广泛。带的截面形状不同，其应用范围不同。图 8-26(a)所示的平带常用于物流传输机械。图 8-26(b)所示的 V 带适用于开口传动、带轮直径较小或转速较高场合，常用于电动机后的第一级减速。图 8-26(c)所示圆带结构简单，可用于交叉或半交叉传动，适用于中心距较短、传动比不大、中低速的小功率传动场合，如用于缝纫机传动。图 8-26(d)所示棱形带用于录音机、仪器等。图 8-26(e)所示的多楔带具有平带和 V 带的特点，可取代多根 V 带，适用于要求传动结构紧凑的场合。图 8-26(f)所示的高速环形平带用于线速度很高且要求运转平稳性较高的场合。图 8-26(g)所示的同步齿形带因不依靠摩擦力、无滑差、预张紧力小、齿带薄，适用于要求传动比恒定、带轮直径小、线速度高的场合，因是啮合传动，也可用于一般带轮无法传动的低速场合。

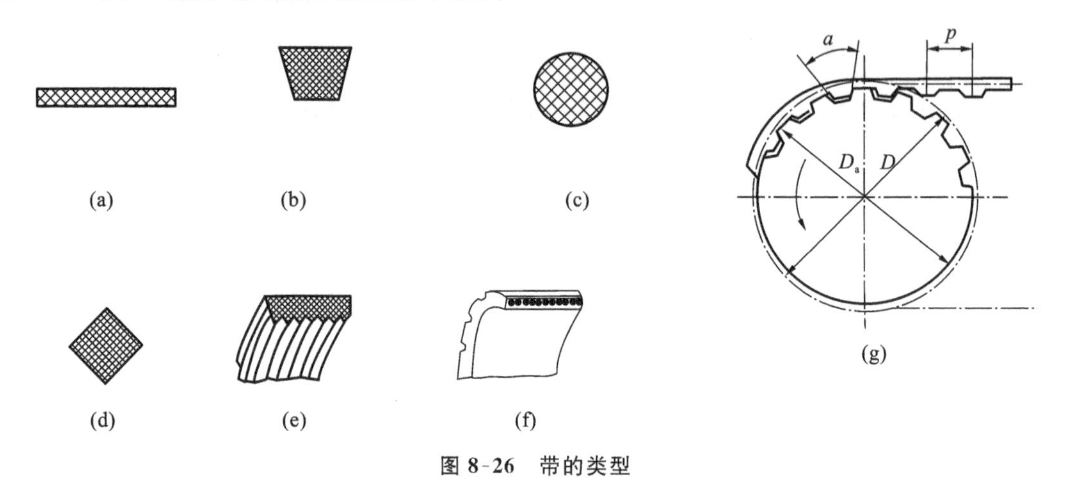

图 8-26　带的类型

8.1.6　链传动机构

链传动机构由链条和主、从动链轮组成，如图 8-27 所示。链条由刚性链节组成，应用最广的是图 8-27(b)所示的滚子链。链传动通过具有特定齿形的链轮齿和链条的链节啮合来传递运动和动力。平均传动比为定值，$i_{12}=n_1/n_2=z_2/z_1$；瞬时传动比呈周期性变化，$i_{12}=\dfrac{\omega_1}{\omega_2}=\dfrac{R_2\cos\beta}{R_1\cos\alpha}$。$\alpha$、$\beta$(图 8-27(a))随链节啮合位置变化。

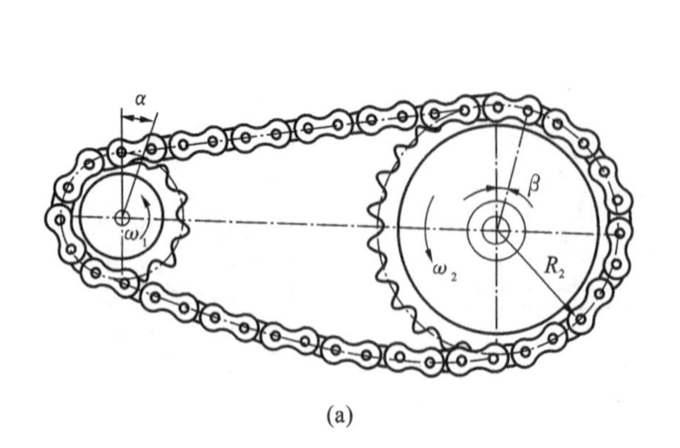

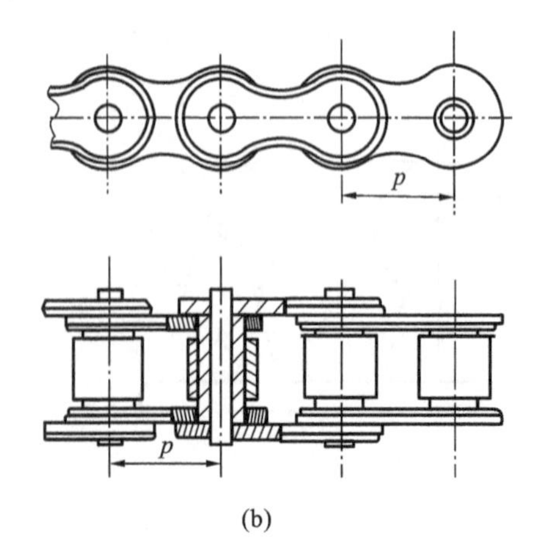

图 8-27　链传动机构

链传动多对齿同时啮合，承载能力大，传动效率高达 0.96～0.97，可实现中心距较大的两轴间的传动，但传动不平稳、有冲击、振动和噪声。链传动适用于低速、重载，可用于恶劣的工作环境，广泛应用于农业、轻工、化工、起重机械和各种车辆。传动链应用于一般机械，起重链用于提升重物，输送链用于物料运输。

8.2　非匀速转动机构

非匀速转动机构是指主动件匀速转动，而从动件非匀速转动的机构。常见的非匀速转动机构有连杆机构、非圆齿轮机构、挠性件机构及组合机构。

8.2.1　连杆机构

1. 不等长双曲柄机构

在图 8-28 所示的铰链四杆机构 $ABCD$ 中，各杆长度满足曲柄存在条件，且以最短杆 AD 为机架，连架杆 AB 和 CD 不等长，均能作整周转动，为不等长双曲柄机构。当主动曲柄 AB 以 ω_1 作匀速转动时，从动曲柄 CD 以 ω_3 作同向非匀速整周转动。运动没有死点，调整中心距可使 ω_3 发生相应变化。不等长双曲柄机构常用作变速传动的驱动机构。

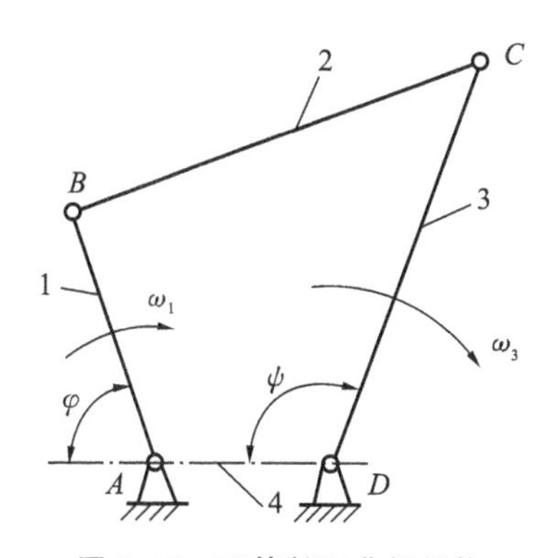

图 8-28　不等长双曲柄机构

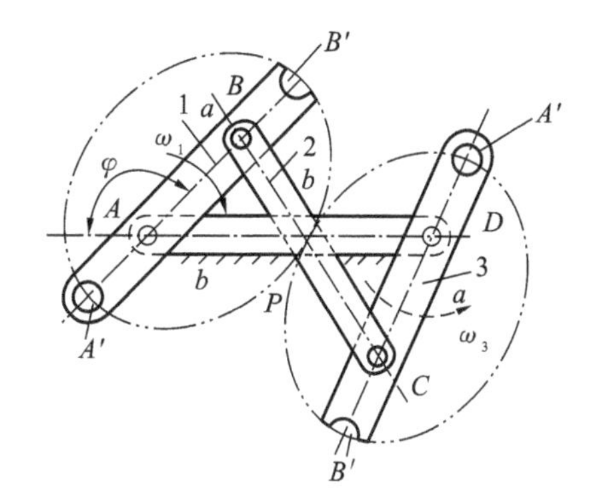

图 8-29　反平行四边形机构

2. 反平行四边形机构

图 8-29 所示的双曲柄机构中，杆长满足 $AB=CD=a$，$BC=DA=b$，$a<b$，按图示方式安装成反平行四杆机构。

主动曲柄 AB 以 ω_1 匀速转动时，从动曲柄 CD 以 ω_3 作反向非匀速转动。两个曲柄的运动相当于和它们固联的一对椭圆轮的纯滚动。

当曲柄 AB 与机架 AD 重合时(即 $\varphi=0°$或 $180°$时)，机构出现运动不确定状态，从动曲柄 CD 可能正转，也可能反转。可如图在曲柄沿椭圆长轴的一端装上圆销 A'，另一端制成圆弧匹槽 B'(或两端制成轮齿 A'和齿槽 B')，作为死点引出器，以保证从动曲柄转向不变。

机构的瞬时传动比为

$$i_{31}=-\frac{AP}{DP}=-\frac{b^2-a^2}{b^2+a^2-2ab\cos\varphi}$$

式中：P 点为两曲柄的速度瞬心。当 $\varphi=0°$时，$i_{31}=-(b+a)/(b-a)$为最大值；当 $\varphi=180°$时，$i_{31}=-(b-a)/(b+a)$为最小值；平均传动比 $i_{31}=-1$。

反平行四边形机构常用作联动机构、组合机床的专用夹具、拖车的转向机构和车门的启闭机构等。

3. 转动导杆机构

以曲柄滑块机构的曲柄 AC 为机架，且连杆$AB>AC$(图 8-30(a))，则 AB 杆作为曲柄并以 ω_1 等角速转动时，导杆 BC 作非匀速的整周转动，这种机构称为转动导杆机构。

转动导杆机构也可认为是由双曲柄机构演化而得的，故曲柄 AB 与导杆 BC 均可作整周转动，也都可作为主动件。当 AB 为主动件时，若不考虑摩擦，压力角为零，有很好的传力特性。机构有明显的急回特性，运动中无死点。当 AB 杆和机架 AC 的长度接近时，机构的运动特性不好，一般推荐$AB>2\,AC$。

利用从动件可作非匀速整周转动的特性，转动导杆机构常用作回转式柱塞泵、叶片泵、切纸机、旋转式发动机等。图 8-30(b)所示为三转动气缸的柱塞发动机，气缸 a、b、c 的气缸体绕 O 轴转动，杆 2、3 和 4 绕 A 轴转动，并推动活塞 5、6 和 7 相对气缸体移动，移动总行程 $s=2\,OA$。

转动导杆机构再接一个二级杆组 DE(图 8-30(c))，可将从动件设计成具有速度较慢的接近于等速的工作行程和速度较快的回程，常用于刨床和插床中。

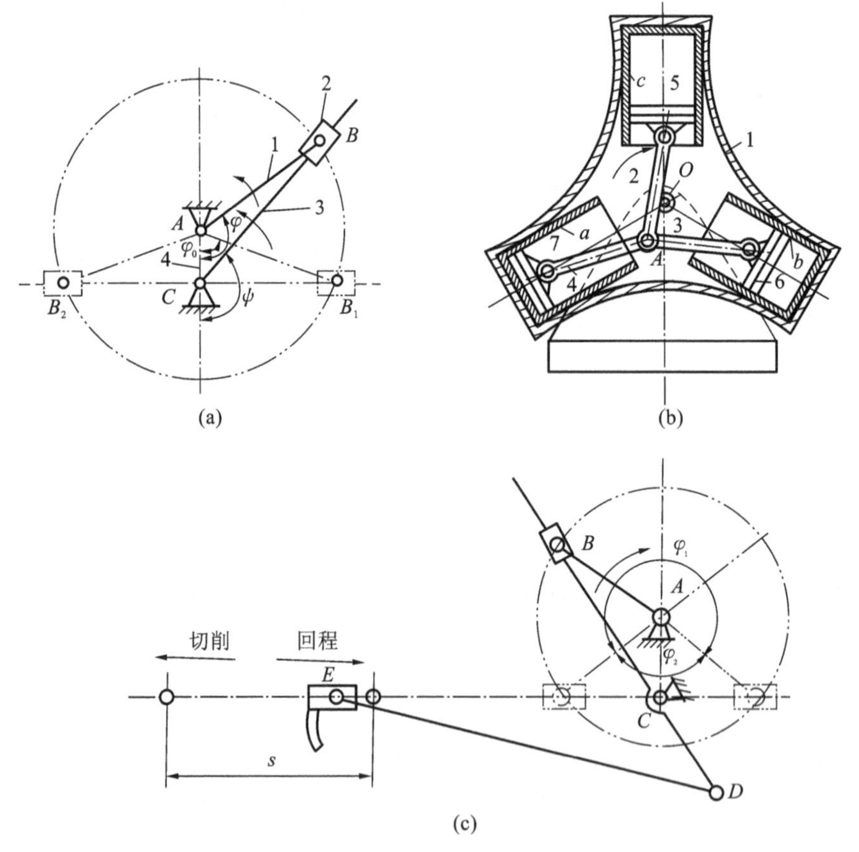

图 8-30　转动导杆机构

4. 单万向联轴器

单万向联轴器是空间球面四连杆机构，如图 8-31 所示，其端部为叉形的主动轴 1 和从动轴 3 分别与机架 4、十字头连杆 2 组成三组轴线互相垂直的转动副 A 和 B、C 和 D、B 和 C，且轴线均相交于十字头的中心 O，轴 1 和轴 3 所夹锐角为 α。

当主动轴 1 匀速转动一周时，从动轴 3 非匀速转动一周，即两轴平均转速相等而瞬时角速

度并不时时相等，传动比为

$$i_{31}=\frac{\omega_3}{\omega_1}=\frac{\cos\alpha}{1-\sin^2\alpha\cos^2\varphi_1}$$

式中：φ_1 为主动轴 1 的转角。

在运转过程中 α 角略有变化时，传动不会中断，只会略影响 i_{31} 的大小。

单万向联轴器常用于机床、汽车、冶金设备等各种机械中。如轧钢机在轧钢过程中需经常调整轧辊的上、下位置，齿轮座轴线与轧辊轴线间的距离要经常变化，就需要用万向联轴器来作为中间传动装置。

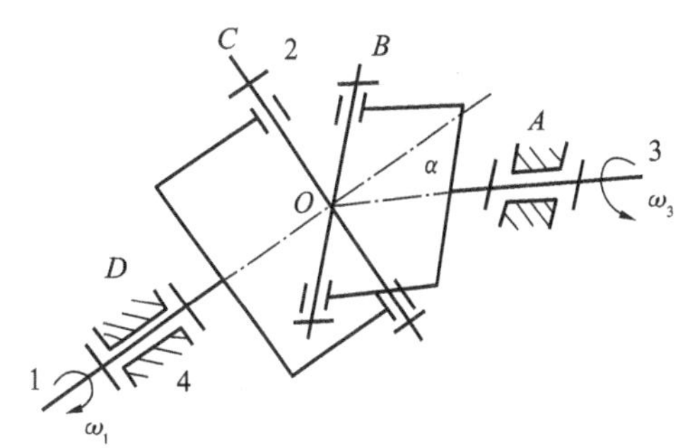

图 8-31　单万向联轴器

8.2.2　非圆齿轮机构

非圆齿轮机构是以非圆曲线为节线作无滑动纯滚动的机构，其节点在中心连线上以一定规律变动，实现变角速度的非匀速转动。节线一般有椭圆、卵形曲线、偏心圆及其共轭曲线等类型。

与连杆机构相比，非圆齿轮机构结构紧凑、容易平衡。由于数控机床的发展，非圆齿轮的加工成本大大下降，现已广泛应用于机床、自动化设备、印刷机、纺织机械、仪器及解算装置中，作为自动进给机构或用以实现函数关系，改善运动和动力性能。

1. 椭圆齿轮机构

椭圆齿轮机构的节线为两个相同的椭圆，如图 8-32 所示，其长轴为 $2c$，短轴为 $2b$，焦距为 $2e$，偏心率 $\lambda=e/c$。两个椭圆齿轮均以焦点为回转中心，中心距 $a=2c$。

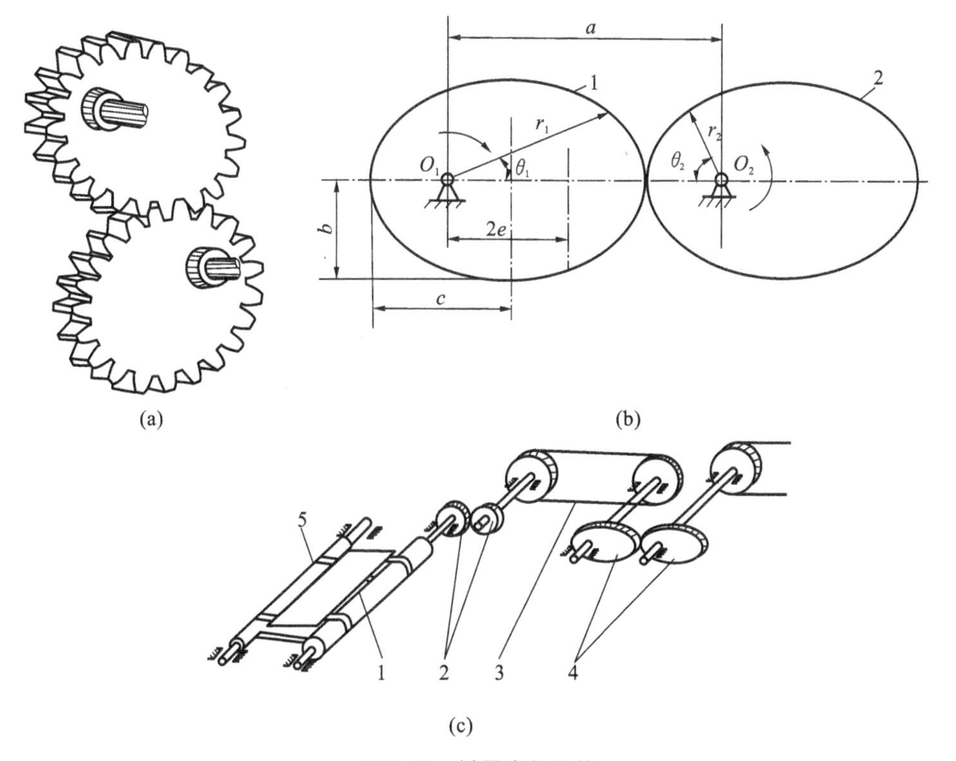

图 8-32　椭圆齿轮机构

椭圆齿轮机构传动时以椭圆节线作纯滚动，节线方程式为

$$\begin{cases} r_1 = \dfrac{c(1-\lambda^2)}{1-\lambda\cos\theta_1} \\ r_2 = \dfrac{c(1-2\lambda\cos\theta_1+\lambda^2)}{1-\lambda\cos\theta_1} \end{cases}$$

式中：r_1、r_2 为向径；θ_1 为极角。传动比为

$$i_{21} = \frac{\omega_2}{\omega_1} = \frac{r_1}{r_2} = \frac{1-\lambda^2}{1-2\lambda\cos\theta_1+\lambda^2}$$

从动轮 2 作非匀速转动，转速的不均匀系数

$$\delta = \frac{\omega_{2\max}-\omega_{2\min}}{\omega_m} = \frac{4\lambda}{1-\lambda^2}$$

式中：ω_m 为平均角速度。

椭圆齿轮机构的传动比按一定规律周期性变化，偏心率 λ 越大，不均匀系数也越大，传动比的变化也越剧烈。

椭圆齿轮机构常与其他机构组合，用于改变传动的运动特性、改善动力条件或要求从动件按一定规律变化的场合，如用于毛纺机械的混条机中作卷取成形机构，用于卧式压力机中作急回机构，用于印刷机械的书心联动机中作传动机构。图 8-32(c)所示为椭圆齿轮机构用于滚筒式平压印刷机中作变速机构，带动滚筒 1 送进纸张，使纸张在进入印刷滚筒 5 之前送进速度小，以便于对位和避免纸张被压皱，进入滚筒 5 后，送进速度加快至近似于滚筒 5 的圆周速度。

2. 卵形齿轮机构

如保持椭圆的向径长度不变，而将其极角缩小整数倍时，椭圆曲线即变为卵形曲线。图 8-33(a)所示的卵形齿轮机构的节线为两个相同的卵形曲线，其长轴为 $2c$，短轴为 $2b$。以其几何中心为回转中心，中心距 $a=b+c$。卵形齿轮机构传动时按卵形曲线作纯滚动，向径 r_1 与极角 θ_1 的关系为 $r_1=2bc/[c+b+(c-b)\cos 2\theta_1]$。主动齿轮 1 转动一周，传动比 i_{21} 周期性地变化 2 次。

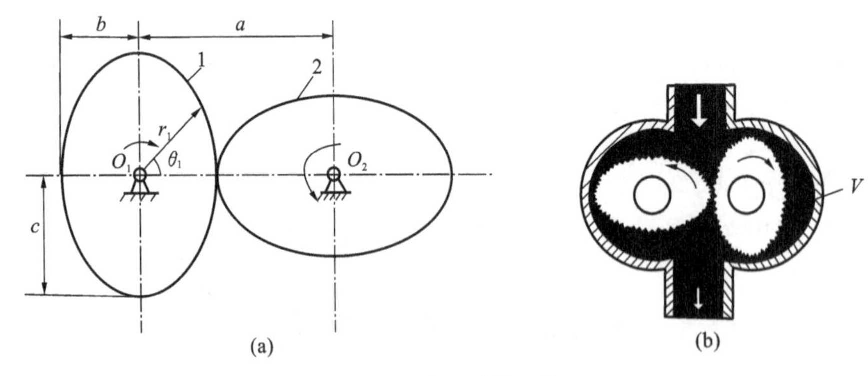

图 8-33　卵形齿轮机构

因以几何中心为回转中心，故机构有较好的平衡性。

卵形齿轮机构常用于仪器仪表中。如用于图 8-33(b)所示的液体流量计中，卵形齿轮因液体在入口端和出口端的压力差产生回转，周期性地隔断、空出壳体的内圆柱面与齿轮外表面间所包围的容积 V，一对齿轮转动一周液体流出 $4V$ 体积，根据齿轮转速即可测得流量。

8.2.3　组合机构

1. 挠性件-连杆机构

如图 8-34 所示的挠性件-连杆机构是由曲柄摇杆机构和链传动机构组合而成的双自由度机构。主动链轮 1 匀速转动，通过链条 7 带动从动链轮 3、4 转动，同时主动曲柄盘 2 通过连杆 6 使摇杆 5 作往复摆动，从而使回转中心随摇杆 5 运动的链轮 4 得到一个附加转动，使从动链轮 4 的复合运动为一变速运动。调节杆 2 和杆 6 的长度还可改变轮 4 的输出。该机构可用于轻工机械中，用来驱动送料的滚轮。

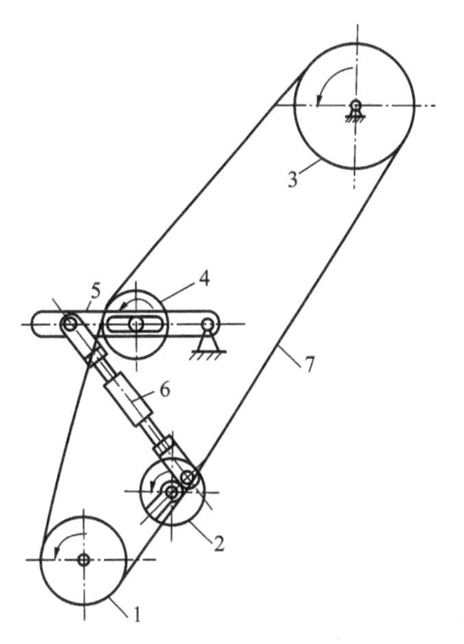

图 8-34　挠性件-连杆机构

2. 齿轮-连杆机构

齿轮-连杆机构由连杆机构和周转轮系组成，如图 8-35 所示。图 8-35(a)所示的齿轮-连杆机构由四杆机构 $ABCD$ 与齿轮 2、4 组合而成，行星轮 2 与连杆 BC 固连、主动件 1 和输出构件中心轮 4 的回转中心共轴线 A。图 8-35(b)所示为由曲柄摇杆机构 $ABCD$ 与齿轮 1、5、4 组成的齿轮-连杆机构。齿轮 1 与主动曲柄 AB 固连，绕 A 轴转动，齿轮 5、4 分别空套在 C、D 轴上。

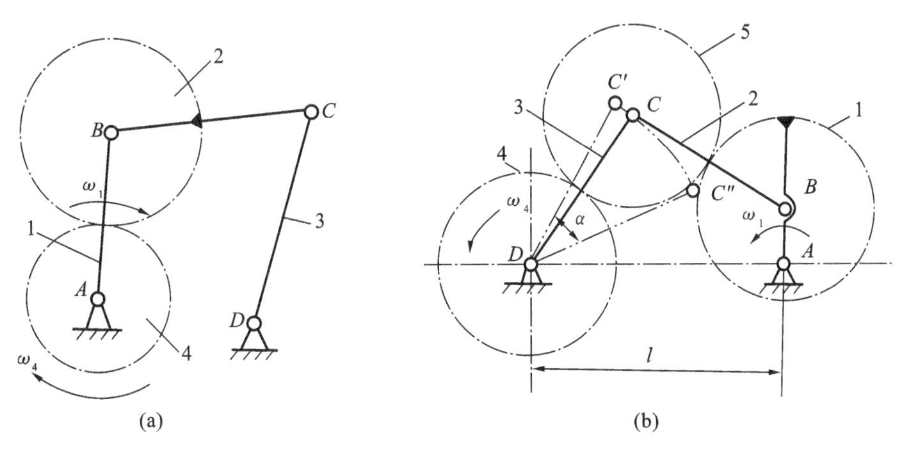

图 8-35　齿轮-连杆机构

在图 8-35(a)所示机构中，主动件 1 以 ω_1 匀速转动，通过连杆 BC 带动行星轮 2，使从动轮 4 以 ω_4 作非匀速转动

$$\omega_4=\omega_1\left(1+\frac{z_2}{z_4}\right)-\frac{\omega_2 z_2}{z_4}$$

在图 8-35(b)所示机构中，主动件 1 以 ω_1 匀速转动时，通过连杆 BC、齿轮 5 带动从动轮 4 以 ω_4 作非匀速转动，ω_4 由三个运动复合而成

$$\omega_4=\left(1+\frac{z_5}{z_4}\right)\omega_3-\frac{z_5}{z_4}\left(1+\frac{z_1}{z_5}\right)\omega_2+\frac{z_1}{z_4}\omega_1$$

合理选择各构件尺寸，可使从动件 4 的输出实现复杂的运动规律，可作非匀速正向转动、瞬时逆转或停歇等。若将机架 AD 的长度做成可调式，则在齿轮齿数比和各构件长度确定后，

仍可改变轮 4 的输出。齿轮-连杆机构主要用于需要实现复杂运动规律的自动机中。

8.3 往复移动机构

往复移动机构的作用是将原动机的连续回转运动或摆动转化为往复直线运动。能够实现往复移动的机构主要有曲柄滑块机构、移动导杆机构、正弦机构、正切机构等。另外,移动凸轮机构、齿轮齿条机构、螺旋机构也能实现往复移动。

8.3.1 曲柄滑块机构

曲柄滑块机构被广泛用于内燃机、空压机及冲床等机械中,按照滑块运动导路是否穿过曲柄回转中心可分为对心式(图 8-36(a))和偏置式(图 8-36(b))两种。设计过程中应该主要考虑滑块的行程 H 是否满足工作要求,以及曲柄存在的杆长条件是否满足。

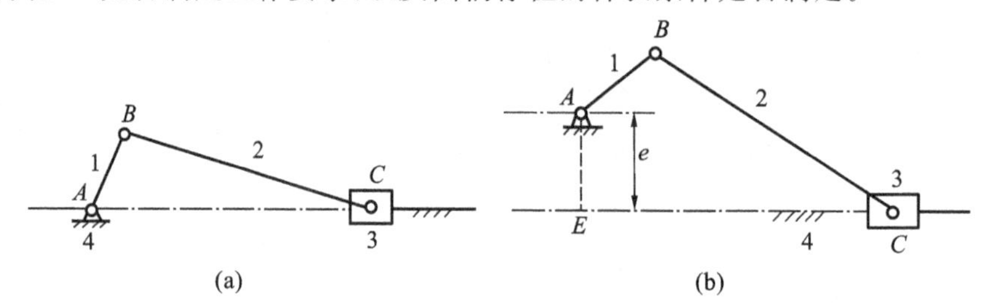

图 8-36 曲柄滑块机构

曲柄滑块机构的滑块最大行程 H 可按下式进行计算

$$H=\sqrt{(b+a)^2-e^2}-\sqrt{(b-a)^2-e^2}$$

曲柄存在的杆长条件为

$$a\leqslant b-e$$

式中:a 为曲柄 1 的长度;b 为连杆 2 的长度;e 为偏距(若 $e=0$,则该曲柄滑块机构为对心式)。

偏置式曲柄滑块机构具有急回特性,且当曲柄长度 a 或者偏距 e 增加时急回特性也趋于明显。若运动机构要求有急回特性可考虑使用该机构,而在使用偏置式曲柄滑块机构时一定要避免最大压力角 α_{max} 出现在滑块的工作行程,即偏置方向要正确。这里介绍一种简单判断偏置方向是否正确的方法:如图 8-36(b)所示,过曲柄回转中心 A 作滑块上铰链中心 C 的移动方位线的垂线,将其垂足 E 视为曲柄上的一点,则当 v_E 与滑块的工作行程方向一致时,说明主动件曲柄的转向及滑块的偏置方位选择是正确的;否则,应重新设计。

如图 8-37 所示的两个偏置式曲柄滑块机构中,一为上偏置式(图 8-37(a)),一为下偏置式(图 8-37(b)),滑块均向右工作,则根据上述方法可以确定上偏置式曲柄以顺时针旋转为宜,下偏置式曲柄以逆时针转动为宜。

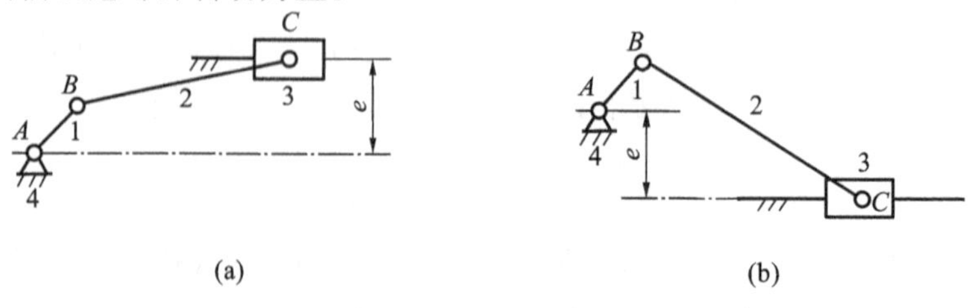

图 8-37 偏置式曲柄滑块机构

8.3.2　移动导杆机构

移动导杆机构主要用于抽水机构(手摇唧筒),如图 8-38(a)所示。其中连杆 1 为主动件,两连架杆 2、4 为从动件。工作时通过上下压动手柄(构件 1),使活塞杆(构件 4)往复移动从而将水从地下抽上来。移动导杆机构运动简图如图 8-38(b)所示。

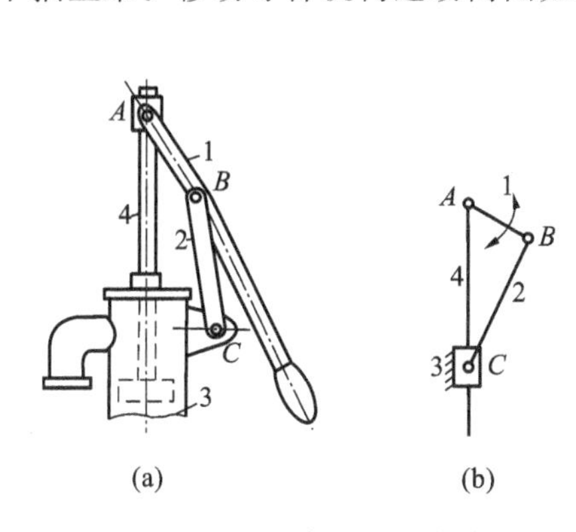

图 8-38　移动导杆机构及其应用

(a)手摇唧筒;(b)移动导杆机构

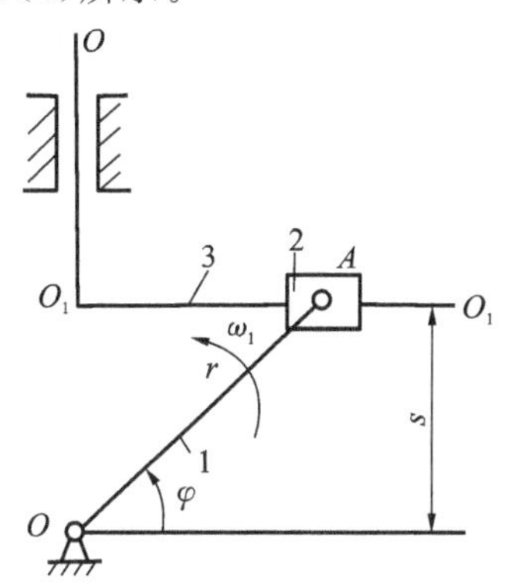

图 8-39　正弦机构

8.3.3　正弦机构

正弦机构主要用于缝纫机的下针机构、机床变速机构等机构中,如图 8-39 所示。其导杆 3 的位移 s 为

$$s = r\sin\varphi$$

当 $\varphi=90°$ 和 $\varphi=270°$ 时,导杆处于两极限位置,行程 $H=2r$。工作时,曲柄 1 作连续回转运动,从动件 3 作往复移动。应该注意的是此机构中连杆演化成了一个滑块,而不是通常的“杆件”了。

8.3.4　正切机构

正切机构能将构件 1 的摆动通过两个铰接的滑块直接转换成构件 3 的移动,如图 8-40 所示,结构十分紧凑。其位移与导杆摆角的关系为

$$s = H\tan\varphi$$

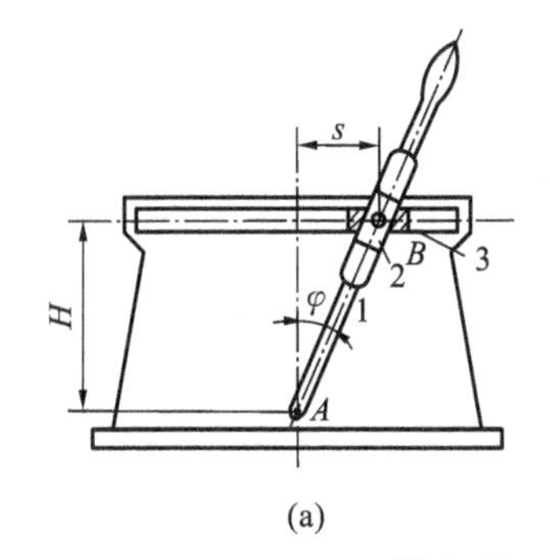

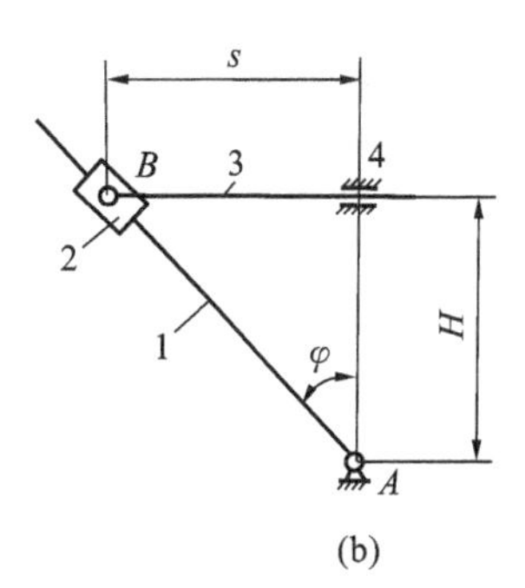

图 8-40　正切机构及其应用

(a)手柄操作机构;(b)正切机构

8.3.5　凸轮机构

凸轮机构具有结构简单、紧凑、设计方便、可精确实现任意运动规律等优点，普遍用于发动机气门启闭机构、送料机构、刀具进给机构中。但是由于从动件与凸轮是高副接触，故其有润滑不便、磨损较快的缺点，另外在从动件工作过程中多有冲击现象的存在。因此，凸轮机构常用于运动复杂、速度不高、传力不大的场合。

根据凸轮的形状，能实现往复移动的凸轮机构所用的凸轮分为盘形凸轮、圆柱凸轮、移动凸轮，如图 8-41 所示。

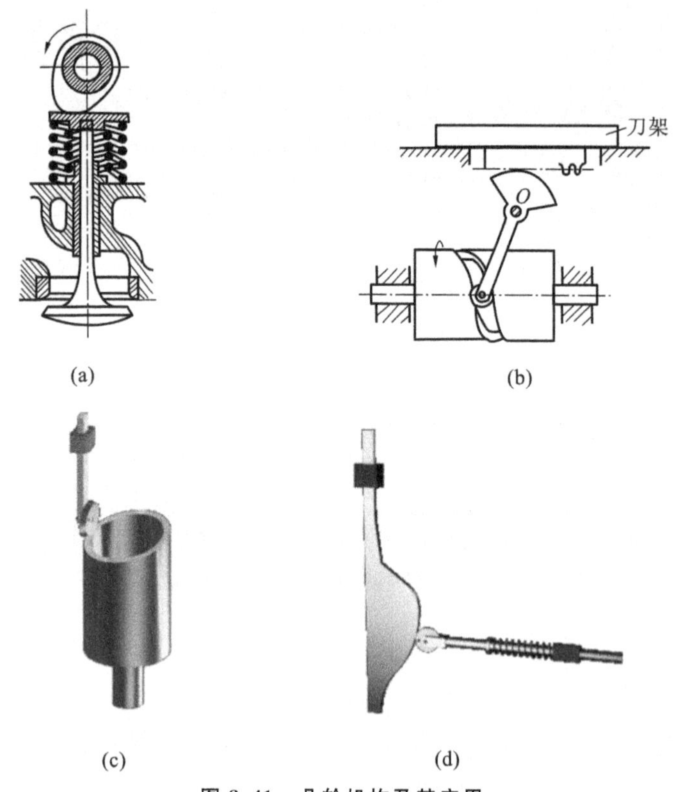

图 8-41　凸轮机构及其应用

(a)盘形凸轮；(b)圆柱凸轮；(c)端面凸轮；(d)移动凸轮

平底从动件盘形凸轮机构(见图 8-41(a))由于其压力角 $\alpha=0^\circ$ 而具有良好的传力性能，所以在需要减小压力角或者载荷较大的场合可以考虑使用平底凸轮。

8.4　往复摆动机构

各种机械中常见的往复摆动机构以连杆机构居多，主要有曲柄摇杆机构、双摇杆机构、摆动导杆机构、曲柄摇块机构等。

8.4.1　曲柄摇杆机构

曲柄摇杆机构是铰链四杆机构的基本形式，其特征是两连架杆一为曲柄，一为摇杆。在设计时应注意曲柄的存在条件、急回特性、死点以及最小传动角等问题。另外，曲柄摇杆机构也可根据摇杆处于两极限位置时活动铰链 C 的极限位置连线 C_1C_2 是否穿过曲柄回转中心分为对心式(见图 8-42)和偏置式(见图 8-43)。

图 8-42 所示为对心式曲柄摇杆机构运动简图，由图可知该机构极位夹角 $\theta=0°$，所以没有急回运动，可根据工作需要选用该机构。

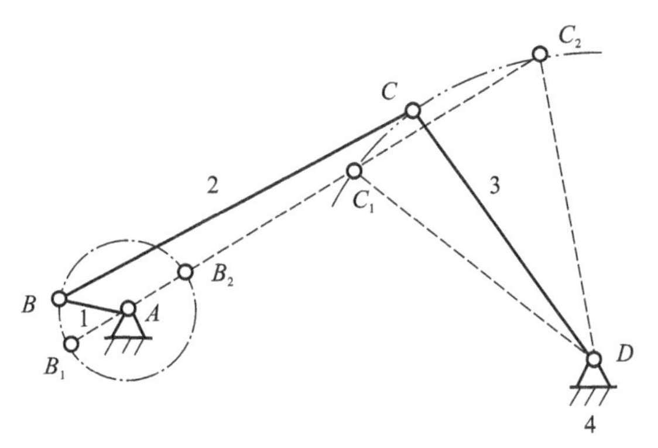

图 8-42　对心式曲柄摇杆机构

图 8-43 所示为两种偏置式的曲柄摇杆机构，图 8-43(a)所示为上偏置式，图 8-43(b)所示为下偏置式。两种机构均有急回特性，但是同样要注意避免在工作行程中出现最大压力角，同时要保证最小压力角不小于许用值。

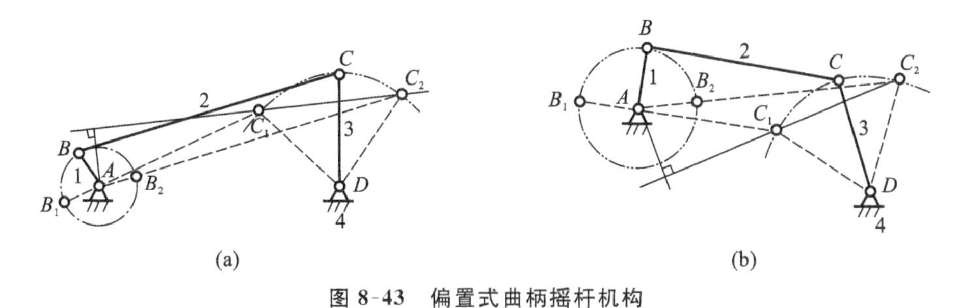

图 8-43　偏置式曲柄摇杆机构

8.4.2　双摇杆机构

双摇杆机构是铰链四杆机构的另外一种基本形式，其特征是两连架杆均为摇杆。当满足杆长条件且选择最短杆的对边为机架时或者不满足杆长条件时，可以得到双摇杆机构。这种机构可以利用连杆的不同位置进行工作，如图 8-44 所示的铸造大型铸件时使用的翻箱机构；也可以利用从动摇杆的摆动来工作，如图 8-45 所示的风扇摇头机构和图 8-46 所示的汽车前轮转向机构(等腰梯形机构)。

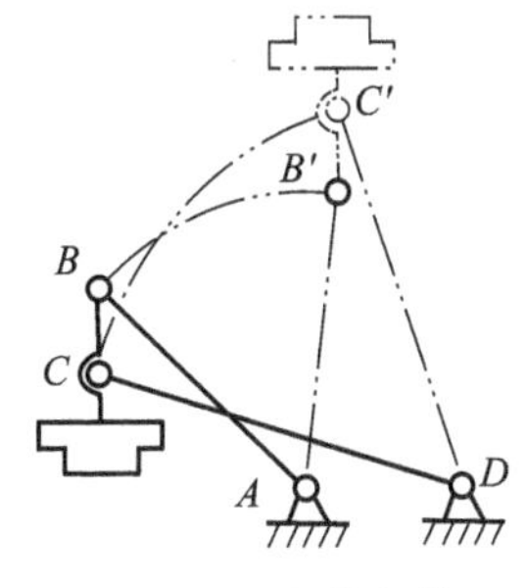

图 8-44　翻箱机构

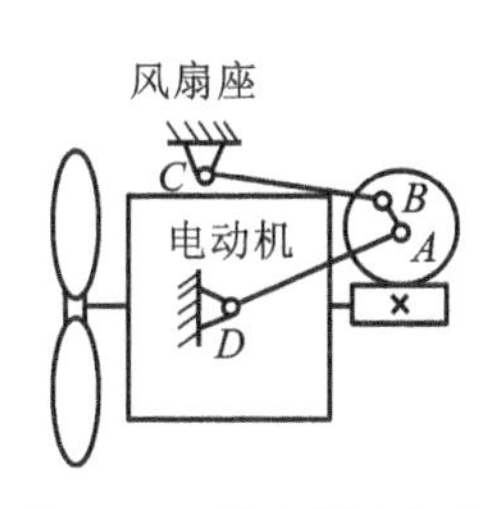

图 8-45　风扇摇头机构

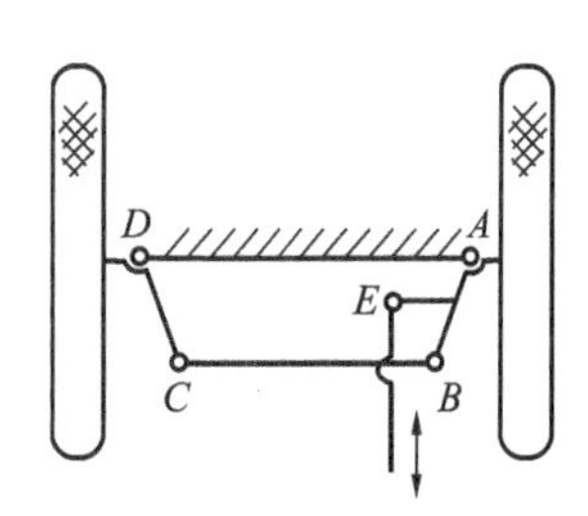

图 8-46　汽车前轮转向机构

另外，双摇杆机构中有不少利用死点进行工作的例子，如图 8-47 所示钳工用的手工夹紧机构，图 8-48 所示的飞机起落架机构。在设计时除了要保证机构在工作时处于死点位置之外，还应具体地考虑采取何种措施来保证死点位置可靠有效，而不会因外力、外力矩或是因为冲击、振动等因素使机构失去死点位置，从而导致机构失效或人员的伤害、财产的损失。

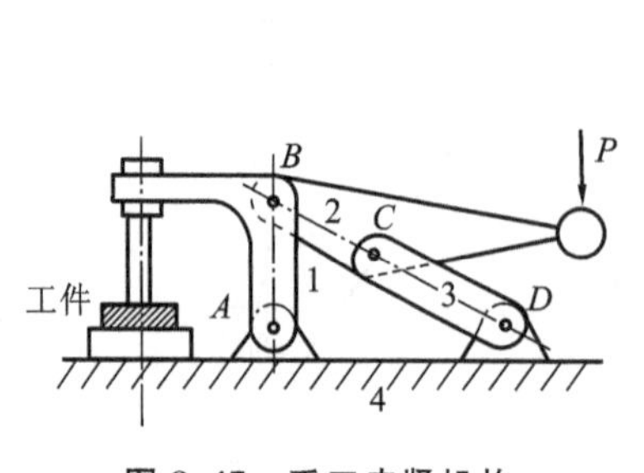

图 8-47　手工夹紧机构

图 8-48　飞机起落架机构

8.4.3　摆动导杆机构

摆动导杆机构是铰链四杆机构中常用的一种演化形式。如图 8-49 所示，此种机构设计简单，有急回特性，且极位夹角 θ 与导杆的摆角 ψ 相等，其值为

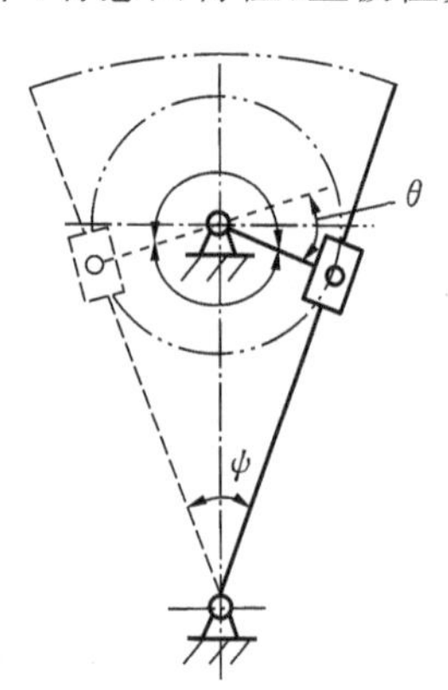

图 8-49　摆动导杆机构

$$\theta=\psi=2\arcsin\frac{a}{d}$$

式中：a 为曲柄长度；d 为机架长度。

另外，该机构具有很好的传力特性，在机构的任意位置均有传动角为 90°的关系。由于这一特性，摆动导杆机构常被用于对传力性能有严格要求的场合，如刨床执行机构。

图 8-50 所示为摆动导杆机构在刨床中的应用，图 8-50(a)所示为摆动导杆机构构成的牛头刨床执行机构；图 8-50(b)所示为一个六杆机构，为另一种结构形式的刨床执行机构，它可以被看成是一个转动导杆机构(由构件 1、2、3、4 组成)和一个对心式曲柄滑块机构(由构件 1、4、5、6 组成)的串联。

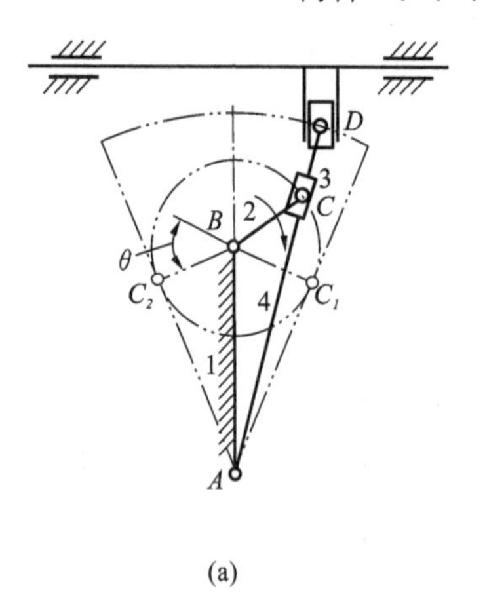

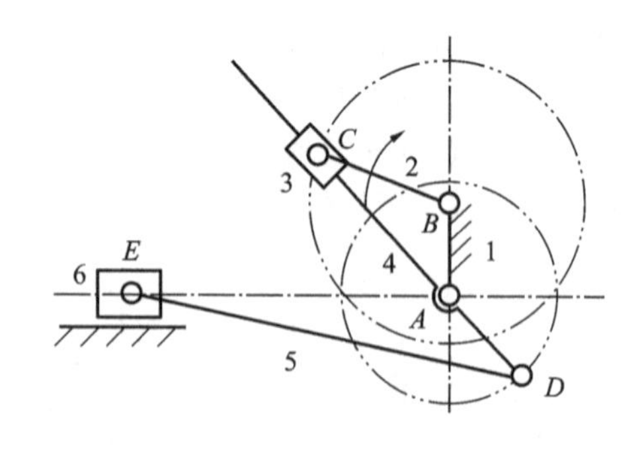

图 8-50　摆动导杆机构的应用

8.4.4　曲柄摇块机构

曲柄摇块机构如图 8-51 所示，也具有急回特性。若将摆动导杆机构中移动副的包容与被包容面互换即可得到曲柄摇块机构，所以也有 $\theta=\psi=2\arcsin(a/d)$ 的关系。图 8-52 所示的自卸货车的举升机构就是利用曲柄摇块机构来实现举升、卸货动作的。

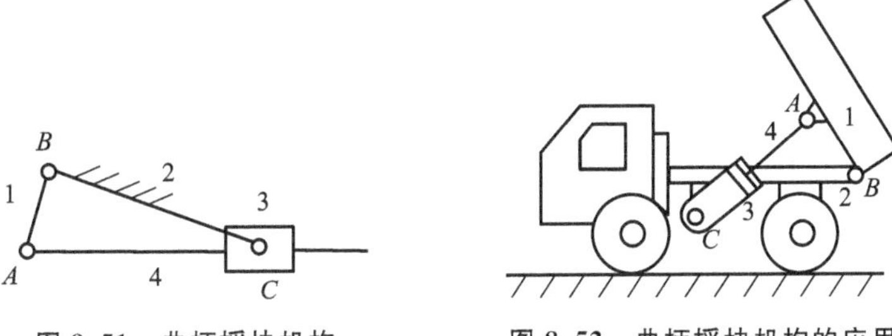

图 8-51　曲柄摇块机构　　图 8-52　曲柄摇块机构的应用

除了前面介绍的四种往复摆动机构之外，凸轮机构、凸轮-连杆组合机构、齿轮-连杆组合机构等也可实现往复摆动，在此就不一一赘述了。

8.5　急 回 机 构

急回机构的功能可由连杆机构、凸轮机构等来实现。

8.5.1　连杆机构

1. 曲柄摇杆机构

图 8-53 中，曲柄 AB 从 AB_1 转过 $180°+\theta$ 到 AB_2，摇杆从 DC_1 摆到 DC_2；AB 从 AB_2 转过 $180°-\theta$ 到 AB_1，摇杆从 DC_2 摆到 DC_1。摇杆在这两个行程中，摆过的角度大小相等，所用时间不同，平均速度不同。其行程速比系数（摇杆快行程的平均速度与慢行程平均速度的比值）为

$$K=\frac{180°+\theta}{180°-\theta}$$

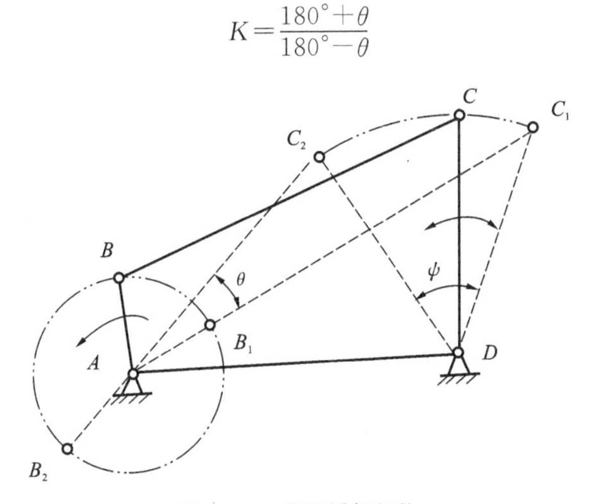

图 8-53　曲柄摇杆机构

2. 偏置式曲柄滑块机构

图 8-54 所示为用于重型插床的六杆急回机构，由曲柄摇杆机构 $OABC$ 与二级杆组（杆 DE 和滑块 E）组合而成。曲柄摇杆机构具有急回特性，偏置式摇杆滑块机构使急回特性进一步扩大，同时也使行程得到扩大。为了满足切削过程中速度比较均匀的要求，AB、BC、BD 三段长度相等。

3. 双曲柄机构

图 8-55 所示为用于惯性筛的六杆急回机构，由双曲柄机构 $ABCD$ 与偏置式曲柄滑块机构 DCE 串联而成。两个连杆机构串联，使急回特性更加显著，同时回程具有较大的加速度，使被筛材料颗粒因惯性作用而被筛分，提高了筛分效率。

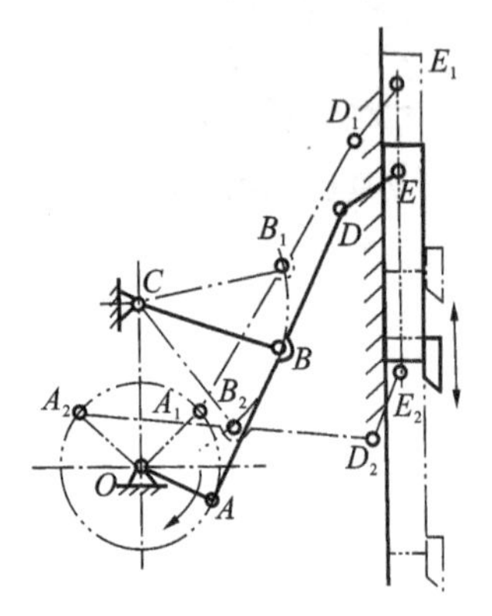

图 8-54　用于重型插床的六杆急回机构

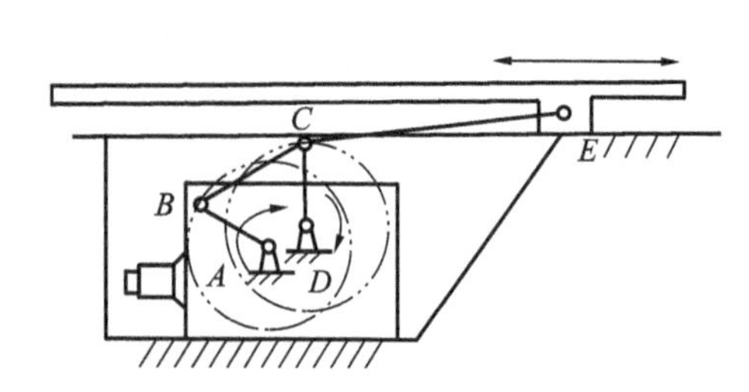

图 8-55　用于惯性筛的六杆急回机构

4. 导杆机构

图 8-56 所示为用于插床主运动的六杆急回机构。由摆动导杆机构 ABC 与二级杆组（杆 4 和滑块 5）组合而成。曲柄 AB 匀速转动，滑块 5 在垂直于 AC 的导路上往复移动，具有较显著的急回特性。改变 DE 的长度，滑块 5 可获得不同运动规律。

如图 8-57 所示，在转动导杆机构 ABC 的基础上，串联第二级摆动导杆机构 $A'B'C'$，以转动导杆 $B'C$ 作为第二级导杆机构的曲柄 $A'B'$，并在摆动导杆 $C'B'$ 延长线上的 D 点串联一个二级杆组——连杆 DE 和滑块 E，滑块 E 可获得更显著的急回效果。

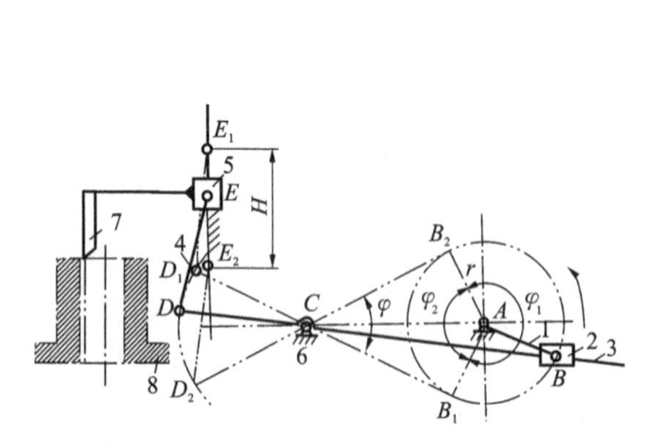

图 8-56　用于插床主运动的六杆急回机构

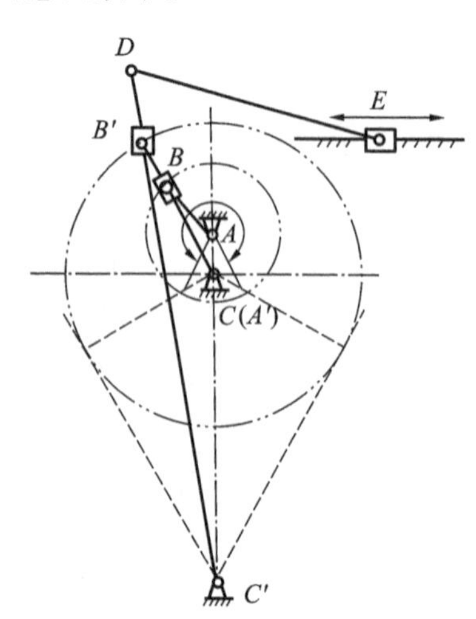

图 8-57　双导杆机构

8.5.2　凸轮机构

1. 冲孔机凸轮机构

图 8-58 中，主动凸轮 2 有两段特定的凸起廓线段 a，从动推杆 1 中部有指销 b，上部有重物 D。主动凸轮 2 绕定轴 A 匀速转动，廓线 a 和杆 1 的指销 b 接触时，推动杆 1 在固定导轨 B 中直线上升；当两者退出接触后，杆 1 因 D 的自重迅速下落。凸轮 2 转一周，从动杆 1 有两次循环。可利用其急回特性，上举工件到工位，返回时快速，可提高效率。也可反之，在杆 1 下端安装冲头 d，作为冲孔机使用。

2. 自交廓线圆柱槽凸轮机构

图 8-59 中，圆柱凸轮 1 的廓线由三段曲线槽组成。a 段为等螺距的三圈螺旋槽，b 段为半圈反旋向螺旋槽，其螺距是 a 段的三倍，c 段为 a、b 两段的过渡曲线槽。a、b 两段沟槽有三个自交点，为顺利通过自交点，从动推杆 2 的端部铰接透镜形滚子 4。主动凸轮 1 绕固定轴线 A—A 匀速转动，从动滚子与 a 段沟槽接触时，杆 2 在导槽 B 中等速前进(工作行程)；滚子与 c 段沟槽接触时，杆 2 慢速退出；与 b 段沟槽接触时，杆 2 快速返回。

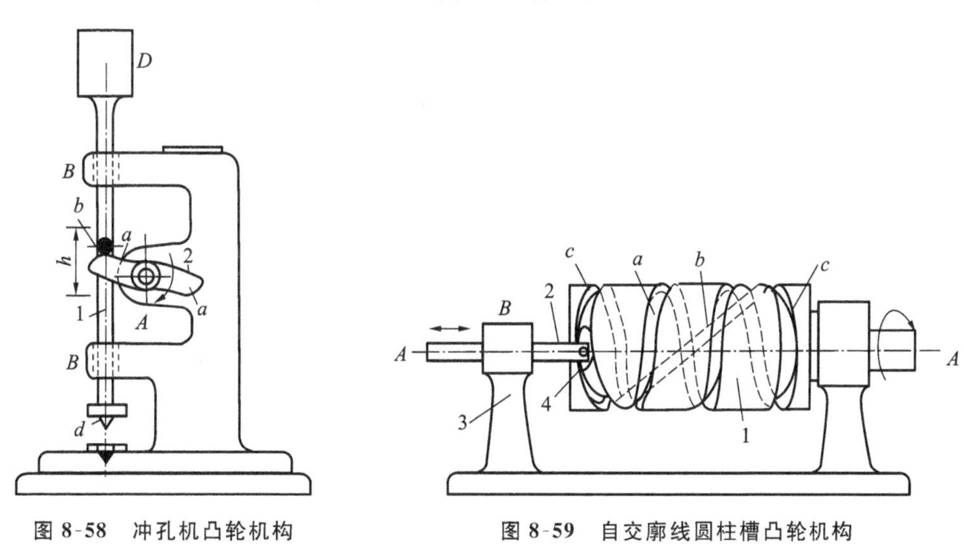

图 8-58　冲孔机凸轮机构　　图 8-59　自交廓线圆柱槽凸轮机构

8.6　行程放大机构

设计机械传动系统时，为了使机构结构紧凑，可应用凸轮、连杆、齿轮等基本机构组合成能实现行程增大的机构。

8.6.1　连杆机构

图 8-60 所示的平行四边形机构中，主动件 1 摆动时，通过多个平行四边形伸缩架可使 3 获得较大的伸缩行程。

图 8-61 所示的压缩机机构中，主动曲柄 1 转动时，通过对称铰接的两个连杆带动缸体 2 和活塞 3 作相对运动，其相对行程为曲柄长度的 4 倍。

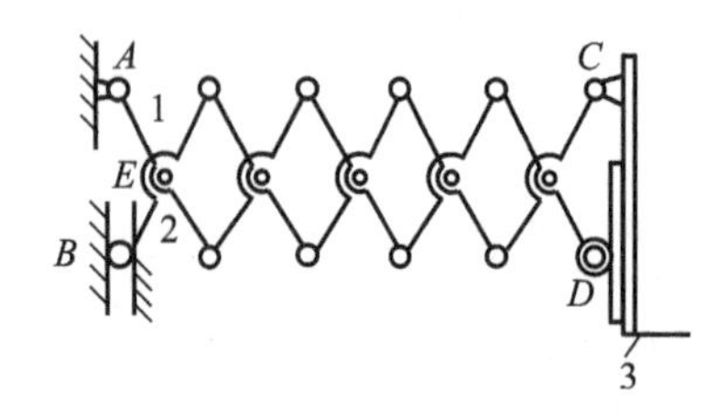

图 8-60　平行四边形机构

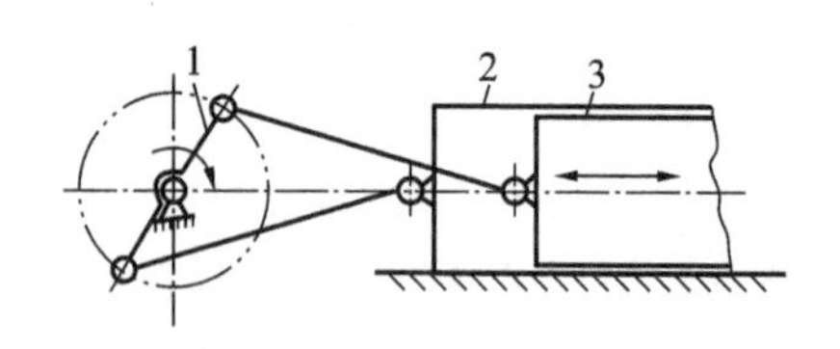

图 8-61　压缩机机构

图 8-62 所示为梳毛机推毛板传动机构，由曲柄摇杆机构 1-2-3-7 和二级杆组(杆 6 和块 5)组合而成，可将主动件 1 的回转运动转换为从动件 6 的往复移动。如直接采用曲柄滑块机构来实现，则滑块的行程受到曲柄长度的限制，而该机构在同样曲柄长度条件下能实现滑块的大行程。

图 8-63 所示为缝纫机摆梭机构，其由曲柄摇杆机构 1-2-3-6 和二级杆组(块 4 和杆 5)组合而成。当主动曲柄 1 连续转动时，通过连杆 2 可使杆 3 作一定角度的摆动，再通过二级杆组使从动摆杆 5 的摆角增大。该机构中摆杆 5 的摆角可增大到 200°左右。

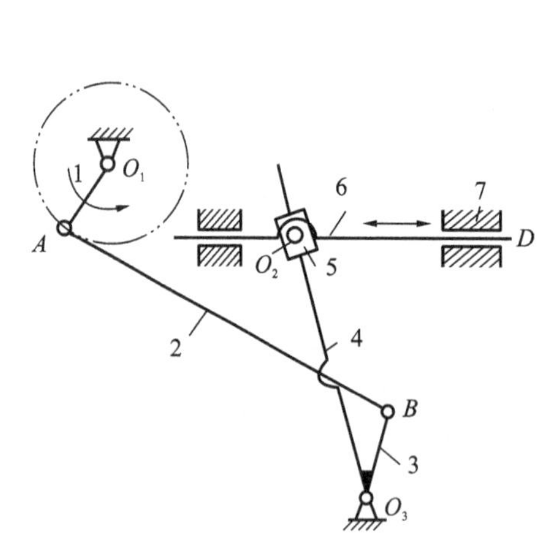

图 8-62　梳毛机推毛板传动机构

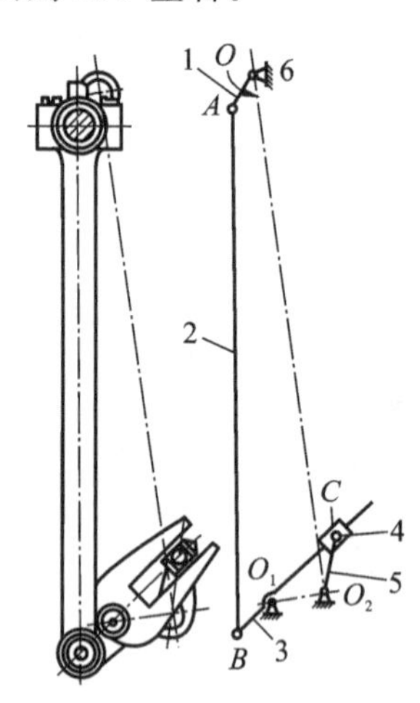

图 8-63　缝纫机摆梭机构

图 8-64 所示为自动手套送进机构，主动件 1 的回转运动可转换为从动件 5 的往复运动。同曲柄滑块机构相比，该三级机构在同样曲柄长度条件下能实现滑块的更大行程。

图 8-65 所示为双摆杆摆角放大机构，主动摆杆 1 端部的滚子插入从动件 2 的槽中，杆 1 摆动 α 角时，从动件 2 摆动一个增大了的 β 角。

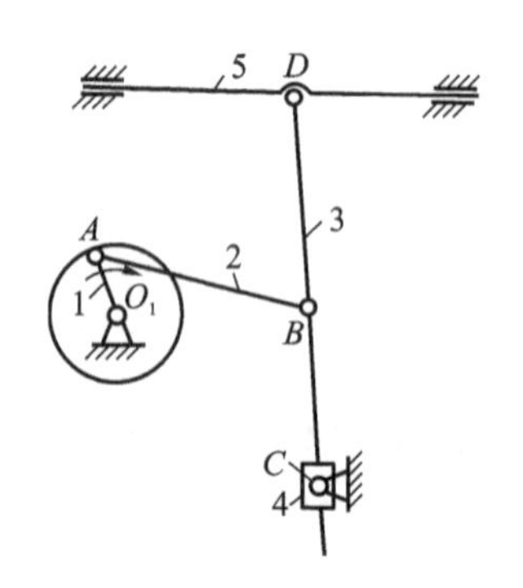

图 8-64　自动手套送进机构

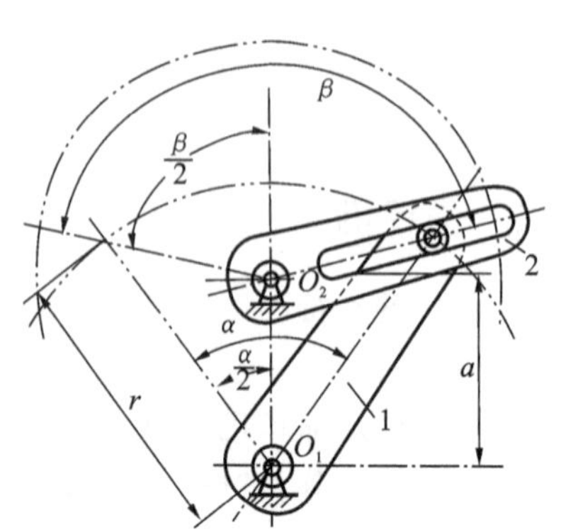

图 8-65　双摆杆摆角放大机构

图 8-66 所示的滑块增大行程机构中，连杆 2 上端的滚子 3 同时插入滑块 5 和机架 4 上相互交叉的两斜槽内(两斜槽与水平导轨的夹角均为 α)。滑块 1 上下移动，杆 2 上的滚子在两斜槽内滑动，迫使滑块 5 左右移动，其移动行程 $H=2l\cos\alpha$。

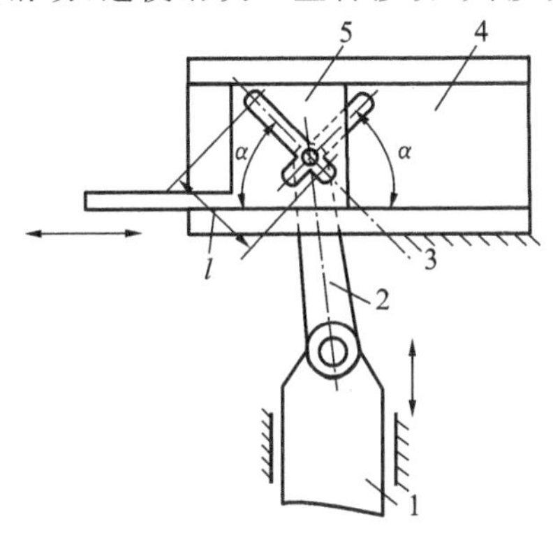

图 8-66 滑块增大行程机构

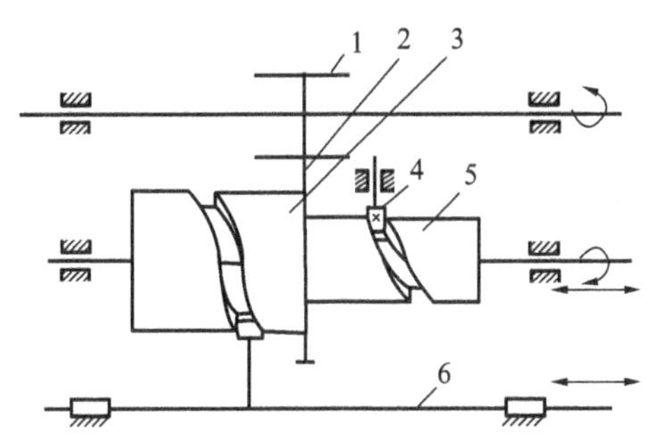

图 8-67 双凸轮机构

8.6.2 凸轮机构

图 8-67 所示的双凸轮机构中，齿轮 2 和凸轮 3、5 固接。当主动齿轮 1 转动时，凸轮既转动又移动。杆 6 的位移由凸轮 3、5 曲线槽的升程和旋向决定。若两凸轮的曲线槽同向，杆 6 行程放大；若两凸轮曲线槽反向，杆 6 行程减小。

图 8-68 所示为多曲线凸轮行程放大机构，主动凸轮 1 的轮廓由对称曲线凸缘 A、B、C、D 与 A'、B'、C'、D' 组成，从动件 2 上对应设置滚子 a、b、c、d。当凸轮逆时针转动时，凸轮上的凸缘曲线(A、B、C、D)的内侧依次与从动件滚子接触，使从动件 2 向左移动；当行程终了时，另一半轮廓 A'、B'、C'、D' 的外侧推动从动件滚子向右回到原位，完成一次循环，从动件的行程 $H=(r-r_1)+h$。从动件 2 在各段的运动规律取决于凸轮上凸缘曲线形状，轮廓曲线应根据从动件的生产工艺要求进行设计。

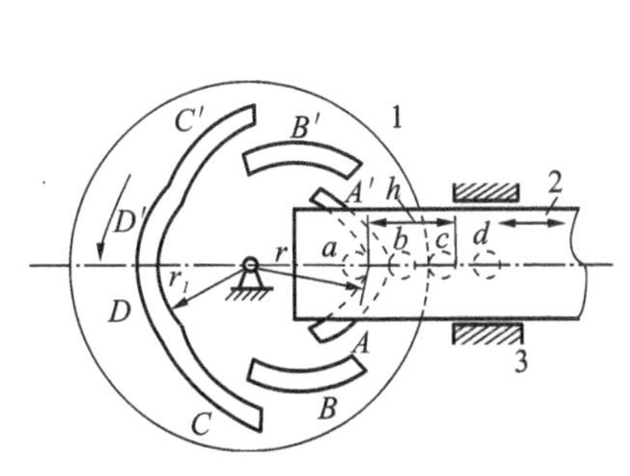

图 8-68 多曲线凸轮行程放大机构

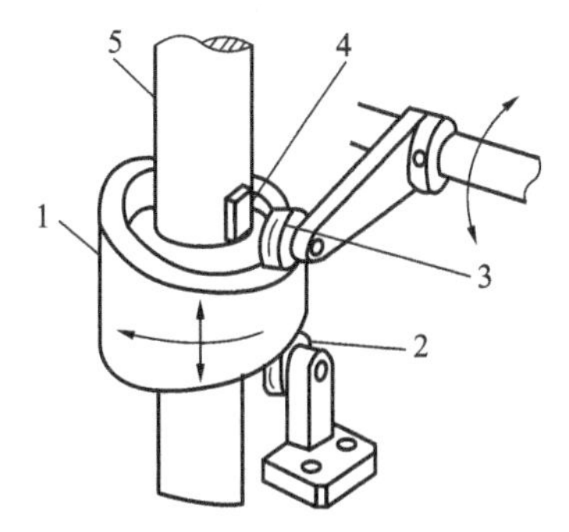

图 8-69 双端面凸轮

图 8-69 所示的双端面凸轮行程放大机构中，双端面凸轮 1 通过导向键 4 同凸轮轴 5 相连接。当凸轮转动时，装在机架上的滚子 2 通过下端面廓线使凸轮 1 在轴 5 上往复移动，凸轮 1 的上端面轮廓推动装在摆动构件上的滚子 3，从而达到增大行程的目的。

8.6.3 其他机构

图 8-70 所示为平台印刷机中的主传动机构。为了使印刷机结构紧凑，它采用了曲柄滑块机构与齿轮齿条机构(下齿条为固定的)串联而成的机构系统，上齿条往复运动行程是齿轮转动中心 C 点往复运动行程的两倍。

图 8-71 所示为连杆-齿轮机构，它是由曲柄摇杆机构与齿轮机构串联而成的。曲柄 1 连续回转时，从动件 4 往复摆动。由于采用齿轮啮合传动，故增大了从动件的输出摆角。

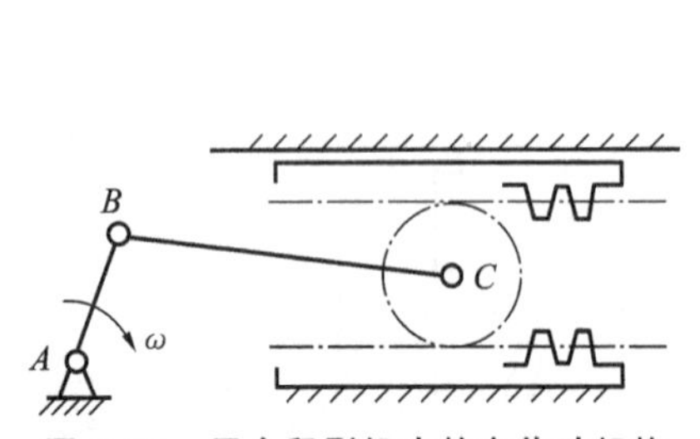

图 8-70　平台印刷机中的主传动机构

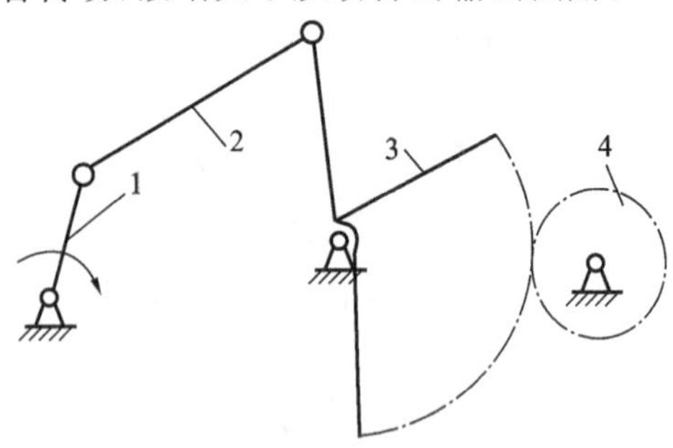

图 8-71　连杆-齿轮机构

图 8-72 所示为汽车刮水器机构。主动轴 6 等速转动时，带动曲柄 1 转动，并通过导杆 2（制有齿条）相对摇块 3 的移动以及摇块 3 的转动，使输出轮 4 获得较大的摆角。

图 8-73 所示为横包式香烟包装机推烟机构。凸轮 1 转动时，通过扇形齿轮 2、齿轮 3 及摆杆 4 等构件的运动使推板 5 按一定的运动规律往复移动。其中齿轮、连杆机构主要用于放大推板行程，所需的放大比例可根据实际需要确定。

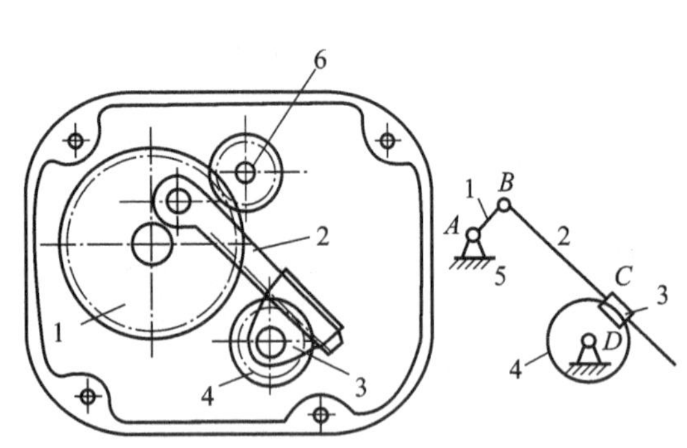

图 8-72　汽车刮水器机构

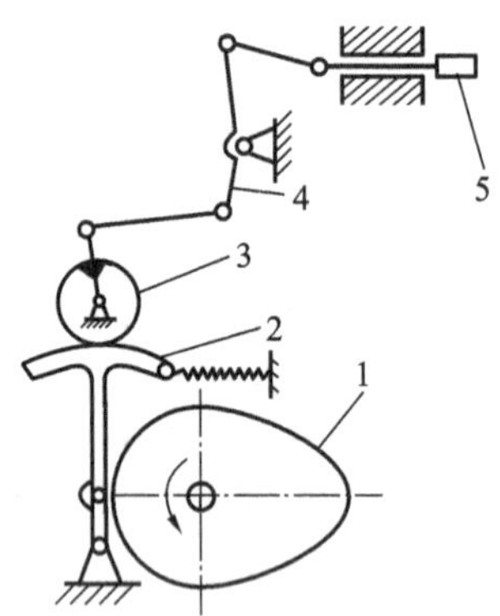

图 8-73　横包式香烟包装机推烟机构

图 8-74 所示为凸轮-齿轮机构，凸轮 2 为主动件，从动件 3 的滚子轴上装有扇形齿轮 4，扇形齿轮 4 与固定在机架上的齿条 5 啮合。当凸轮 2 绕固定轴 1 转动时，通过滚子带动从动件 3 作往复移动，移动行程为 H_1。扇形齿轮 4 的摆杆随从动杆 3 作往复移动的同时还作摆动，其 A 点运动行程的直线距离 H 显然比从动杆 3 的移动行程 H_1 大。

图 8-75 所示为锥凸轮-齿轮机构，其由圆锥凸轮机构与齿轮机构组成，扇形齿轮与摆杆 2 固接。当凸轮 1 绕定轴线 A—A 转动时，其轮廓 b 与滚子 4 接触，使摆杆 2 绕 B 轴摆动。通过扇形齿轮 a 带动从动齿轮 3 绕固定轴线 C 摆动，其摆角 φ_3 与摆杆 2 的摆角 φ_2 的关系为

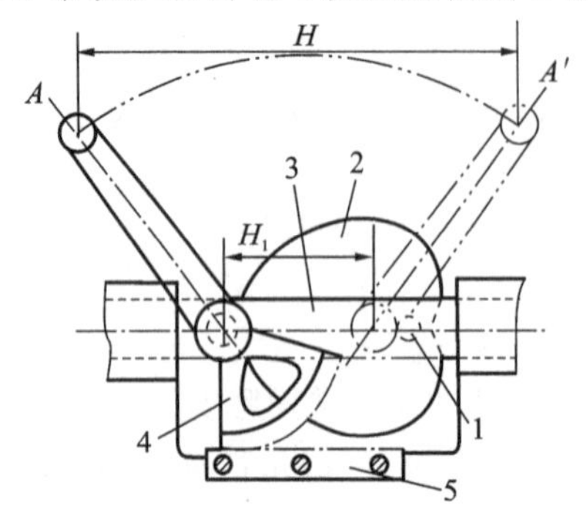

图 8-74　凸轮-齿轮机构

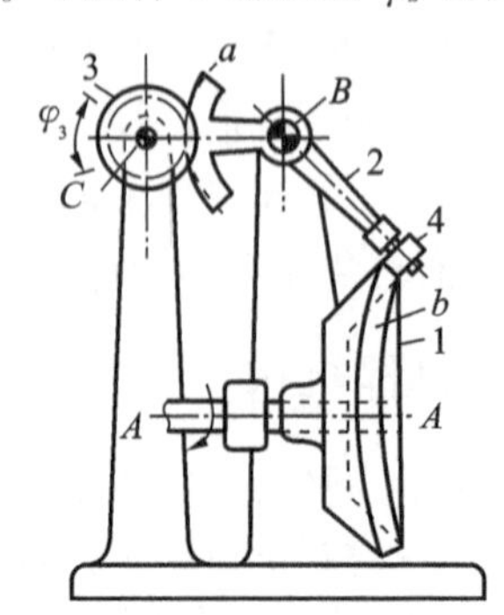

图 8-75　锥凸轮-齿轮机构

$$\varphi_3=\varphi_2\ \frac{z_2}{z_3}$$

式中：z_2 为扇形齿轮 2 的当量齿数；z_3 为从动轮 3 的齿数。

图 8-76 所示为导杆-齿轮机构，其由摆动导杆机构（1、2、3、机架）和齿轮机构组成。扇形齿轮与导杆 1 固接。曲柄 3 绕 A 轴回转，通过滑块 2 带动导杆 1 绕 B 轴摆动，扇形齿轮驱动齿轮 4 绕 D 轴摆动，其摆角大于导杆 1 的摆角。

图 8-77 所示为复式滑轮组增大行程机构，气缸 1 中的活塞向左运动时，通过绳索和滑轮组（3 个动滑轮固连于活塞杆，3 个定滑轮固连于机架）使从动滑块 2 向右运动的距离为活塞运动距离的 6 倍。其可用于弹射装置。

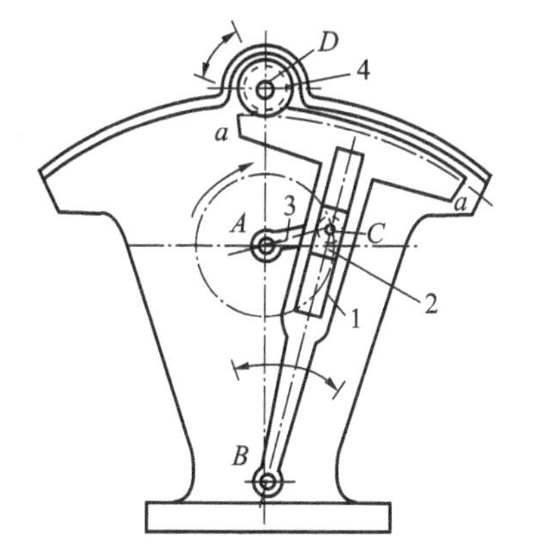

图 8-76　导杆-齿轮机构

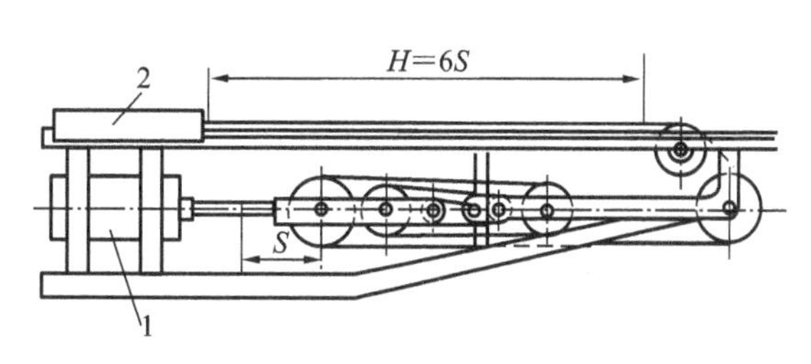

图 8-77　复式滑轮组增大行程机构

在图 8-78(a)中，曲柄 1 转动，通过连杆带动小车往复移动。两车轮轴上各套有可在轴上自由旋转的轮 3。两轮间用带 2 环绕并拉紧，带的下边在 A 点固定。当小车往复移动时，连于带上方的 B 亦作往复运动，行程为曲柄长度的 4 倍。

在图 8-78(b)中，小车部分与图 8-78(a)相同，但固定点不与机架相连而与另一连杆 3 相连，曲柄 1、2 分别装在一对反向旋转的齿轮上，此时 B 的行程为曲柄长度的 8 倍。

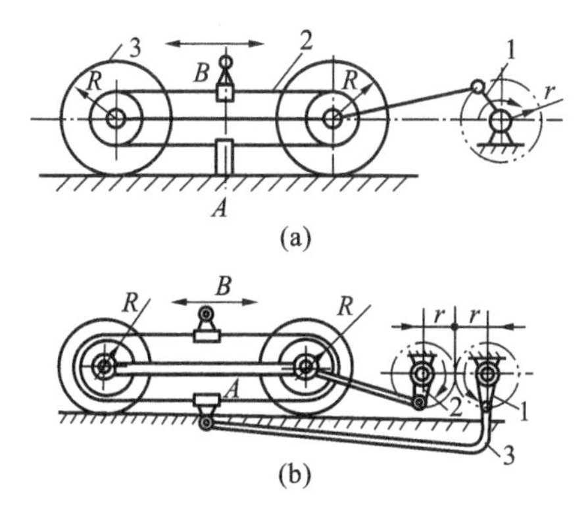

图 8-78　带轮增大行程机构

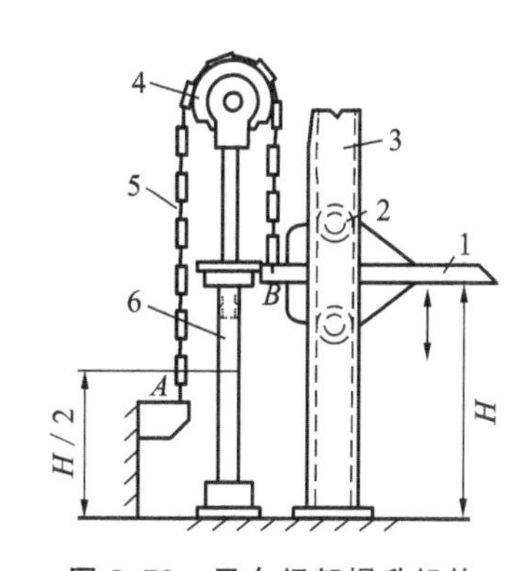

图 8-79　叉车门架提升机构

图 8-79 所示为叉车门架提升机构，在活塞 6 的上端装设链轮 4，链条 5 的一端绕过链轮与叉车架上 A 点连接，另一端与叉板 1 在 B 点连接，导向滚子 2 可在导槽 4 中上下移动。叉板提升高度为活塞行程的 2 倍。

8.7　间歇运动机构

间歇运动机构是指输入构件(主动件)连续转动时,输出构件(从动件)做周期性的停歇运动的机构。间歇运动机构的类型很多,主要有以下两种分类方法。

(1)按运动的形式分类:间歇转动、间歇摆动和间歇移动。

(2)按机构的类型分类:槽轮机构、棘轮机构、不完全齿轮机构、凸轮式间歇运动机构、组合机构等。

8.7.1　槽轮机构

槽轮机构是一种应用较广泛的间歇运动机构。槽轮机构的种类很多,图 8-80(a)、图 8-80(b)所示分别为常用的普通外槽轮机构和普通内槽轮机构。

如图 8-80 所示,槽轮机构由拨盘 1(或称销轮)和槽轮 2 组成,拨盘 1 上有圆柱销 A 和凸圆弧,槽轮 2 上有径向槽和凹圆弧。

在图 8-80(a)中,主动拨盘 1 做等速连续转动,在圆销 A 还未进入径向槽时,槽轮 2 停止不动;当圆销 A 开始进入径向槽时,槽轮在圆销 A 的驱动下做反向转动(内啮合槽轮做同向转动),直到圆销 A 完全脱离径向槽为止。槽轮静止时,槽轮内凹锁止弧被销轮的外凸圆弧锁住;槽轮运动时,槽轮内凹锁止弧被销轮的外凸圆弧是脱开的,故该对圆弧被称为锁止弧。

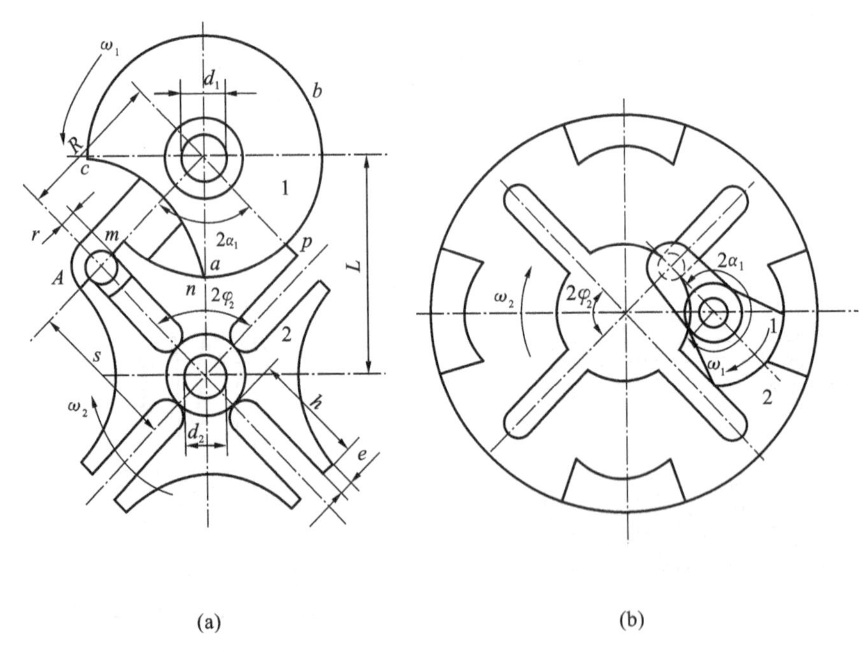

图 8-80　槽轮机构

普通槽轮机构结构简单,外形尺寸小,其机械效率高,能较平稳地、间歇地进行转位。但因传动时存在柔性冲击,故其常用于速度不大的场合。为改善普通槽轮机构存在运动特性不理想的问题,可采用其他改进型槽轮机构,如曲线槽轮机构。

槽轮机构可应用于电影放映机中的送片机构、长图自动记录仪中的打印机构,也常与其他机构组合作为自动线中的传送或转位机构。

8.7.2 棘轮机构

棘轮机构如图8-81所示，其类型有外棘轮机构(图8-81(a))、内棘轮机构(图8-81(b))、棘条机构(图8-81(c))。其中外棘轮机构和内棘轮机构是间歇转动机构，棘条机构是间歇移动机构。

如图8-81所示，棘轮机构由做往复摆动的主动件1、棘爪2、棘轮3(或棘条3)和止回棘爪4组成。为保证棘轮机构的可靠性，常用弹簧6压紧棘爪2使之与棘轮3保持接触。

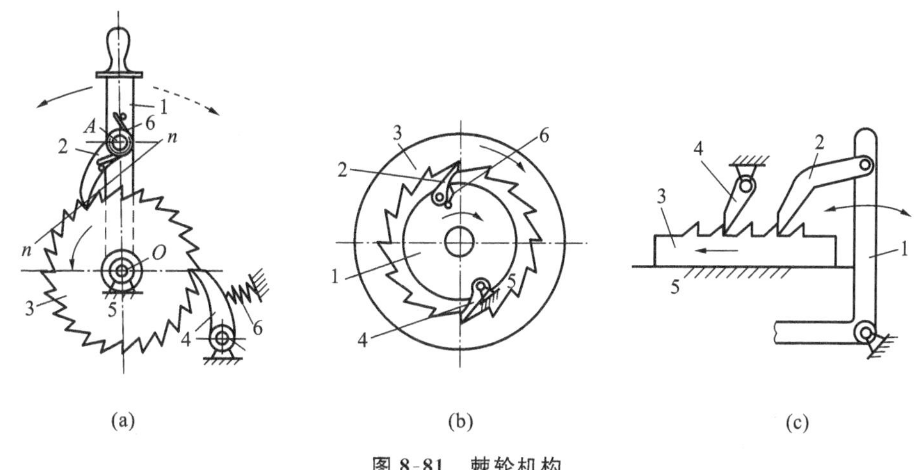

图8-81 棘轮机构

以图8-81(a)所示的外棘轮机构为例，当摆杆1逆时针摆动时，棘爪2嵌入棘轮3的齿内，推动棘轮3同摆杆1一起转动；当摆杆1顺时针摆动时，棘爪2在棘轮3的齿上滑过，棘轮3在棘爪4的阻止下静止不动，直到摆杆1又一次逆时针摆动时才运动。如此反复的过程，实现了主动摆杆1连续往复摆动、从动棘轮2单向间歇转动。内棘轮机构的运动情况与外棘轮机构是类似的，棘条机构与之不同的地方是摆杆1的连续摆动转化成了棘条的间歇移动。

棘轮机构结构简单，制造方便，运动可靠，而且棘轮轴每次转过角度的大小可以在较大范围内调节，这些优点使之得到广泛应用。其缺点是工作时有较大的冲击和噪声，而且运动精度较差。所以棘轮机构常用于速度较低和载荷不大的场合。

一般来说，改善棘轮机构的性能通常有以下几种方法：①采用多爪棘轮机构以得到较小的运动角而又不增加齿数；②采用带罩板的棘轮机构以调节运动角；③采用浮动式棘轮机构来调节停歇时间；④采用其他机构与其组合改变动停时间比。

8.7.3 不完全齿轮机构

不完全齿轮机构是由渐开线齿轮机构演变而得到的一种间歇运动机构。在主动轮上只做一个或一部分齿，从动轮上做出与主动轮轮齿相啮合的轮齿，齿数根据运动时间与停歇时间要求确定。当主动轮作连续回转运动时，从动轮做间歇回转运动。在从动轮停歇期内，两轮轮缘各有锁止弧起定位作用，以防止从动轮的游动。如图8-82所示，主动轮1上有1个或几个轮齿，其余部分为外凸圆弧，从动轮2上有部分轮齿和内凹锁止弧。啮合形式分为内、外啮合和齿轮齿条。图8-82所示为外啮合式。

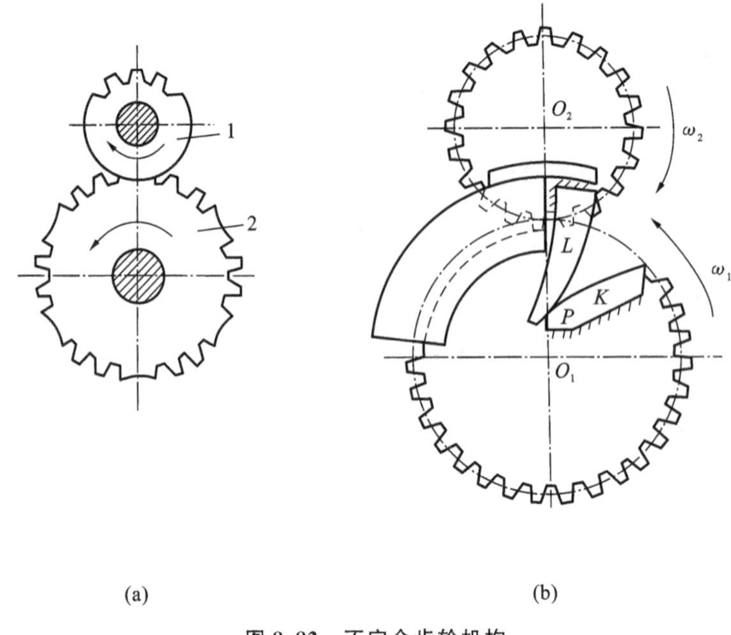

图 8-82　不完全齿轮机构

如图 8-82 所示，主动齿轮 1 作连续匀速转动，当主动轮 1 的轮齿与从动轮 2 的轮齿进入啮合时，从动轮 2 反向转动；轮齿退出啮合时，从动轮 2 停止转动，此时由于两轮的凸、凹锁止弧的作用，轮 2 能保持可靠的停止。

不完全齿轮机构结构简单，制造容易，工作可靠，从动轮运动时间和静止时间的比例可在较大范围内调整。但它也存在明显的缺点，即在两轮轮齿进入和退出啮合时有较大冲击，故只适合低速、轻载的场合。

为弥补上述不完全齿轮机构的不足，经常在不完全齿轮机构中附加瞬心线机构，如图 8-82(b)所示。另外，在不完全齿轮机构中，为了保证主动轮的首齿能顺利地进入啮合状态而不与从动轮的齿顶相碰，需将首齿齿顶高做适当的削减。同时，为了保证从动轮停歇在预定位置，主动轮的末齿齿顶高也需要作适当的修正。

在自动机中常用不完全齿轮机构作为工作台的间歇转位机构、进给机构。

8.7.4　凸轮式间歇运动机构

凸轮式间歇运动机构一般由带有特殊廓线的主动凸轮和做间歇运动的从动件组成。与普通凸轮机构相比，其变化主要发生在从动件上。在凸轮式间歇运动机构中，从动件的运动完全取决于主动凸轮的轮廓曲线形状，所以只要设计出适当的凸轮轮廓曲线，就能满足从动件所需要的运动规律，而且动载荷小，无刚性冲击和柔性冲击，所以凸轮式间歇运动机构符合高速传动的要求，是一种较理想的高速、高精度的分度机构，目前已有专业厂家系列化生产。

1. 圆柱分度凸轮机构

圆柱分度凸轮机构的结构如图 8-83 所示，其由凸轮 1、转盘 2 及机架所组成。转盘 2 的端面上固定有沿圆周均匀分布的若干个滚子 3。当主动凸轮转过角度 θ 时，凸轮槽壁推动滚子，使转盘转过相邻两滚子所夹的中心角 $2\pi/z$，其中 z 为滚子数。当凸轮继续转过其余角度 $2\pi-\theta$ 时，转盘静止不动。

2. 弧面分度凸轮机构

弧面分度凸轮机构的结构如图 8-84 所示，其主动轴和从动轴互相交错成 90°，滚子 3 呈射线状均匀分布在转盘 2 的圆柱面上，凸轮 1 表面呈凹圆弧面，中间有一条凸脊。运动过程中，通过凸脊两侧的廓线推动滚子，使转盘转动。该类凸轮式间歇运动机构可以通过改变中心距调整接触区的间隙或补偿磨损。

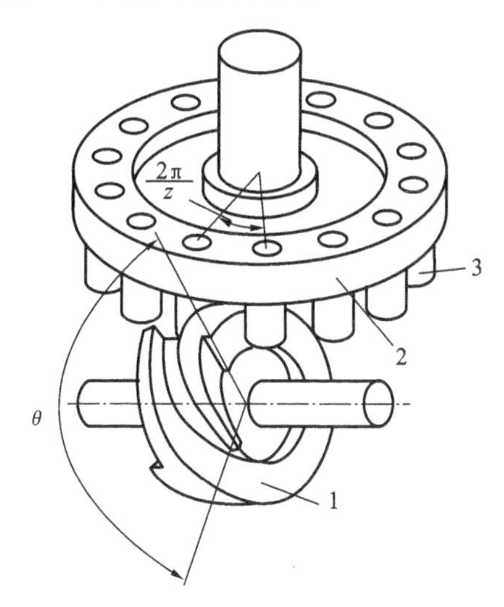

图 8-83　圆柱分度凸轮机构

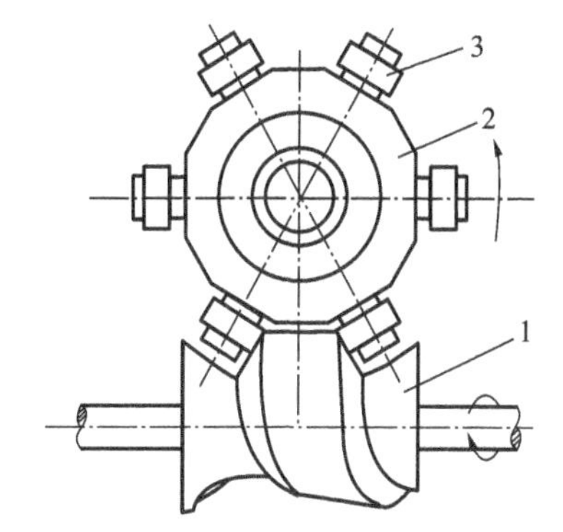

图 8-84　弧面分度凸轮机构

3. 共轭盘形分度凸轮机构

共轭盘形分度凸轮机构的结构如图 8-85 所示，输入轴 1 上装有两片形状完全相同但安装时呈镜像对称且错开一定相位角的盘形凸轮 2 和 3。输出轴 4 与输入轴 1 平行，输出轴上装有转盘 5，转盘的两端面上各均匀分布有若干个滚子 6、7。两侧的滚子分别与相应的盘形凸轮接触。当输入轴连续旋转时，两片盘形凸轮依次推动滚子使从动转盘绕输出轴分度转位。当凸轮转到其与输入轴同心的圆弧廓线部分时，从动转盘停歇不动。

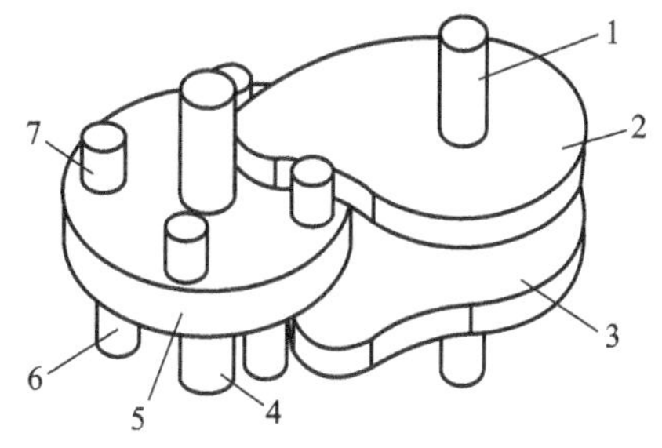

图 8-85　共轭盘形分度凸轮机构

凸轮式间歇运动机构广泛应用于轻工机械、冲压机械、高速自动机械中，可作为分度机构、转位机构和间歇式送料机构。

8.7.5　组合机构

1. 连杆-连杆串联组合机构

连杆机构是由低副组成的机构，最简单的是四杆机构，但能实现间歇运动（摆动）的是多于四杆的连杆机构。如图 8-86 所示的六杆机构，是在四杆机构 $ABCD$ 的基础上加上Ⅱ级杆组（滑块 4 和摆杆 5）组成的。

主动件曲柄 1 连续转动时，通过连杆 2 上的 M 点带动滑块 4 运动，滑块 4 再带动摆杆 5 往复摆动。在设计四杆机构 $ABCD$ 和选择连杆上 M 点时，使 M 点的轨迹 m 有一段近似为直线，如图 8-86 所示近似直线在轨迹 m 的左侧 M_1M_2 处。当摆杆 5 摆动到左极限位置时正好与近似直线轨迹 M_1M_2 重合，在 M 点从 M_1 到 M_2 的运动过程中，摆杆 5 近似停止不动，从而实现了摆杆 5 的间歇摆动。该机构主要应用在要求不高、需单侧停歇的摆动机构中。

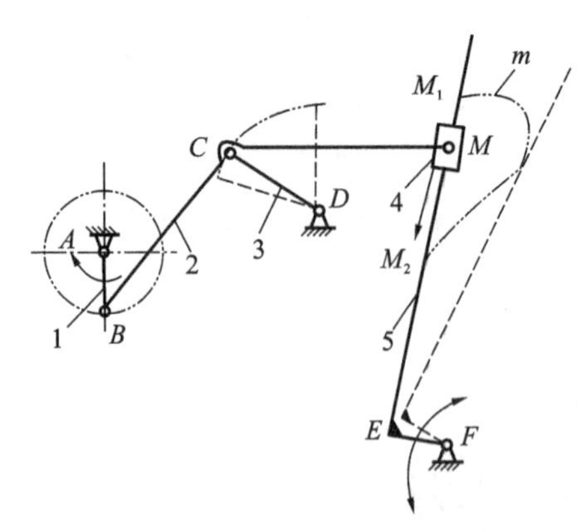

图 8-86　实现间歇摆动的六杆机构

2. 连杆-齿轮组合机构

连杆-齿轮组合机构由五连杆机构 $OBACD$ 和行星轮系 1、2、3 组合而成，如图 8-87 所示。其中主动曲柄 1 是行星轮 2 的系杆，连杆 4 铰接在行星轮 2 上。在结构尺寸上，行星轮 2 与固定中心轮 3 的节圆半径比为 1∶3，连杆 4 与行星轮 2 的铰接点 A 在行星轮 2 的节圆上。

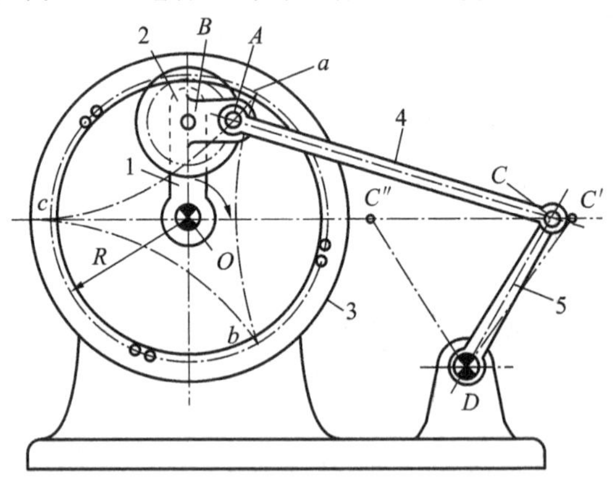

图 8-87　可实现间歇摆动的连杆-齿轮组合机构

曲柄 1 即系杆是主动件，做匀速转动，带动行星轮 2 运动，行星轮 2 节圆上点 A 的轨迹是有三个顶点 a、b、c 的内摆线，如图 8-87 中的点画线。其中内摆线 ab 段的曲率中心 C 为摆杆 CD 和连杆 AC 的铰接点，其平均曲率半径为连杆长 l_{AC}。主动件曲柄 1 转动时，五连杆机构的摆杆 5 有确定的运动。当行星轮 2 上 A 点处于 bc 和 ca 曲线上时，摆杆 5 做摆动；当行星轮 2 上 A 点处于 ab 曲线上时，摆杆 5 在右极限位置 $C'D$ 处近似停歇，从而实现了摆杆 5 的间歇摆动。

这是利用轨迹的近似圆弧实现摆杆 5 单侧停歇摆动的。若以滑块取代摇杆，则可实现滑块单侧停歇移动。

连杆-齿轮组合机构可实现自动机或自动生产线上将工件运送至工位等待加工的动作。

8.8　差动机构

差动机构一般是指具有两个(或两个以上)自由度的机构，它需要给定两个(或两个以上)输入运动才有确定的运动，输出运动是两个(或两个以上)输入运动的合成。

差动机构往往是以连杆机构、齿轮机构、螺旋机构、凸轮机构、滑轮机构及它们的组合机构来实现的。

8.8.1　差动连杆机构

图 8-88(a)所示为铰链七杆机构，是一种双自由度的差动机构，它由两个基本机构和一个 3 级杆组组成。

在图 8-88(a)所示的铰链七杆机构中，需要两个主动输入机构才有确定的运动。如果以构件 2 和 4 作为主动件输入运动，机构的运动是确定的，构件 3 作为从动件将输出合成运动。输出的运动规律取决于各构件长度、位置和输入运动的运动规律。

如果将图 8-88(a)所示的铰链七杆机构中的某些转动副改为移动副，将得到其他的差动连杆机构，图 8-88(b)所示即为其中的一种。

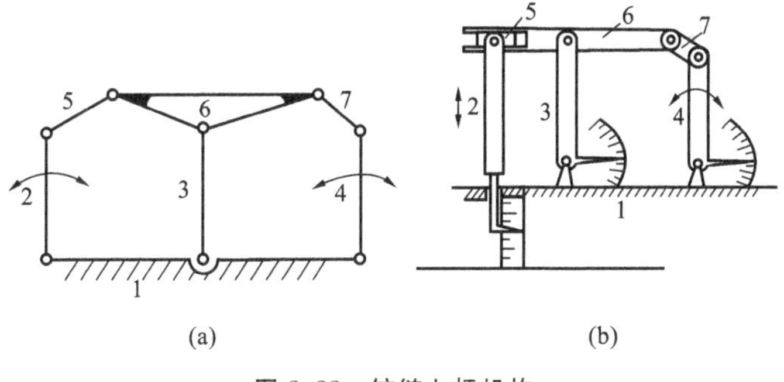

图 8-88　铰链七杆机构

8.8.2　差动齿轮系

图 8-89(a)所示为周转轮系，由中心轮 1、行星轮 2、中心轮 3 和系杆(行星架)H 组成，其中心轮和系杆都不固定，该轮系为两个自由度的差动轮系。

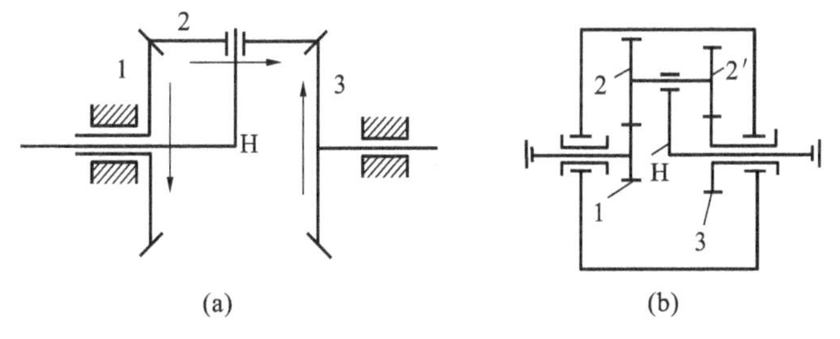

图 8-89　差动齿轮系

在该周转轮系中，需要两个主动件机构才有确定运动。由周转轮系传动比的公式，可知，n_1、n_3、n_H 中只要确定两项，即可求得第三项。例如以中心轮 1、3 为主动件，则 $n_H=(n_1+n_3)/2$。

差动齿轮系的类型很多，图 8-89(b)所示为另一种差动齿轮系。

差动齿轮系常用于汽车后桥的差速器，也可用于纺织机械作粗纺机的差速机。

8.8.3　差动螺旋机构

差动螺旋机构是采用导程不同或旋向不同的多对螺旋副组成的复合螺旋机构，图 8-90(a)所示便是其中的一种。该差动螺旋机构由螺杆 1、螺母 2 和机架 3 组成。螺杆 1 与机架 3 构成螺旋副，其导程为 s_A；螺杆 1 与螺母 2 也构成螺旋副，其导程为 s_C；螺母 2 与机架 3 构成移动副，它们之间不能转动。

若 A、B 螺旋副均为单线右旋，当主动件螺旋杆 1 转动角度 ϕ_1 时，螺杆相对机架向右移

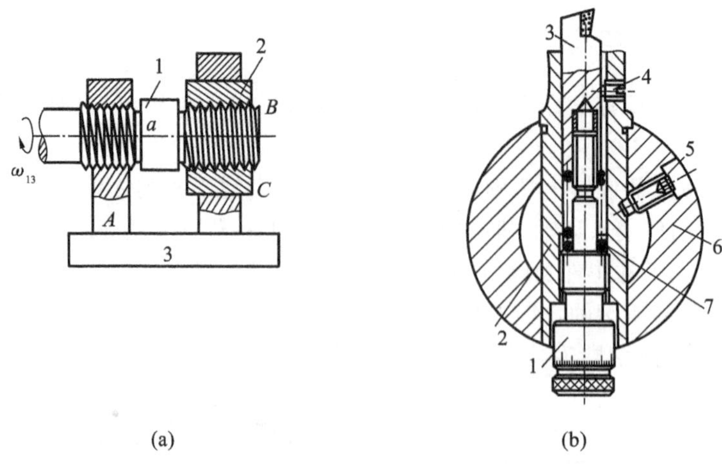

(a)　　(b)

图 8-90　差动螺旋机构

1—调整螺杆;2—刀套;3—镗刀;4,5—螺钉;6—镗杆;7—弹簧

动,位移量为 $s_A\phi_1/2\pi$;滑块 2 相对螺杆 1 向左移动,位移量为 $s_B\phi_1/2\pi$;这样从动件 2 总位移量为$(s_A-s_B)\phi_1/2\pi$。若 A、B 螺纹旋向相反,则从动件 2 总位移量为$(s_A+s_B)\phi_1/2\pi$。

同向螺旋又称差动螺旋机构,可获大的减速比,常用作测微、微调、分度等机构;反向螺旋又称复式螺旋机构,可获大位移,常用作快进、锁紧、夹具等。

图 8-90(b)所示为差动螺旋机构的一个应用,它作为可调式镗杆机构,可实现镗刀的微调。

除此之外,差动螺旋机构还可用作螺旋式抱索器和轴承拆卸器。

8.8.4　差动组合机构

图 8-91(a)所示为连杆-凸轮组合的差动机构。该机构由活动构件 1、2、3、4、双联凸轮 5-5′和机架 6 组成,其中构件 1、2、3、4、6 是一个具有 2 个自由度的五杆机构,双联凸轮 5-5′,实现了它们的运动合成。

该差动机构的主动件是双联凸轮 5-5′,分别推动摆杆 4、1 摆动,从而驱动五杆机构运动,连杆 2 上点 K 获得一个确定的输出,其轨迹如图 8-91(b)所示。双联凸轮 5-5′靠两个弹簧力保证摆杆与凸轮接触。

该机构可用于有复杂轨迹的自动机械和轻工、印刷机械中,如用于平板印刷机中作为送纸吸嘴运动的机构。

除上述连杆-凸轮差动机构外,还有带轮-齿轮差动机构、凸轮-齿轮差动机构、差动螺旋-齿轮机构等。

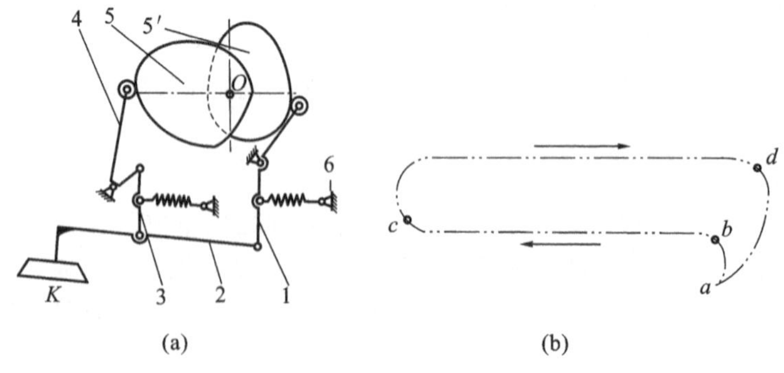

(a)　　(b)

图 8-91　连杆-凸轮组合的差动机构

8.9　增力机构

在冲床、压力机等机械中，常常需要采用有增力特性的机构。增力机构包括连杆机构及其变形，也可用杠杆原理来实现增力。

8.9.1　平面连杆增力机构

图 8-92 所示的平面连杆增力机构为一个六杆机构，由活动构件 1、2、3、4、5 和机架 6 组成，其中曲柄 1 是主动件，压头(滑块)5 是执行构件。

工作时，主动件曲柄 1 连续回转，通过连杆 2、4 将运动和力传给压头 5，使压头 5 做往复移动，并将力放大。BC 杆受力 F，滑块产生压力 Q，进行受力分析可得 $Q=FL\cos\alpha/S$，通过减小 α 和 S 的值，增大 L 的值，可使 Q 的数值增大数倍；设计时可根据需要的增力倍数决定 α、S、L 的具体数值。

此机构经常用于冲压机。

图 8-93 所示为平面连杆增力机构的演化，图 8-93(a)中将铰接点从 C 点移到 E 点，以获得更好的特性；图 8-93(b)中将转动副改成移动副，以适应不同的需要。

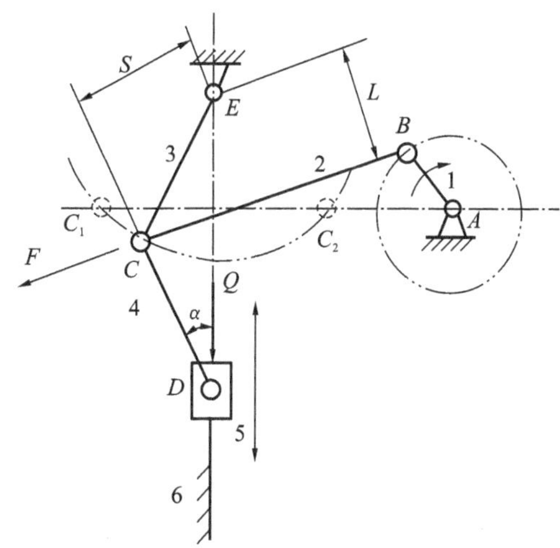

图 8-92　平面连杆增力机构

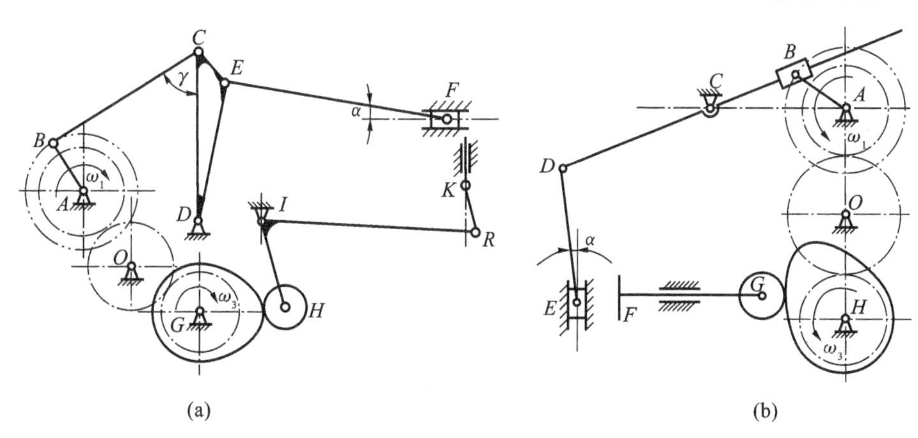

图 8-93　平面连杆增力机构的演化

8.9.2　杠杆原理增力机构

杠杆原理增力机构由六杆机构 1、2、3、4、5、8 和拉杆 6、滚子 7 组成，如图 8-94 所示。六杆机构与上述平面连杆增力机构很相似，不同的是摆杆 3 不是铰接在机架上，而是铰接在拉杆 6 上，拉杆 6 与机架 8 通过移动副连接。

该增力机构的主动件是曲柄 1，曲柄 1 连续转动，通过连杆 2 驱动摆杆 3 和连杆 4，连杆 4 驱动滑块 5 向下移动，摆杆 3 通过摆动使滚子 7 在机架上移动，从而使拉杆 6 向上移动，这样

便可将中间的工件 N 压紧。此机构的优点是可使工作时的最大压力不作用于机架上，而是直接作用在工件 N 上，另外可采用飞轮，以减小原动机功率。

杠杆原理增力机构常用于制砖机上。

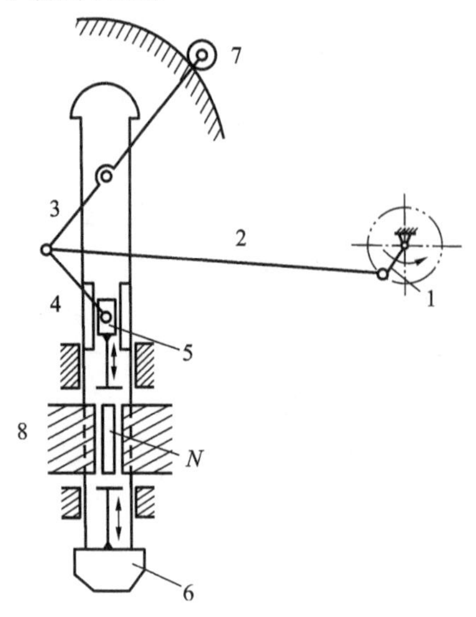

图 8-94　杠杆原理增力机构

8.10　实现预期轨迹机构

在实际机械设备或生产线上，经常需要机构的执行构件实现某种预期的轨迹，如直线轨迹、圆轨迹、特殊曲线轨迹等，所以需要一些能实现预期轨迹或完成特殊动作的机构。

精确和近似实现直线轨迹、圆轨迹、特殊曲线轨迹的机构很多，这里介绍其中一部分。

8.10.1　实现精确直线轨迹机构

能够实现精确直线轨迹的机构主要有以下几种。

1. 八杆机构

八杆机构中八个构件均用转动副连接，如图 8-95 所示，且构件尺寸满足下列条件：$BC=BD$，$AB=AE$，$CE=ED=DF=CF$。该八杆机构具有一个自由度，主动件为 3，当构件 3 绕 A 点转动时，F 点的轨迹为一条垂直于 AB 的直线。

利用 F 点轨迹为直线这一特点可将八杆机构用于圆盘锯、直动仪。

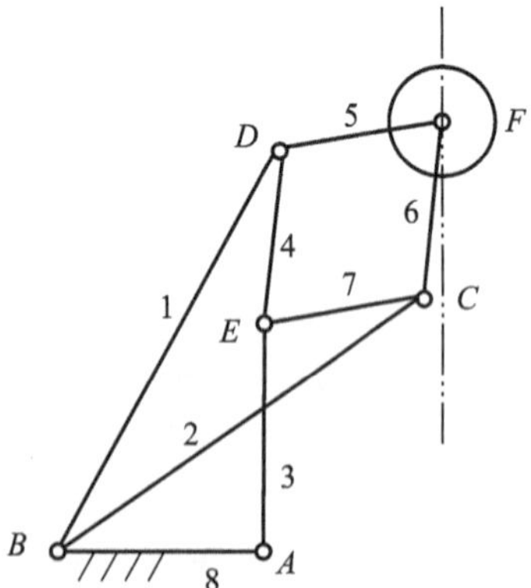

图 8-95　八杆机构

2. 行星轮系-连杆机构

行星轮系-连杆机构由行星轮 1、中心轮 2、系杆 3 和连杆 4 构成，如图 8-96 所示。其满足如下条件：行星轮 1 的半径是中心轮 2 半径的一半，A 点在行星轮 1 的节圆和 x-x 的交点上。

当系杆 3 绕 B 点转动时，齿轮 1 节圆上 A 点轨迹为一条精确直线 x-x。该机构可应用于立体镜和作直线传送机构。

3. 四杆机构

如图8-97所示的四杆机构实际上与曲柄滑块机构类似,由活动构件1、2、3和机架4组成,D为连杆上的一点,其长度满足条件$AB=BC=BD$。

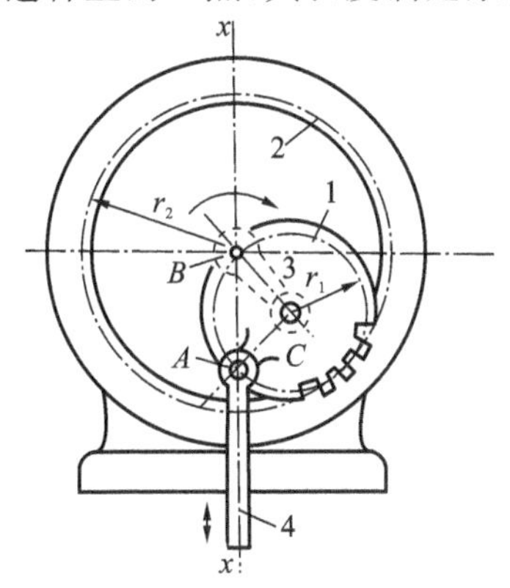

图8-96 行星轮系-连杆机构

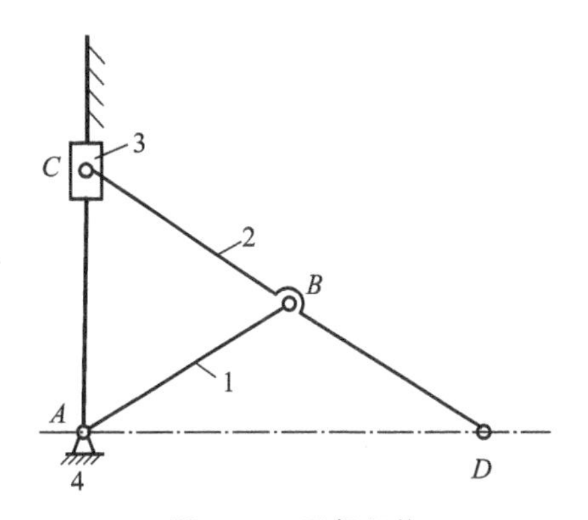

图8-97 四杆机构

工作时,主动件滑块3沿着导路上下滑动,构件1作定轴转动。当构件尺寸满足$AB=BC=BD$时,可以证明连杆2上端点D沿水平方向直线运动。

由于本机构的特殊尺寸条件,可以证明,连杆2上的点除了C点、D点的轨迹为直线,B点的轨迹为圆之外,其他点的轨迹均为椭圆。

利用D点轨迹为精确直线可实现预期直线轨迹,或在D处加上滑块,利用杆2上任一点(B点除外)轨迹均为椭圆轨迹的特性,制作椭圆仪。

8.10.2 近似直线轨迹机构

1. 曲柄摇杆机构

如图8-98所示,$ABCD$构成一个曲柄摇杆机构,M点为连杆上的一点,且机构尺寸满足条件:$BC=CD=CM=2.5AB$,$AD=2AB$。

其主动件为曲柄1,当曲柄1绕A点转动时,连杆上M点的轨迹如图8-98所示,轨迹中的$a_1d_1b_1$为近似直线,此时曲柄AB在adb上运动。

利用连杆上M点的轨迹为近似直线段,本机构可应用于搬运货物的输送机、步行机上。

2. 双摇杆机构

如图8-99所示,构件1、2、3、4构成双摇杆机构,M点为连杆2上的一点,机构尺寸满足下列条件:$AB=CD$,$AD=2.2AB$,$BC=0.9AB$, $BM=CM=1.4AB$。

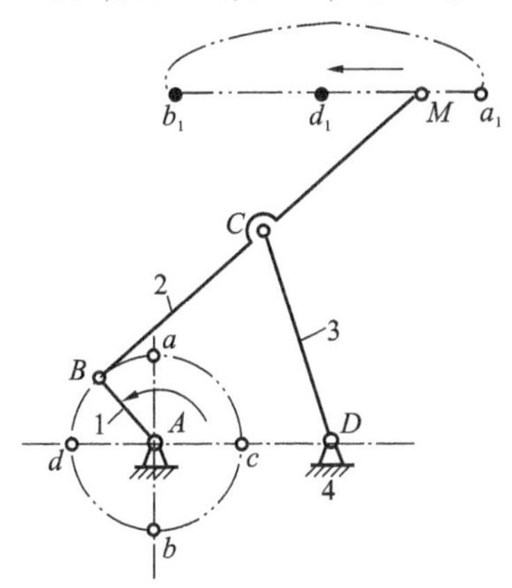

图8-98 曲柄摇杆机构

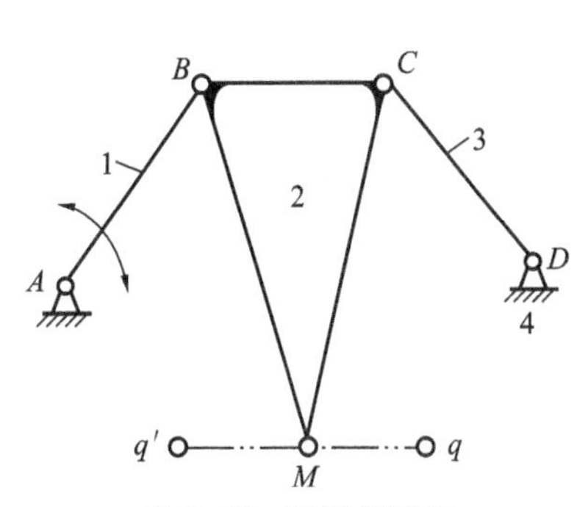

图8-99 双摇杆机构

此双摇杆机构工作时，以构件1为主动件绕 A 点转动，连杆2上 M 点的运动轨迹为平行于 AD 的近似直线 qq'。

利用 M 点轨迹为平行于 AD 的近似直线这一特点，常将此双摇杆机构应用于去壳机。

3. 曲柄摇块机构

图8-100所示为由构件1、2、3和机架构成的曲柄摇块机构，D 是连杆上的一点。机构尺寸满足下列条件：$AC=1.5AB$，$BD=5.3AB$。

此曲柄摇块机构工作时，主动件曲柄1绕 A 点转动，连杆2上 D 点轨迹为垂直的近似直线 qq'。其可应用于需要与机架连线垂直的近似直线轨迹的场合。

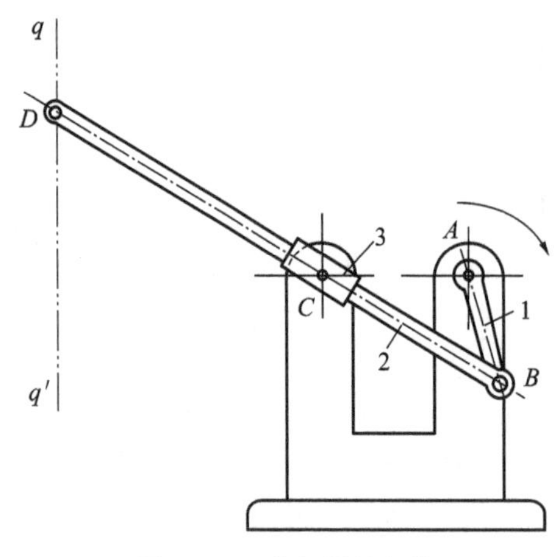

图 8-100　曲柄摇块机构

8.10.3　精确圆轨迹机构

图8-101所示的六杆机构中，Q 为连杆上的一点，机构尺寸满足下列条件：$AB=PC$，$BC=AP$，即 $ABCP$ 为平行四边形；$DB:BQ=DA:AP=PC:CQ=EP:FQ$；点 D、P、Q 在一条直线上。

主动件曲柄2绕 E 点转动时，Q 点轨迹是以 F 点为圆心、FQ 为半径的圆 q。如果在 QF 上加一个构件7，则构件2与构件7的传动比为1，转向相同。该机构主要应用于圆轨迹仪中。

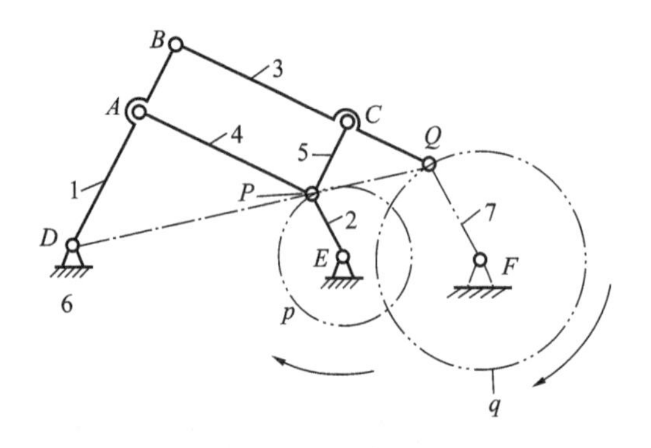

图 8-101　六杆机构

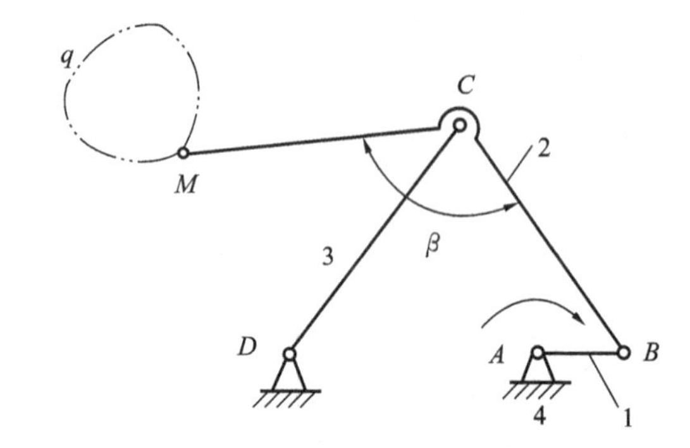

图 8-102　铰链四杆机构

8.10.4　近似圆轨迹机构

图8-102所示的铰链四杆机构中，M 为连杆上的一点，机构尺寸满足下列条件：$BC=DC=CM=3.12AB$，$AD=2.94AB$，$\beta=120°$。当主动件1绕 A 点转动时，连杆2上 M 点的轨迹为近似圆 q。该机构可应用于搅拌机中。

8.10.5　实现正方形轨迹机构

图8-103所示为等宽凸轮与连杆组合机构，连杆机构中 $ABCD$ 和 $EBCF$ 为平行四边形，构件1为等宽凸轮，框架2固连在构件 EF 上。构件2的边长为 b；等宽凸轮的理论廓线由四段圆弧组成，其半径为：$R_1=\sqrt{2}/2a$，$R_2=(2+\sqrt{2}/2)/2a$，$R_3=b=(1+\sqrt{2})a$。其中 a 为框架2

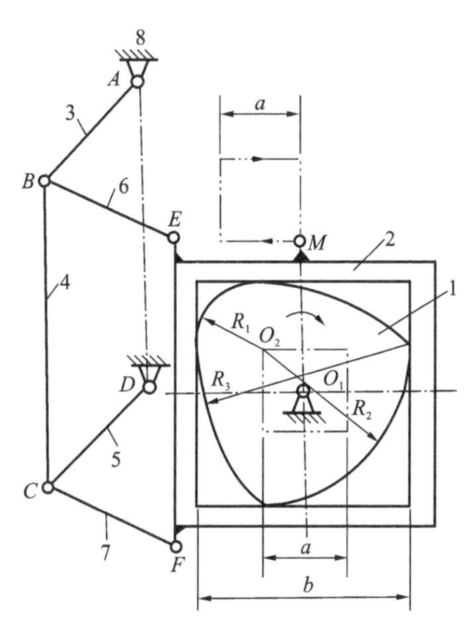

图 8-103　等宽凸轮与连杆组合机构

上 M 点正方形轨迹的边长。当主动件凸轮 1 绕 O_1 转动时，框架 2 上任意一点 M 的轨迹为正方形。该机构可应用于正方形孔加工中。

8.10.6　实现近似正方形轨迹机构

图 8-104(a)所示为一个定轴轮系，用于车削正方形(或正多边形)工件。主动轮 1 通过中介轮 2 将运动传给齿轮 3，从而让被加工工件 4 旋转；刀盘 5 与齿轮 1 同轴旋转。由于齿轮 3 的齿数是齿轮 1 的两倍，则刀盘 5 与工件 4 的转速比为 2∶1。刀盘上有两把车刀 M、N，车削时车刀 M、N 相对工件的轨迹是两个互成 90°放置的椭圆，如图 8-104(b)所示，其长半轴 $a=A+R$，短半轴 $b=A-R$。两个椭圆交叉的部分近似为正方形，且通过调整 A、R 的数值，可使正方形的边更接近直线。

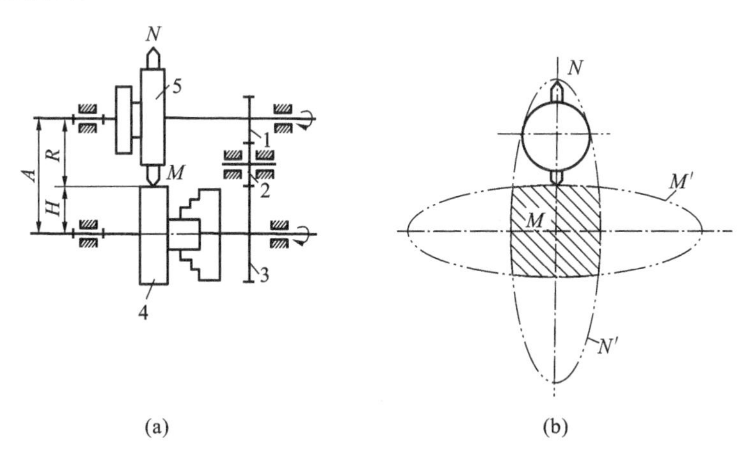

图 8-104　定轴轮系

另外，还可通过增加刀具数目、改变刀具伸出长度来加工其他正多边形或改变多边形的尺寸。

第 9 章　常用机械传动设计简介

9.1　V 带传动设计

9.1.1　常用带传动的类型及特点

带传动传动平稳，噪声小，能缓冲减振，且结构简单，轴间距大，成本低，在各种机械中被广泛应用。但由于其传动比不恒定，寿命短，承载能力较小，传递相同转矩时结构尺寸较其他传动形式大，故一般布置在传动装置中的高速级（转速较高，传递相同功率时转矩较小）。

在带传动中，常用的有平带传动（图 9-1(a)）、V 带传动（图 9-1(b)）、多楔带传动（图 9-1(c)）和同步带传动（图 9-1(d)）等。在一般的机械传动中，应用最广的是 V 带传动，常用于功率 100 kW 以下、圆周速度 $v=5\sim25$ m/s、传动比 $i\leqslant7$ 的传动中。

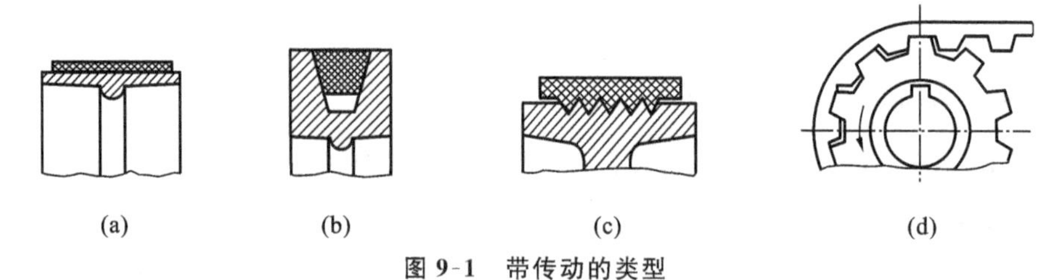

图 9-1　带传动的类型

(a)平带传动；(b)V 带传动；(c)多楔带传动；(d)同步带传动

V 带传动中，V 带以两侧面为工作面，在同样张紧力下较平带传动能产生更大的摩擦力。V 带有普通 V 带、窄 V 带、联组 V 带、齿形 V 带、大楔角 V 带、宽 V 带等多种类型，其中普通 V 带应用最广。普通 V 带的型号分为 Y、Z、A、B、C、D、E 七种，其尺寸见表 9-1，与其相应的带轮轮槽尺寸见表 9-2。

表 9-1　V 带的截面尺寸

截型	节宽 b_d/mm	顶宽 b/mm	高度 h/mm	适用槽型的基准宽度 /mm	楔角 α
Y	5.3	6	4	5.3	40°
Z	8.5	10	6	8.5	
A	11	13	8	11.0	
B	14	17	11	14.0	
C	19	22	14	19.0	
D	27	32	19	27	
E	32	38	23	32	

表 9-2 V 带轮的轮槽尺寸 （单位：mm）

槽型	节宽 b_d	基准线上槽深 h_{amin}	基准线下槽深 h_{fmin}	槽间距 e	槽边距 f_{min}	最小轮缘厚度 δ	轮槽角 φ 32°	34°	36°	38°
							相应基准直径 d_d			
Y	5.3	1.6	4.7	8±0.3	6	5	≤60	—	>60	—
Z	8.5	2.0	7.0	12±0.3	7	5.5	—	≤80	—	>80
A	11.0	2.75	8.7	15±0.3	9	6	—	≤118	—	>118
B	14.0	3.5	10.8	19±0.3	11	7.5	—	≤190	—	>190
C	19.0	4.8	14.3	25.5±0.5	16	10	—	≤315	—	>315
D	27.0	8.1	19.9	37±0.6	23	12	—	—	≤475	>475
E	32.0	9.6	23.4	44.5±0.7	28	15	—	—	≤600	>600

9.1.2 带传动的主要失效形式及受力分析

带传动的主要失效形式是疲劳破坏和过载时的打滑。

如图 9-2 所示，V 带以一定的张紧力 F_0 张紧在 V 带轮上，使带与带轮接触面间产生正压力。工作时，由于接触面间摩擦力 F_f 的作用，使带两边的拉力发生了变化。绕入主动轮的一边（紧边）被拉紧，拉力由 F_0 增加到 F_1；绕出主动轮的一边（松边）被放松，拉力由 F_0 减小到 F_2。V 带即将打滑时，紧边拉力 F_1 与松边拉力 F_2 满足

$$\frac{F_1}{F_2}=e^{f_v\alpha_1} \tag{9-1}$$

式中：f_v 为当量摩擦系数，$f_v=f/\sin(\varphi/2)$，f 为摩擦系数，φ 为轮槽角；α_1 为小带轮包角。

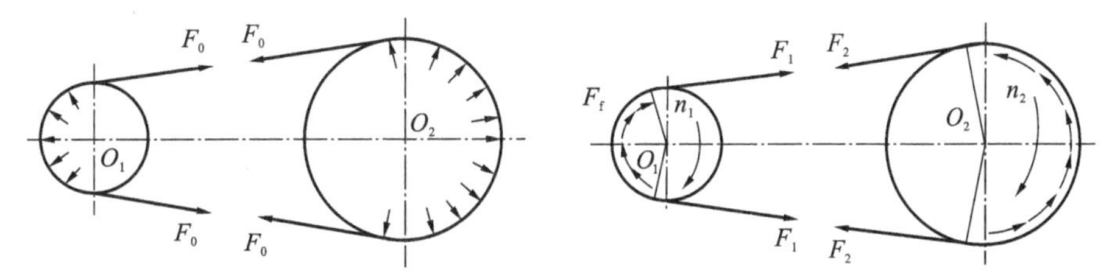

图 9-2 V 带传动的受力分析

V 带传动的应力分布如图 9-3 所示，其中：σ_1、σ_2 分别为紧边与松边的拉应力，σ_{b1}、σ_{b2} 分别为 V 带绕在大、小带轮上产生的弯曲应力，σ_c 为离心应力。

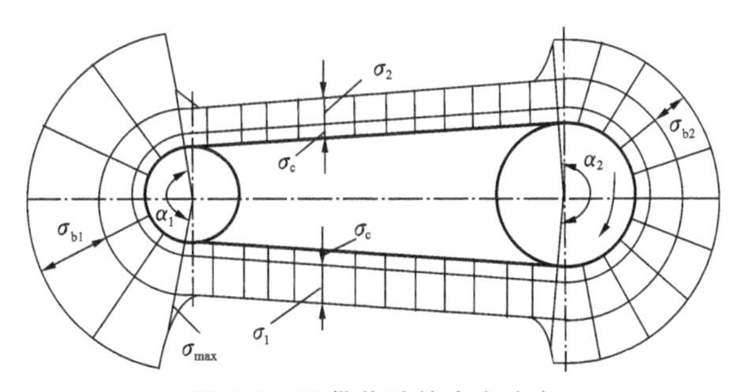

图 9-3 V 带传动的应力分布

9.1.3 V带传动的设计要点

1. 设计所需的原始数据

(1)工作条件及外廓尺寸、传动位置的要求。

(2)原动机种类和所需的传动功率。

(3)主动轮和从动轮的转速(或传动比)。

2. 设计计算需确定的主要内容

(1)V带的型号、长度和根数。

(2)中心距、安装要求(初拉力、张紧装置)、对轴的作用力。

(3)带轮的直径、材料、结构尺寸和加工要求等。

设计时应考虑带轮尺寸与传动装置外廓尺寸的相互关系,如装在电动机轴上的小带轮直径与电动机中心高是否相称,带轮轴孔直径、长度是否与轴的直径、长度相对应,大带轮是否过大而使外廓尺寸过大等。

9.1.4 V带传动的设计步骤和方法

1. 确定计算功率

$$P_c = K_A P \tag{9-2}$$

式中:P_c为计算功率(kW);K_A为工作情况系数(请参阅参考文献[5]、[6]或其他机械设计教材,以下未给出的数据均按此);P为传递的额定功率(kW)。

2. 选择带型

根据计算功率P_c和小带轮转速n_1,由参考文献的选型图选定带型。

3. 确定带轮的基准直径

1)初选小带轮的基准直径d_{d1}

根据V带截型,参考表9-3中V带轮的直径系列,选取$d_{d1} \geqslant d_{d\,min}$。为了提高V带的寿命,宜选取较大的直径。

表9-3 V带轮的最小基准直径$d_{d\,min}$ (单位:mm)

槽型	Y	Z	A	B	C	D	E
$d_{d\,min}$	20	50	75	125	200	355	500

2)验算带速v

普通V带的带速v应在5~25 m/s之间。若v过大,则离心力过大;若v过小,则d_{d1}过小,将使所需的有效拉力F_e过大,即所需的带的根数z过多,于是带轮的宽度、轴径及轴承的尺寸都要相应增大,一般取$v \approx 10 \sim 20$ m/s。带速计算公式为

$$v = \frac{\pi d_{d1} n_1}{60 \times 1\,000} \tag{9-3}$$

3)计算大带轮的基准直径d_{d2}

由$d_{d2} \approx i d_{d1}$,按V带轮的基准直径(单位:mm)系列加以适当圆整。带轮直径标准值为:50,63,75,80,85,90,100,106,112,118,125,132,140,160,170,180,200,212,224,236,250,280,300,315,335,375,400,425,450,475,500,530,560,600,630,670,710,750,800,900,

1 000,1 060,1 120,1 250,1 400,1 500,1 600,1 800,2 000,……

4. 确定传动中心距和带的基准长度

一般可根据传动的结构要求初定中心距 a_0,取

$$0.7(d_{d1}+d_{d2})\leqslant a_0\leqslant 2(d_{d1}+d_{d2}) \tag{9-4}$$

初选 a_0 后,按式(9-5)计算所需带的基准长度 L'_d。

$$L'_d\approx 2a_0+\frac{\pi}{2}(d_{d1}+d_{d2})+\frac{(d_{d2}-d_{d1})^2}{4a_0} \tag{9-5}$$

根据 L'_d 的值及参考文献,选取 V 带基准长度 L_d,再根据 L_d 计算实际中心距 a。由于 V 带传动的中心距可以调整,故也可采用式(9-6)近似计算实际中心距 a。

$$a\approx a_0+\frac{L_d-L'_d}{2} \tag{9-6}$$

考虑带传动安装、调整和张紧的需要,中心距变动范围为$(a-0.015L_d)\sim(a+0.03L_d)$。

5. 验算小带轮上的包角

根据带传动的要求,应保证小带轮的包角 $\alpha_1\geqslant 120°$,即

$$\alpha_1\approx 180°-\frac{d_{d2}-d_{d1}}{a}\times 57.3°\geqslant 120° \tag{9-7}$$

6. 确定带的根数 z

$$z=\frac{P_c}{(P_0+\Delta P_0)K_\alpha K_L} \tag{9-8}$$

式中:K_α 为包角系数;K_L 为长度系数;P_0 为单根 V 带的基本额定功率(kW);ΔP_0 为计入传动比影响时单根 V 带额定功率的增量。

为了使各根 V 带受力均匀,带的根数 z 不宜太多($z<10$),否则应改选带的型号,重新计算。

7. 确定带的初拉力

单根 V 带所需的初拉力 F_0 为

$$F_0=500\frac{P_c}{zv}\left(\frac{2.5}{K_\alpha}-1\right)+qv^2 \tag{9-9}$$

式中:q 为带的单位长度的质量(kg/m),见表 9-4。

表 9-4　V 带单位长度的质量　(单位:kg/m)

槽型	Y	Z	A	B	C	D	E
质量 q	0.023	0.06	0.105	0.17	0.30	0.63	0.97

由于新带容易松弛,故对于非自动张紧的带传动,安装新带时的预紧力应为上述预紧力的 1.5 倍。

8. 计算带传动作用在轴上的力(压轴力)

压轴力 F_p 用于设计安装带轮的轴和轴承,如果不考虑带两边的拉力差,压轴力可以近似地按式(9-10)计算。

$$F_p\approx 2zF_0\sin\frac{\alpha_1}{2} \tag{9-10}$$

9. V 带轮结构设计(略)

9.2　滚子链传动设计

9.2.1　常用链传动的类型及特点

链传动工作可靠，平均传动比恒定，轴间距大，对恶劣环境适应性好，但瞬时速度不均匀，有冲击，不适宜高速传动，一般用于低速传动。

通常链传动的传递功率 $P\leqslant 100$ kW，传动比 $i\leqslant 8$，链速 $v\leqslant 15$ m/s，传动效率为 0.95～0.98。

链按用途可分为传动链、输送链和起重链。传动链有短节距精密滚子链(简称滚子链)、齿形链等类型。滚子链有单排链、双排链和多排链，承载能力随排数增加而增大。但各排链承受的载荷不易均匀，排数不宜过多。滚子链的结构如图 9-4 所示，滚子链轮齿槽形状如图 9-5 所示。

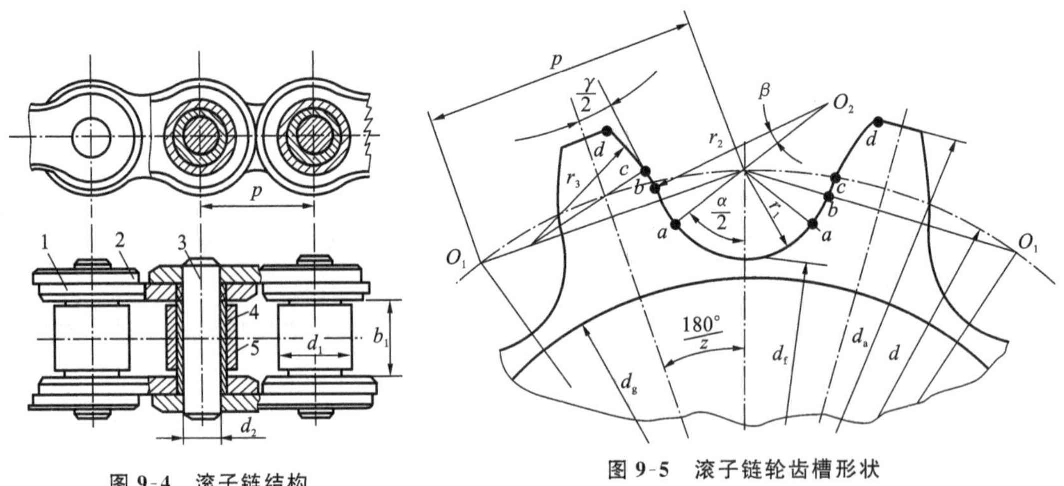

图 9-4　滚子链结构

1—内链板；2—外链板；3—销轴；4—套筒；5—滚子

图 9-5　滚子链轮齿槽形状

滚子链为标准件，有 A、B 两个系列，常用 A 系列滚子链的基本参数和尺寸见表 9-5，其中，节距 $p=25.4\times$链号/16。滚子链的标记规定为：链号-排数-整链链节数　标准编号。

表 9-5　常用 A 系列滚子链的基本参数和尺寸(GB/T 1243—2006)

链号	节距 p/mm	排距 p_t/mm	滚子外径 d_1/mm	内链节内宽 b_1/mm	内链板高度 h_2/mm	抗拉强度(单排) Q/kN	每米质量 q/(kg · m^{-1})
08A	12.70	14.38	7.92	7.85	12.07	13.8	0.60
10A	15.875	18.11	10.16	9.40	15.09	21.8	1.00
12A	19.05	22.78	11.91	12.57	18.10	31.3	1.50
16A*	25.40	29.29	15.88	15.75	24.13	55.6	2.60
20A	31.75	35.76	19.05	18.90	30.17	87.0	3.80

续表

链号	节距 p/mm	排距 p_t/mm	滚子外径 d_1/mm	内链节内宽 b_1/mm	内链板高度 h_2/mm	抗拉强度(单排) Q/kN	每米质量 q/(kg·m^{-1})
24A	38.10	45.44	22.23	25.22	36.20	125.0	5.60
28A	44.45	48.87	25.40	25.22	42.23	170.0	7.50
32A	50.80	58.55	28.58	31.55	48.26	223.0	10.10

9.2.2　链传动的失效形式和运动分析

链传动的主要失效形式有链板疲劳破坏、铰链磨损、滚子套筒受冲击疲劳破坏、销轴和套筒胶合、链条过载拉断等。

由于链传动的多边形效应，在主动链轮作等速回转时，链条前进的瞬时速度 $v_x=R_1\omega_1\cos\beta$（β 角的变化范围是 $-\varphi_1/2\sim+\varphi_1/2$）是周期性变化的，铰链销轴上下运动的垂直分速度 $v_{y1}=v_1\sin\beta$ 也是周期性变化的（图 9-6）。由于链条与从动链轮都作周期性的变速运动，因而造成和从动链轮相连的零件也产生周期性的速度变化，从而引起了动载荷。

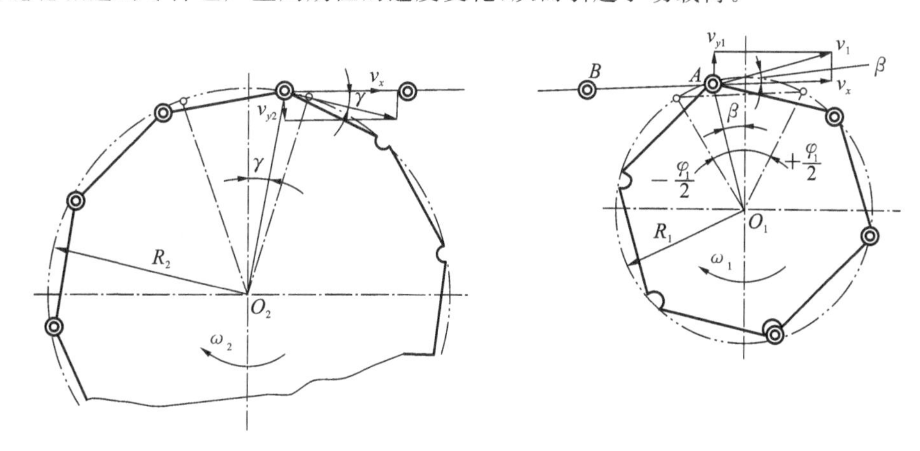

图 9-6　链传动的运动分析

链传动工作时，紧边拉力由链传动的有效圆周力 F_e、离心拉力 F_c 及链条松边垂度引起的悬垂拉力 F_f 组成，链的松边所受拉力则由 F_e 和 F_c 两部分组成。

9.2.3　链传动的设计要点

1. 设计所需的原始数据

(1)载荷特性和工作情况。

(2)传递功率。

(3)主动轮和从动轮的转速(或传动比)。

(4)外廓尺寸、传动布置方式的要求及润滑条件。

2. 设计计算需确定的主要内容

(1)根据工作要求选出链条的型号(链节距)、排数和链节数。

(2)确定传动参数和尺寸(中心距、链轮齿数等)。

(3)设计链轮(材料、尺寸和结构)。

(4)确定润滑方式、张紧装置和维护要求等。

设计时应考虑链轮直径尺寸、轴孔尺寸、轮毂尺寸等与其他零件的协调；当选用的单排链尺寸过大时，应改选双排或多排链，以尽量减小节距；滚子链链轮端面齿形已标准化，有专门的刀具加工，因此不必画出，而轴端面齿形则应按标准确定尺寸并在图中注明。

9.2.4 链传动的设计步骤和方法

1. 选择链轮齿数 z_1、z_2 或传动比

小链轮齿数 z_1 对传动的平稳性和使用寿命有较大影响。齿数少则外廓尺寸小，但齿数过少将会使传动的不均匀性和动载荷增大，使铰链的磨损加剧、传递的圆周力增大。z_1 选得太大时，大链轮齿数 z_2 将更大，不仅使传动的尺寸和质量增大，还容易发生跳齿和脱链，缩短链条的使用寿命，故通常限定 $z_{max} \leqslant 120$。在选择 z_1 时可参考表 9-6。由于链节数常是偶数，为使证磨损均匀，链轮齿数一般应取与链节数互为质数的奇数，并优先选用以下数据：17、19、23、25、38、57、76、95、114。

表 9-6 小链轮齿数 z_1 的选择

链速 $v/(\mathrm{m \cdot s^{-1}})$	0.6～3	3～8	>8
齿数 z_1	≥17	≥21	≥25

2. 确定计算功率 P_c

计算功率 P_c 可按式(9-11)确定。

$$P_c = K_A P \tag{9-11}$$

式中：P_c 为计算功率(kW)；K_A 为工作情况系数；P 为传递的额定功率(kW)。

3. 确定链的节距 p

在一定条件下，链的节距越大承载能力就越高，但传动的多边形效应也会越大，冲击、振动、噪声也越严重，所以设计时应尽量选用小节距的单排链，当速度高、功率大时可选用小节距的多排链。链节距 p 可根据单排链所能传递的功率 P_0 和小链轮转速 n_1 结合表 9-5 选取。功率 P_0 可由式(9-12)确定。

$$P_0 = \frac{P_c}{K_z K_L K_p} \tag{9-12}$$

式中：K_z 为小链轮的齿数系数；K_L 为链长系数；K_p 为多排链系数。

4. 确定链传动的中心距和链节数

设计时，中心距过小，则链的磨损和疲劳破坏严重，每个轮齿上所受的载荷较大，易出现跳齿和脱链；中心距过大则会引起从动边垂度过大，造成松边颤动。若中心距不受其他条件限制，一般可取 $a_0=(30\sim50)p$，最大取 $a_{0max}=80p$。

链条长度以链节数 L_p 来表示，L_p 与中心距 a_0 之间的关系为

$$L_p = \frac{2a_0}{p} + \frac{z_1+z_2}{2} + \left(\frac{z_2-z_1}{2\pi}\right)^2 \frac{p}{a_0} \tag{9-13}$$

计算出的 L_p 应圆整为整数，最好取偶数，然后根据圆整后的链节数计算理论中心距 a。

5. 确定小链轮毂孔最大直径

当确定了链与链轮的节距和小链轮齿数后，链轮的结构和各部分尺寸基本上就可确定，轮毂孔的最大直径也可定出，但应不小于安装链轮处的轴径。若不能满足要求，可采用链轮轴或重新选择链传动参数(增大 z_1 或 p)。

6. 链传动作用在轴上的力(简称压轴力)F_p

链传动的压轴力 F_p 可近似取为

$$F_p \approx K_{FP} F_e \tag{9-14}$$

式中：F_e 为链传递的有效圆周力；K_{FP} 为压轴力系数，水平传动时 $K_{FP}=1.15$，垂直传动时 $K_{FP}=1.05$。

9.3　齿轮传动设计

9.3.1　常用齿轮传动的类型及特点

齿轮传动承载能力强、速度范围大、工作可靠、传动比恒定、外廓尺寸小、效率高、寿命长，是机械传动中最主要的传动形式之一，与带传动和链传动相比，制造、安装精度要求高，噪声大，成本较高，不宜用于远距离传动。

按齿轮传动的工作条件，其主要分为开式传动和闭式传动两种；按材料的性能及热处理工艺的不同，齿轮可分为硬齿面(齿面硬度大于 350HBS 或 38HRC)和软齿面(齿面硬度小于 350HBS 或 38HRC)。

斜齿轮传动的平稳性较直齿轮传动好，常用在高速级或要求传动平稳的场合。

锥齿轮加工困难，特别是大直径、大模数的锥齿轮，所以只有在需要改变轴的布置方向时采用，并尽量用于高速级和限制传动比的场合，以减小锥齿轮的直径和模数。

开式齿轮传动的工作环境较差，润滑条件不好，磨损较严重，寿命较短，应布置在低速级。

9.3.2　齿轮传动的失效形式和受力分析

齿轮传动的失效形式主要是齿轮的失效，而齿轮的失效形式常见的有轮齿折断、齿面磨损、点蚀、胶合及塑性变形等。

1. 直齿圆柱齿轮轮齿的受力分析

直齿轮轮齿上作用的力主要有沿啮合线作用在齿面上的法向载荷 F_n 和啮合轮齿间的摩擦力。摩擦力很小可不考虑。F_n 通常在节点 P 处分解为互相垂直的分力，即圆周力 F_t 和径向力 F_r，如图 9-7 所示。

各力计算公式如下。

$$F_t = \frac{2T_1}{d_1} \tag{9-15}$$

$$F_r = F_t \tan\alpha \tag{9-16}$$

$$F_n = \frac{F_t}{\cos\alpha} \tag{9-17}$$

式中：T_1 为小齿轮转矩，单位为 N·m；d_1 为小齿轮分度圆直径，单位为 mm；α 为啮合角。

2. 斜齿轮轮齿的受力分析

斜齿轮轮齿上作用的力主要有垂直于齿面的法向载荷 F_n 和啮合轮齿间的摩擦力。摩擦力很小可不考虑。F_n 可沿轮齿的周向、径向和轴向分解为互相垂直的分力，即圆周力 F_t、径向力 F_r 和轴向力 F_a，如图 9-8 所示。

各力计算公式如下。

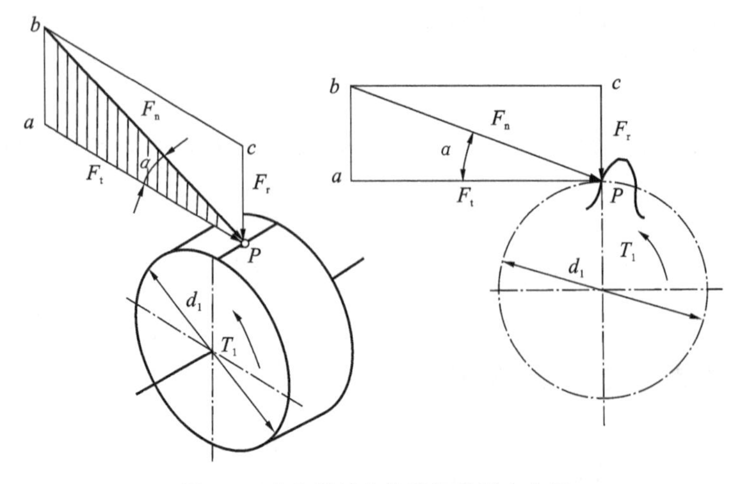

图 9-7　直齿圆柱齿轮轮齿的受力分析

$$F_t=\frac{2T_1}{d_1} \tag{9-18}$$

$$F_r=\frac{F_t\tan\alpha_n}{\cos\beta} \tag{9-19}$$

$$F_n=\frac{F_t}{\cos\alpha_n\cos\beta} \tag{9-20}$$

$$F_a=F_t\tan\beta \tag{9-21}$$

式中：α_n 为法向压力角；β 为分度圆螺旋角。

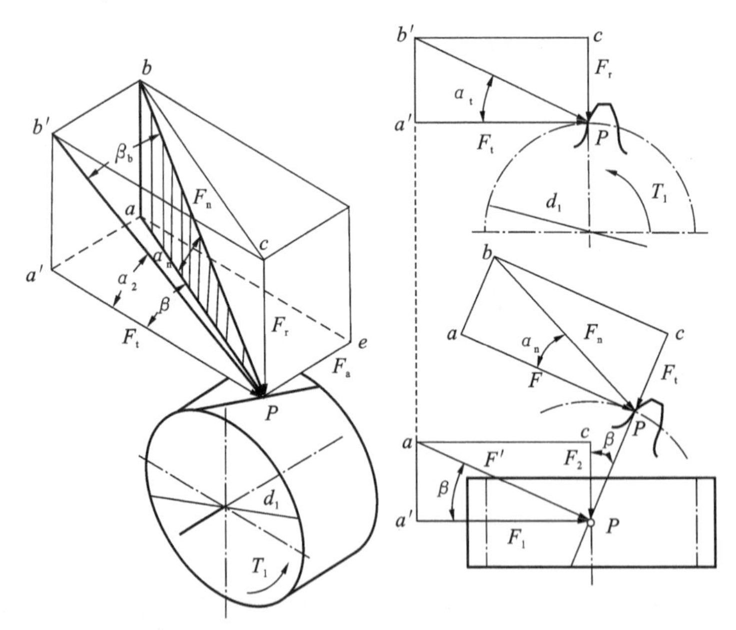

图 9-8　斜齿圆柱齿轮轮齿的受力分析

3. 直齿锥齿轮的轮齿受力分析

直齿锥齿轮上所受的法向载荷 F_n 通常视为集中作用在平均分度圆锥上，F_n 可分解为圆周力 F_t、径向力 F_r 和轴向力 F_a，如图 9-9 所示。

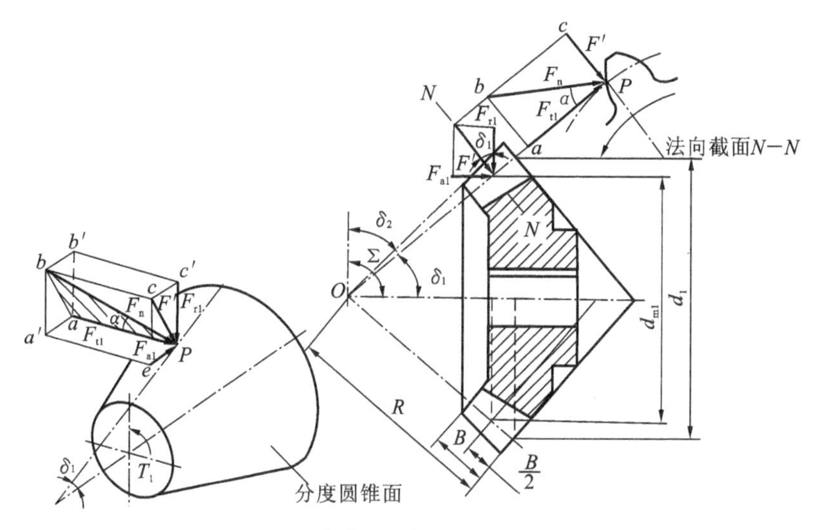

图 9-9　直齿锥齿轮轮齿的受力分析

$$F_t=\frac{2T_1}{d_{m1}} \tag{9-22}$$

$$F_{r1}=F_t\tan\alpha\cos\delta_1 \tag{9-23}$$

$$F_n=\frac{F_t}{\cos\alpha} \tag{9-24}$$

$$F_{a1}=F_t\tan\alpha\sin\delta_1 \tag{9-25}$$

式中：δ_1 为小齿轮的分度圆锥角。

9.3.3　齿轮传动的设计要点

1. 设计所需的原始数据

(1)载荷特性和工作情况。

(2)传递功率或转矩。

(3)转速(或传动比)。

(4)外廓尺寸、传动方式的限制。

2. 设计计算需确定的主要内容

(1)根据工作要求确定齿轮的材料及热处理方式。

(2)确定齿轮传动的参数(中心距、齿数、模数、螺旋角、变位系数和齿宽等)。

(3)确定齿轮的其他几何参数和结构。

9.3.4　齿轮传动的设计准则

设计齿轮传动时，应首先按照主要失效形式进行强度计算，确定其主要尺寸，然后对其他失效形式进行必要的校核。

1. 闭式软齿面齿轮传动

闭式软齿面齿轮常因齿面点蚀而失效，故通常先按齿面接触疲劳强度设计公式确定传动的尺寸(d_1)，然后验算齿根弯曲疲劳强度。

2. 闭式硬齿面齿轮传动

闭式硬齿面齿轮的抗点蚀能力较强，故可先按齿根弯曲疲劳强度设计公式确定齿轮的模数等尺寸，然后验算齿面接触疲劳强度。

闭式齿轮选择齿轮材料时，通常先估计毛坯的制造方法。当齿轮直径 $d\leqslant 500$ mm 时，根据制造条件，可以采用铸造或锻造毛坯；当 $d>500$ mm 时，多用铸造毛坯；当小齿轮齿根圆直径与轴径接近时，齿轮与轴制成一体，则所选材料应兼顾轴的要求。

3. 开式齿轮传动

开式齿轮的主要失效形式是磨损，一般不出现点蚀，而目前对磨损尚无成熟的计算方法，故通常只进行齿根弯曲疲劳强度计算。考虑到磨损对齿厚的影响，应适当降低开式传动的许用弯曲应力（降至 70%～80%），或将根据齿根弯曲疲劳强度计算求得的模数加大10%～20%。

为使支撑结构简单，常采用直齿。由于润滑条件差，注意配对材料选择时应使轮齿具有较好的减摩和耐磨性能，大齿轮材料应考虑其毛坯尺寸和制造方法。开式齿轮的齿宽系数应取小些，以减轻轮齿载荷集中。

9.3.5 齿轮传动的设计步骤和方法

1. 闭式软齿面齿轮传动（以直齿圆柱齿轮传动为例）

(1)根据传动方案，选取直齿圆柱齿轮传动。

(2)选择材料。大、小齿轮的材料可选择中碳钢调质或正火，大、小齿轮材料的硬度差应为30～50HBS。

(3)选取小齿轮齿数 z_1。取小齿轮齿数 z_1 为 20～40，则大齿轮齿数 $z_2=iz_1=uz_1$（圆整），u 为齿数比。

(4)按齿面接触疲劳强度设计。

$$d_1\geqslant 2.32\sqrt[3]{\frac{KT_1}{\phi_d}\cdot\frac{u\pm 1}{u}\cdot\left(\frac{Z_E}{[\sigma_H]}\right)^2} \tag{9-26}$$

式中：d_1 为小齿轮的分度圆直径，单位为 mm；K 为载荷系数；T_1 为小齿轮转矩，单位为 N·m；ϕ_d 为齿宽系数；Z_E 为材料的弹性影响系数，单位为 $MPa^{1/2}$；$[\sigma_H]$为齿轮的许用接触应力，单位为 MPa。

试算小齿轮分度圆直径 d_1 时，试选载荷系数 K，代入大、小齿轮许用接触应力中的较小者。

(5)按齿根弯曲疲劳强度校核。

齿轮的模数 $$m=\frac{d_1}{z_1}$$

齿宽 $$b=\phi_d d_1$$

则 $$\sigma_F=\frac{2KT_1Y_{Fa}Y_{Sa}}{\phi_d m^3 z_1^2}\leqslant[\sigma_F] \tag{9-27}$$

式中：Y_{Fa}为齿形系数；Y_{Sa}为应力校正系数，$[\sigma_F]$为许用弯曲应力，单位为 MPa。

(6)计算齿轮的圆周速度。

$$v=\frac{\pi d_1 n_1}{60\times 1\,000}$$

可根据齿轮的圆周速度选取齿轮的精度等级。

2. 闭式硬齿面齿轮传动(略)

3. 开式齿轮传动(略)

9.3.6 注意事项

1. 圆柱齿轮传动

齿轮强度计算公式中，载荷和几何参数是用小齿轮输出转矩 T_1 和直径 d_1(或 mz_1)表示的，因此不论强度计算是针对小齿轮还是大齿轮的(即许用应力或齿形系数无论是哪个齿轮的数值)，公式中的转矩、直径或齿数都应是小齿轮的数值。

齿宽系数定义有三种：$\phi_d=\dfrac{b}{d_1}$、$\phi_a=\dfrac{b}{a}$、$\phi_m=\dfrac{b}{m}$，其中 b 为大齿轮宽度，为补偿齿轮轴向位置误差，应使小齿轮宽度 $b_1=b+(5\sim10)$mm。

齿轮传动的几何参数和尺寸有严格要求，如模数必须标准化，中心距和齿宽尽量圆整，啮合尺寸(节圆、分度圆、齿顶圆、齿根圆的直径及螺旋角、变位系数等)必须精确计算，长度尺寸精确到小数点后 2～3 位，角度精确到秒(″)。

2. 锥齿轮传动

锥齿轮以大端模数为标准，计算锥距 R、分度圆直径 d 等几何尺寸时都要用大端模数，这些尺寸都要精确计算，不能圆整。

小锥齿轮的齿数一般取 $z_1=16\sim30$。

大、小锥齿轮的齿宽应相等，按齿宽系数 $\phi_R=b/R$ 计算的齿宽应圆整。

两轴交角为 90°时，确定大、小齿轮齿数后，分度圆锥角 δ_1 和 δ_2 可以由齿数比 $u=z_2/z_1$ 算出，u 值的精确度应达到小数点后 4 位，δ 值计算应精确到秒(″)。

无论何种传动形式，设计时应考虑齿轮的直径尺寸、轴孔尺寸、轮毂尺寸等与其他零件的协调。

第10章 电 动 机

常用电动机类型主要有Y系列三相异步电动机、YZ和YZR系列起重及冶金用三相异步电动机。电动机主要类型及其应用见表10-1。

表10-1 电动机主要类型及其应用

种类	名 称	主要用途	基本特点
交流电动机	同步电动机	驱动功率较大或转速较低的机械设备，用于大型船舶的推进器	转速严格按同步转速运行
	异步电动机 (1)笼型异步电动机 (2)绕线转子异步电动机 (3)交流换向器电动机	笼型异步电动机用于驱动一般机械设备 绕线转子异步电动机用于要求起动转矩高、启动电流小或小范围调速的机械设备 三相换向器电动机用于驱动需要调速的机械，单相换向器电动机用于电动工具和吸尘器中	转速与同步转速间存在一定的差异，电机性能能满足一般机械的传动要求；结构简单，运行可靠，使用维护方便。但调速性能较差，要从电网吸收无功功率
直流电动机	直流电动机	用于冶金、矿山、交通运输、纺织、印染、造纸、印刷以及化工和机床工业，主要驱动需要调速的机械设备	调速性能优良，调速方便、平滑、范围广；改变励磁方式可获得不同的运行特性。但结构较复杂，维护工作量较大
交直流两用电动机	交直流两用电动机	用于电动工具等	
特殊用途电动机	(1)电动测功机 (2)同步调相机 (3)进相机 (4)控制微特电机 (5)其他特殊用途电机	测定机械功率 供给或吸收电力网无功功率 改善电机功率因数 在伺服系统中作检测、反馈、执行及放大元件使用，在解算系统中作解算元件	

10.1 Y系列三相异步电动机

Y系列三相异步电动机是按照国际电工委员会(IEC)标准设计的，具有国际互换性的特点。其中，Y系列(IP44)电动机为一般用途全封闭自扇冷式笼型三相异步电动机，具有防止灰尘、铁屑或其他杂物侵入电动机内部之特点，B级绝缘，工作环境温度不超过+40 ℃，相对湿度不超过95%，海拔高度不超过1 000 m，额定电压为380V、频率50 Hz。适用于无特殊要求的机械上，如机床、泵、风机、运输机、搅拌机、农业机械等。

表 10-2 Y系列(IP44)三相异步电动机的技术数据(摘自 JB/T 10391—2008)

电动机型号	额定功率/kW	满载转速/(r/min)	堵转转矩/额定转矩	最大转矩/额定转矩	电动机型号	额定功率/kW	满载转速/(r/min)	堵转转矩/额定转矩	最大转矩/额定转矩
同步转速 3 000 r/min,2 极					Y160M-4	11	1460	2.2	2.3
Y80M1-2	0.75	2830	2.2	2.3	Y160L-4	15	1460	2.2	2.3
Y80M2-2	1.1	2830	2.2	2.3	Y180M-4	18.5	1470	2	2.2
Y90S-2	1.5	2840	2.2	2.3	Y180L-4	22	1470	2	2.2
Y90L-2	2.2	2840	2.2	2.3	Y200L-4	30	1470	2	2.2
Y100L-2	3	2880	2.2	2.3	Y225S-4	37	1480	1.9	2.2
Y112M-2	4	2890	2.2	2.3	Y225M-4	45	1480	1.9	2.2
Y132S1-2	5.5	2900	2.0	2.3	Y250M-4	55	1480	2	2.2
Y132S2-2	7.5	2900	2.0	2.3	Y280S-4	75	1480	1.9	2.2
Y160M1-2	11	2930	2.0	2.3	Y280M-4	90	1480	1.9	2.2
Y160M2-2	15	2930	2.0	2.3	Y315S-4	110	1480	1.8	2.2
Y160L-2	18.5	2930	2.0	2.2	Y315M-4	132	1480	1.8	2.2
Y180M-2	22	2940	2.0	2.2	Y315L1-4	160	1480	1.8	2.2
Y200L1-2	30	2950	2.0	2.2	Y315L2-4	200	1480	1.8	2.2
Y200L2-2	37	2950	2.0	2.2	同步转速 1000 r/min,6 极				
Y225M-2	45	2970	2.0	2.2	Y90S-6	0.75	910	2.0	2.2
Y250M-2	55	2970	2.0	2.2	Y90L-6	1.1	910	2.0	2.2
Y280S-2	75	2970	2.0	2.2	Y100L-6	1.5	940	2.0	2.2
Y280M-2	90	2970	2.0	2.2	Y112M-6	2.2	940	2.0	2.2
Y315S-2	110	2980	1.8	2.2	Y132S-6	3	960	2.0	2.2
Y315M-2	132	2980	1.8	2.2	Y132M1-6	4	960	2.0	2.2
Y315L1-2	160	2980	1.8	2.2	Y132M2-6	5.5	960	2.0	2.2
Y315L2-2	200	2980	1.8	2.2	Y160M-6	7.5	970	2.0	2.0
同步转速 1 500 r/min,4 极					Y160L-6	11	970	2.0	2.0
Y80M1-4	0.55	1390	2.3	2.3	Y180L-6	15	970	1.8	2.0
Y80M2-4	0.75	1390	2.3	2.3	Y200L1-6	18.5	970	1.8	2.0
Y90S-4	1.1	1400	2.3	2.3	Y200L2-6	22	970	1.8	2.0
Y90L-4	1.5	1400	2.3	2.3	Y225M-6	30	980	1.7	2.0
Y100L1-4	2.2	1430	2.2	2.3	Y250M-6	37	980	1.8	2.0
Y100L2-4	3	1430	2.2	2.3	Y280S-6	45	980	1.8	2.0
Y112M-4	4	1440	2.2	2.3	Y280M-6	55	980	1.8	2.0
Y132S-4	5.5	1440	2.2	2.3	Y315S-6	75	980	1.6	2.0
Y132M-4	7.5	1440	2.2	2.3	Y315M-6	90	980	1.6	2.0

续表

电动机型号	额定功率/kW	满载转速/(r/min)	堵转转矩/额定转矩	最大转矩/额定转矩	电动机型号	额定功率/kW	满载转速/(r/min)	堵转转矩/额定转矩	最大转矩/额定转矩
Y315L1-6	110	980	1.6	2.0	Y250M-8	30	730	1.8	2.0
Y315L2-6	132	980	1.6	2.0	Y280S-8	37	740	1.8	2.0
同步转速 750 r/min，8 极					Y280M-8	45	740	1.8	2.0
Y132S-8	2.2	710	2.0	2.0	Y315S-8	55	740	1.6	2.0
Y132M-8	3	710	2.0	2.0	Y315M-8	75	740	1.6	2.0
Y160M1-8	4	720	2.0	2.0	Y315L1-8	90	740	1.6	2.0
Y160M2-8	5.5	720	2.0	2.0	Y315L2-8	110	740	1.6	2.0
Y160L-8	7.5	720	2.0	2.0	同步转速 600 r/min，10 极				
Y180L-8	11	730	1.7	2.0	Y315S-10	45	590	1.4	2.0
Y200L-8	15	730	1.8	2.0	Y315M-10	55	590	1.4	2.0
Y225S-8	18.5	730	1.7	2.0	Y315L2-10	75	590	1.4	2
Y225M-8	22	730	1.8	2.0					

注：电动机型号意义：以 Y132S2-2-B3 为例，Y 表示系列代号（异步电动机），132 表示机座中心高，S2 表示短机座和第 2 种铁心长度（S—短机座，M—中机座，L—长机座），2 为电动机的极数，B3 表示安装型式。

表 10-3　机座带底脚、端盖无凸缘（B3、B6、B7、B8、V5、V6 型）电动机的安装及外形尺寸　（单位：mm）

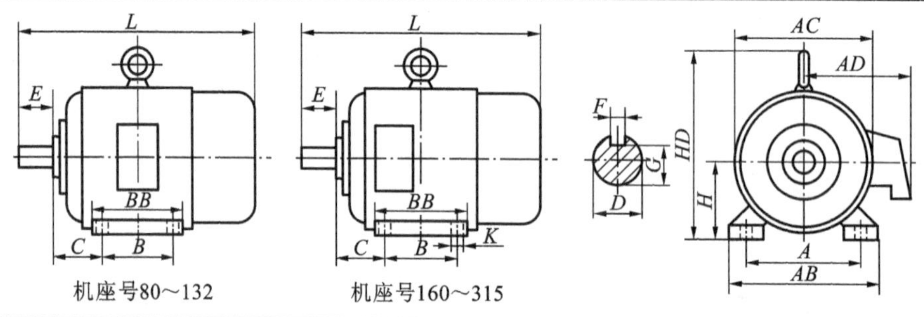

机座号	安装尺寸 A	B	C	D 2极	D 4、6、8、10极	E 2极	E 4、6、8、10极	F 2极	F 4、6、8、10极	G 2极	G 4、6、8、10极	H	K	AB	AC	AD	HD	BB	L 2极	L 4、6、8、10极
80M	125	100	50	$19^{+0.009}_{-0.004}$		40		6		15.5		$80^{0}_{-0.5}$	10	165	165	150	170	135	285	
90S	140		56	$24^{+0.009}_{-0.004}$		50		8		20		$90^{0}_{-0.5}$		180	175	155	190		310	
90L		125																160	335	
100L	160	140	63	$28^{+0.009}_{-0.004}$		60				24		$100^{0}_{-0.5}$	20	205	205	180	245	180	380	
112M	190		70									$112^{0}_{-0.5}$		245	230	190	265	185	400	
132S	216		89	$38^{+0.018}_{+0.002}$		80		10		33		$132^{0}_{-0.5}$		280	270	210	315	205	470	
132M		178																243	508	

续表

<table>
<tr><th rowspan="3">机座号</th><th colspan="20">安装尺寸</th></tr>
<tr><th rowspan="2">A</th><th rowspan="2">B</th><th rowspan="2">C</th><th colspan="2">D</th><th colspan="2">E</th><th colspan="2">F</th><th colspan="2">G</th><th rowspan="2">H</th><th rowspan="2">K</th><th rowspan="2">AB</th><th rowspan="2">AC</th><th rowspan="2">AD</th><th rowspan="2">HD</th><th rowspan="2">BB</th><th colspan="2">L</th></tr>
<tr><th>2极</th><th>4、6、8、10极</th><th>2极</th><th>4、6、8、10极</th><th>2极</th><th>4、6、8、10极</th><th>2极</th><th>4、6、8、10极</th><th>2极</th><th>4、6、8、10极</th></tr>
<tr><td>160M</td><td rowspan="2">254</td><td>210</td><td rowspan="2">108</td><td colspan="2" rowspan="2">$42^{+0.018}_{+0.002}$</td><td colspan="2" rowspan="5">110</td><td colspan="2" rowspan="2">12</td><td colspan="2" rowspan="2">37</td><td rowspan="2">$160_{-0.5}^{0}$</td><td rowspan="4">15</td><td rowspan="2">330</td><td rowspan="2">325</td><td rowspan="2">255</td><td rowspan="2">385</td><td>275</td><td colspan="2">600</td></tr>
<tr><td>160L</td><td>254</td><td>320</td><td colspan="2">645</td></tr>
<tr><td>180M</td><td rowspan="2">279</td><td>241</td><td rowspan="2">121</td><td colspan="2" rowspan="2">$48^{+0.018}_{+0.002}$</td><td colspan="2" rowspan="2">14</td><td colspan="2" rowspan="2">42.5</td><td rowspan="2">$180_{-0.5}^{0}$</td><td rowspan="2">355</td><td rowspan="2">360</td><td rowspan="2">285</td><td rowspan="2">430</td><td>315</td><td colspan="2">670</td></tr>
<tr><td>180L</td><td>279</td><td>353</td><td colspan="2">710</td></tr>
<tr><td>200L</td><td>318</td><td>305</td><td>133</td><td colspan="2">$55^{+0.030}_{+0.011}$</td><td colspan="2">16</td><td colspan="2">49</td><td>$200_{-0.5}^{0}$</td><td rowspan="3">19</td><td>395</td><td>400</td><td>310</td><td>475</td><td>380</td><td colspan="2">770</td></tr>
<tr><td>225S</td><td rowspan="2">356</td><td>286</td><td rowspan="2">149</td><td>—</td><td rowspan="2">$60^{+0.030}_{+0.011}$</td><td>—</td><td rowspan="5">140</td><td>—</td><td rowspan="3">18</td><td>—</td><td rowspan="2">53</td><td rowspan="2">$225_{-0.5}^{0}$</td><td rowspan="2">435</td><td rowspan="2">450</td><td rowspan="2">345</td><td rowspan="2">530</td><td>375</td><td>—</td><td>815</td></tr>
<tr><td>225M</td><td>311</td><td>$55^{+0.030}_{+0.011}$</td><td>110</td><td>16</td><td>49</td><td>400</td><td>810</td><td>840</td></tr>
<tr><td>250M</td><td>406</td><td>349</td><td>168</td><td>$60^{+0.030}_{+0.011}$</td><td>$65^{+0.030}_{+0.011}$</td><td rowspan="6">140</td><td rowspan="6">18</td><td>53</td><td>58</td><td>$250_{-0.5}^{0}$</td><td rowspan="3">24</td><td>490</td><td>495</td><td>385</td><td>575</td><td>460</td><td colspan="2">925</td></tr>
<tr><td>280S</td><td rowspan="2">457</td><td>368</td><td rowspan="2">190</td><td rowspan="5">$65^{+0.030}_{+0.011}$</td><td rowspan="2">$75^{+0.030}_{+0.011}$</td><td rowspan="2">20</td><td rowspan="5">58</td><td rowspan="2">67.5</td><td rowspan="2">$280_{-1.0}^{0}$</td><td rowspan="2">550</td><td rowspan="2">555</td><td rowspan="2">410</td><td rowspan="2">640</td><td>525</td><td colspan="2">1000</td></tr>
<tr><td>280M</td><td>419</td><td>576</td><td colspan="2">1050</td></tr>
<tr><td>315S</td><td rowspan="3">508</td><td>406</td><td rowspan="3">216</td><td rowspan="3">$80^{+0.030}_{+0.011}$</td><td rowspan="3">170</td><td rowspan="3">22</td><td rowspan="3">71</td><td rowspan="3">$315_{-1.0}^{0}$</td><td rowspan="3">28</td><td rowspan="3">640</td><td rowspan="3">645</td><td rowspan="3">550</td><td rowspan="3">770</td><td>615</td><td>1155</td><td>1185</td></tr>
<tr><td>315M</td><td>457</td><td>665</td><td>1210</td><td>1240</td></tr>
<tr><td>315L</td><td>508</td><td>745</td><td>1210
1295</td><td>1240
1325</td></tr>
</table>

10.2 YZ 和 YZR 系列起重及冶金用三相异步电动机

起重及冶金用三相异步电动机是用于驱动各种型式的起重机械和冶金设备中的辅助机械的专用系列产品。它具有较大的过载能力和较高的机械强度，特别适用于短时或断续周期运行、频繁启动和制动、有时过负荷及有显著的振动与冲击的设备。

YZ 系列为笼型转子电动机，YZR 系列为绕线转子电动机。起重及冶金用电动机大多采用绕线转子，但对于 30 kW 以下电动机以及在启动不是很频繁而电网容量又许可满压启动的场所，也可采用笼型转子。

根据负荷的不同性质，电动机常用的工作制分为 S2（短时工作制）、S3（断续周期工作制）、S4（包括启动的断续周期性工作制）、S5（包括电制动的断续周期工作制）等几种。其基准工作制为 S3，基准负载持续率 *FC* 为 40%，每一工作周期为 10 min，即相当于等效启动 6 次/h。*FC*=工作时间/一个工作周期，工作时间包括启动和制动时间。

YZ、YZR 系列电动机型号意义：以 YZR112M-6 为例，Y 表示异步电动机，Z 表示起重及冶金用，R 表示绕线转子（笼式无 R），112 表示机座中心高（mm），M 为铁心长度代号（S—短机座，M—中机座，L—长机座），6 为电动机的极数。YZ 系列电动机技术数据、安装及外形尺寸见表 10-4 和表 10-5，YZR 系列电动机技术数据、安装及外形尺寸见表 10-6 和表 10-7。

表 10-4 YZ 系列电动机技术数据

<table>
<tr><th rowspan="4">型号</th><th colspan="4">S2</th><th colspan="15">S3</th></tr>
<tr><th colspan="15">6 次/h(热等效启动次数)</th></tr>
<tr><th colspan="2">30min</th><th colspan="2">60min</th><th colspan="2">FC=15%</th><th colspan="2">FC=25%</th><th colspan="7">FC=40%</th><th colspan="2">FC=60%</th><th colspan="2">FC=100%</th></tr>
<tr><th>额定功率/kW</th><th>转速/(r/min)</th><th>额定功率/kW</th><th>转速/(r/min)</th><th>额定功率/kW</th><th>转速/(r/min)</th><th>额定功率/kW</th><th>转速/(r/min)</th><th>额定功率/kW</th><th>转速/(r/min)</th><th>最大转矩/额定转矩</th><th>堵转转矩/额定转矩</th><th>堵转电流/额定电流</th><th>效率/%</th><th>功率因数</th><th>额定功率/kW</th><th>转速/(r/min)</th><th>额定功率/kW</th><th>转速/(r/min)</th></tr>
<tr><td>YZ112M-6</td><td>1.8</td><td>892</td><td>1.5</td><td>920</td><td>2.2</td><td>810</td><td>1.8</td><td>892</td><td>1.5</td><td>920</td><td>2.0</td><td>2.0</td><td>4.47</td><td>69.5</td><td>0.765</td><td>1.1</td><td>946</td><td>0.8</td><td>980</td></tr>
<tr><td>YZ132M1-6</td><td>2.5</td><td>920</td><td>2.2</td><td>935</td><td>3.0</td><td>804</td><td>2.5</td><td>920</td><td>2.2</td><td>935</td><td>2.0</td><td>2.0</td><td>5.16</td><td>74</td><td>0.745</td><td>1.8</td><td>950</td><td>1.5</td><td>960</td></tr>
<tr><td>YZ132M2-6</td><td>4.0</td><td>915</td><td>3.7</td><td>912</td><td>5.0</td><td>890</td><td>4.0</td><td>915</td><td>3.7</td><td>912</td><td>2.0</td><td>2.0</td><td>5.54</td><td>79</td><td>0.79</td><td>3.0</td><td>940</td><td>2.8</td><td>945</td></tr>
<tr><td>YZ160 M1-6</td><td>6.3</td><td>922</td><td>5.5</td><td>933</td><td>7.5</td><td>903</td><td>6.3</td><td>922</td><td>5.5</td><td>933</td><td>2.0</td><td>2.0</td><td>4.9</td><td>80.6</td><td>0.83</td><td>5.0</td><td>940</td><td>4.0</td><td>953</td></tr>
<tr><td>YZ160 M2-6</td><td>8.5</td><td>943</td><td>7.5</td><td>948</td><td>11</td><td>926</td><td>8.5</td><td>943</td><td>7.5</td><td>948</td><td>2.3</td><td>2.3</td><td>5.52</td><td>83</td><td>0.86</td><td>6.3</td><td>956</td><td>5.5</td><td>961</td></tr>
<tr><td>YZ160L-6</td><td>15</td><td>920</td><td>11</td><td>953</td><td>15</td><td>920</td><td>13</td><td>936</td><td>11</td><td>953</td><td>2.3</td><td>2.3</td><td>6.17</td><td>84</td><td>0.852</td><td>9</td><td>964</td><td>7.5</td><td>972</td></tr>
<tr><td>YZ160L-8</td><td>9</td><td>694</td><td>7.5</td><td>705</td><td>11</td><td>675</td><td>9</td><td>694</td><td>7.5</td><td>705</td><td>2.3</td><td>2.3</td><td>5.1</td><td>82.4</td><td>0.766</td><td>6</td><td>717</td><td>5</td><td>724</td></tr>
<tr><td>YZ180L-8</td><td>13</td><td>675</td><td>11</td><td>694</td><td>15</td><td>654</td><td>13</td><td>675</td><td>11</td><td>694</td><td>2.3</td><td>2.3</td><td>4.9</td><td>80.9</td><td>0.811</td><td>9</td><td>710</td><td>7.5</td><td>718</td></tr>
<tr><td>YZ200L-8</td><td>18.5</td><td>697</td><td>15</td><td>710</td><td>22</td><td>686</td><td>18.5</td><td>697</td><td>15</td><td>710</td><td>2.5</td><td>2.5</td><td>6.1</td><td>86.2</td><td>0.80</td><td>13</td><td>714</td><td>11</td><td>720</td></tr>
<tr><td>YZ225M-8</td><td>26</td><td>701</td><td>22</td><td>712</td><td>33</td><td>687</td><td>26</td><td>701</td><td>22</td><td>712</td><td>2.5</td><td>2.5</td><td>6.2</td><td>87.5</td><td>0.834</td><td>18.5</td><td>718</td><td>17</td><td>720</td></tr>
<tr><td>YZ250M1-8</td><td>35</td><td>681</td><td>30</td><td>694</td><td>42</td><td>663</td><td>35</td><td>681</td><td>30</td><td>694</td><td>2.5</td><td>2.5</td><td>5.47</td><td>85.7</td><td>0.84</td><td>26</td><td>702</td><td>22</td><td>717</td></tr>
</table>

表 10-5 YZ 系列电动机的安装及外形尺寸(IM1001、IM1003 及 IM1002、IM1004 型)(单位:mm)

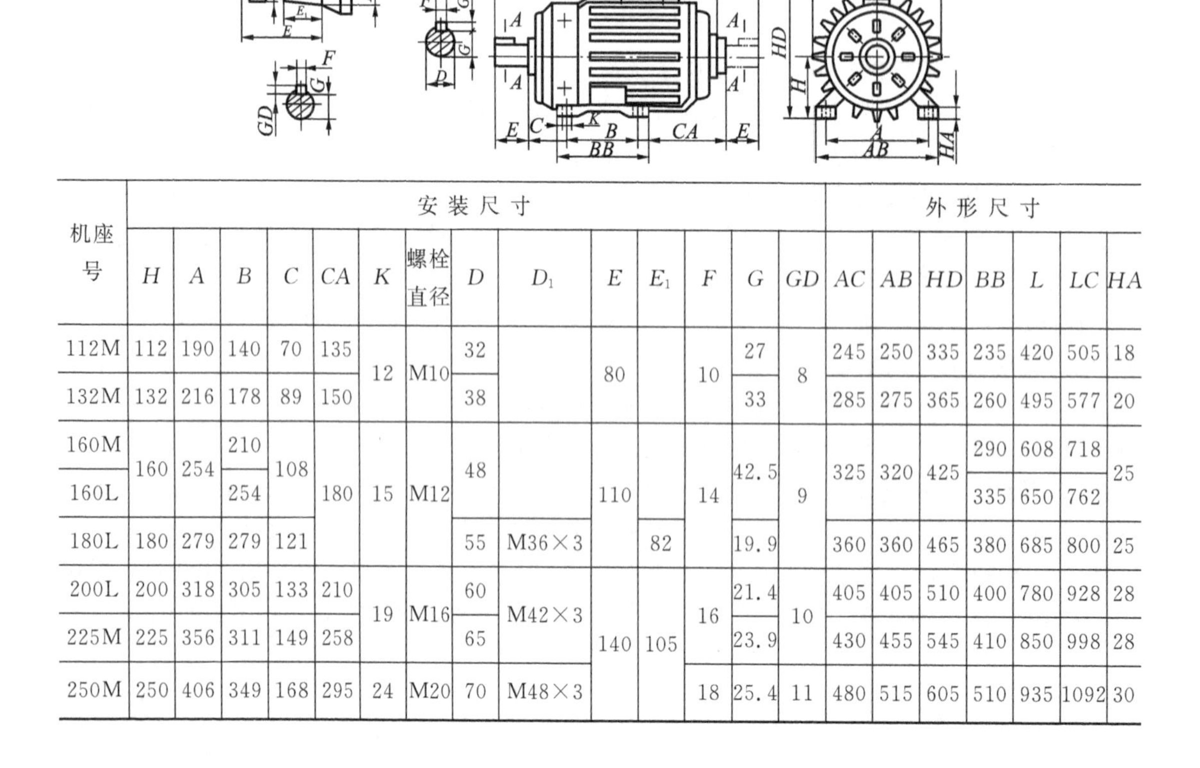

<table>
<tr><th rowspan="2">机座号</th><th colspan="14">安装尺寸</th><th colspan="7">外形尺寸</th></tr>
<tr><th>H</th><th>A</th><th>B</th><th>C</th><th>CA</th><th>K</th><th>螺栓直径</th><th>D</th><th>D1</th><th>E</th><th>E1</th><th>F</th><th>G</th><th>GD</th><th>AC</th><th>AB</th><th>HD</th><th>BB</th><th>L</th><th>LC</th><th>HA</th></tr>
<tr><td>112M</td><td>112</td><td>190</td><td>140</td><td>70</td><td>135</td><td rowspan="2">12</td><td rowspan="2">M10</td><td>32</td><td rowspan="2"></td><td rowspan="2">80</td><td rowspan="2"></td><td rowspan="2">10</td><td>27</td><td rowspan="2">8</td><td>245</td><td>250</td><td>335</td><td>235</td><td>420</td><td>505</td><td>18</td></tr>
<tr><td>132M</td><td>132</td><td>216</td><td>178</td><td>89</td><td>150</td><td>38</td><td>33</td><td>285</td><td>275</td><td>365</td><td>260</td><td>495</td><td>577</td><td>20</td></tr>
<tr><td>160M</td><td rowspan="2">160</td><td rowspan="2">254</td><td>210</td><td rowspan="2">108</td><td rowspan="3">180</td><td rowspan="3">15</td><td rowspan="3">M12</td><td rowspan="2">48</td><td rowspan="2"></td><td rowspan="3">110</td><td rowspan="2"></td><td rowspan="3">14</td><td rowspan="2">42.5</td><td rowspan="3">9</td><td rowspan="2">325</td><td rowspan="2">320</td><td rowspan="2">425</td><td>290</td><td>608</td><td>718</td><td rowspan="2">25</td></tr>
<tr><td>160L</td><td>254</td><td>335</td><td>650</td><td>762</td></tr>
<tr><td>180L</td><td>180</td><td>279</td><td>279</td><td>121</td><td>55</td><td>M36×3</td><td>82</td><td>19.9</td><td>360</td><td>360</td><td>465</td><td>380</td><td>685</td><td>800</td><td>25</td></tr>
<tr><td>200L</td><td>200</td><td>318</td><td>305</td><td>133</td><td>210</td><td rowspan="2">19</td><td rowspan="2">M16</td><td>60</td><td rowspan="2">M42×3</td><td rowspan="3">140</td><td rowspan="3">105</td><td rowspan="2">16</td><td>21.4</td><td rowspan="2">10</td><td>405</td><td>405</td><td>510</td><td>400</td><td>780</td><td>928</td><td>28</td></tr>
<tr><td>225M</td><td>225</td><td>356</td><td>311</td><td>149</td><td>258</td><td>65</td><td>23.9</td><td>430</td><td>455</td><td>545</td><td>410</td><td>850</td><td>998</td><td>28</td></tr>
<tr><td>250M</td><td>250</td><td>406</td><td>349</td><td>168</td><td>295</td><td>24</td><td>M20</td><td>70</td><td>M48×3</td><td>18</td><td>25.4</td><td>11</td><td>480</td><td>515</td><td>605</td><td>510</td><td>935</td><td>1092</td><td>30</td></tr>
</table>

表10-6 YZR系列电动机技术数据

型号	S2				S3							
					6次/h(热等效启动次数)							
	30 min		60 min		FC=15%		FC=25%		FC=40%		FC=60%	
	额定功率/kW	转速/(r/min)	额定功率/kW	转速/(r/min)	额定功率/kW	转速/(r/min)	额定功率/kW	转速/(r/min)	额定功率/kW	转速/(r/min)	额定功率/kW	转速/(r/min)
YZR112M-6	1.8	815	1.5	866	2.2	725	1.8	815	1.5	866	1.1	912
YZR132M1-6	2.5	892	2.2	908	3.0	855	2.5	892	2.2	908	1.3	924
YZR132M2-6	4.0	900	3.7	908	5.0	875	4.0	900	3.7	908	3.0	937
YZR160 M1-6	6.3	921	5.5	930	7.5	910	6.3	921	5.5	930	5.0	935
YZR160 M2-6	8.5	930	7.5	940	11	908	8.5	930	7.5	940	6.3	949
YZR160L-6	13	942	11	957	15	920	13	942	11	945	9.0	952
YZR180L-6	17	955	15	962	20	946	17	955	15	962	13	963
YZR200L-6	26	956	22	964	33	942	26	956	22	964	19	969
YZR225M-6	34	957	30	962	40	947	34	957	30	962	26	968
YZR160L-8	9	694	7.5	705	11	676	9	694	7.5	705	6	717
YZR180L-8	13	700	11	700	15	690	13	700	11	700	9	720
YZR200L-8	18.5	701	15	712	22	690	18.5	701	15	712	13	718
YZR225M-8	26	708	22	715	33	696	26	708	22	715	18.5	721
YZR250M1-8	35	715	30	720	42	710	35	715	30	720	26	725

型号	S3		S4及S5									
			150次/h(热等效启动次数)						300次/h(热等效启动次数)			
	FC=100%		FC=25%		FC=40%		FC=60%		FC=40%		FC=60%	
	额定功率/kW	转速/(r/min)	额定功率/kW	转速/(r/min)	额定功率/kW	转速/(r/min)	额定功率/kW	转速/(r/min)	额定功率/kW	转速/(r/min)	额定功率/kW	转速/(r/min)
YZR112M-6	0.8	940	1.6	845	1.3	890	1.1	920	1.2	900	0.9	930
YZR132M1-6	1.5	940	2.2	908	2.0	913	1.7	931	1.8	926	1.6	936
YZR132M2-6	2.5	950	3.7	915	3.3	925	2.8	940	3.4	925	2.8	940
YZR160 M1-6	4.0	944	5.8	927	5.0	935	4.8	937	5.0	935	4.8	937
YZR160 M2-6	5.5	956	7.5	940	7.0	945	6.0	954	6.0	954	5.5	959
YZR160L-6	7.5	970	11	950	10	957	8.0	969	8.0	969	7.5	971
YZR180L-6	11	975	15	960	13	965	12	969	12	969	11	972
YZR200L-6	17	973	21	965	18.5	970	17	973	17	973	—	—
YZR225M-6	22	975	28	965	25	969	22	973	22	973	20	977
YZR250M1-6	28	975	33	970	30	973	28	975	26	977	25	978
YZR250M2-6	33	974	42	967	37	971	33	975	31	976	30	977
YZR160L-8	5	724	7.5	712	7	716	5.8	724	6.0	722	50	727
YZR180L-8	7.5	726	11	711	10	717	8.0	728	8.0	728	7.5	729
YZR200L-8	11	723	15	713	13	718	12	720	12	720	11	724
YZR225M-8	17	723	21	718	18.5	721	17	724	17	724	15	727
YZR250M1-8	22	729	29	700	25	705	22	712	22	712	20	716
YZR250M2-8	27	729	33	725	30	727	28	728	26	730	25	931
YZR280S-10	27	582	33	578	30	579	28	580	26	582	25	583
YZR280M-10	33	587	42	—	37	—	33	—	31	—	28	—

表 10-7　YZR 系列电动机的安装及外形尺寸(IM1001、IM1003 及 IM1002、IM1004 型)　(单位:mm)

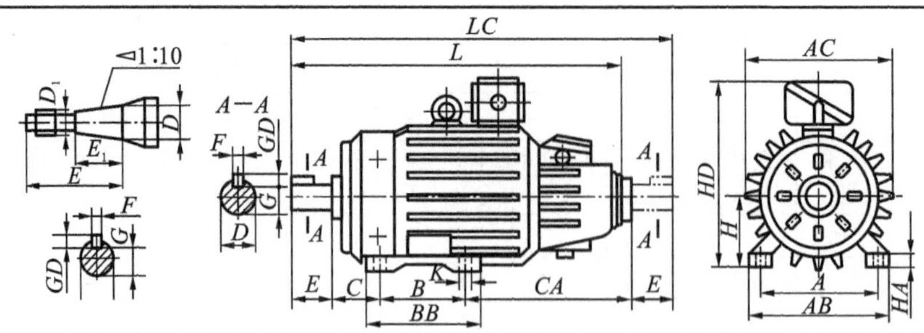

<table>
<tr><th rowspan="2">机座号</th><th colspan="14">安装尺寸</th><th colspan="7">外形尺寸</th></tr>
<tr><th>H</th><th>A</th><th>B</th><th>C</th><th>CA</th><th>K</th><th>螺栓直径</th><th>D</th><th>D_1</th><th>E</th><th>E_1</th><th>F</th><th>G</th><th>GD</th><th>AC</th><th>AB</th><th>HD</th><th>BB</th><th>L</th><th>LC</th><th>HA</th></tr>
<tr><td>112M</td><td>112</td><td>190</td><td>140</td><td>70</td><td rowspan="2">300</td><td rowspan="2">12</td><td rowspan="2">M10</td><td>32</td><td rowspan="4"></td><td rowspan="2">80</td><td rowspan="4"></td><td rowspan="2">10</td><td>27</td><td rowspan="2">8</td><td>245</td><td>250</td><td>335</td><td>235</td><td>590</td><td>670</td><td>15</td></tr>
<tr><td>132M</td><td>132</td><td>216</td><td>178</td><td>89</td><td>38</td><td>33</td><td>285</td><td>275</td><td>365</td><td>260</td><td>645</td><td>727</td><td>17</td></tr>
<tr><td>160M</td><td rowspan="2">160</td><td rowspan="2">254</td><td>210</td><td rowspan="2">108</td><td rowspan="2">330</td><td rowspan="3">15</td><td rowspan="3">M12</td><td rowspan="2">48</td><td rowspan="3">110</td><td rowspan="3">14</td><td rowspan="2">42.5</td><td rowspan="3">9</td><td rowspan="2">325</td><td rowspan="2">320</td><td rowspan="2">425</td><td>290</td><td>758</td><td>868</td><td rowspan="2">20</td></tr>
<tr><td>160L</td><td>254</td><td>335</td><td>800</td><td>912</td></tr>
<tr><td>180L</td><td>180</td><td>279</td><td>279</td><td>121</td><td>360</td><td>55</td><td>M36×3</td><td>82</td><td>19.9</td><td>360</td><td>360</td><td>465</td><td>380</td><td>875</td><td>980</td><td>22</td></tr>
<tr><td>200L</td><td>200</td><td>318</td><td>305</td><td>133</td><td>400</td><td rowspan="2">19</td><td rowspan="2">M16</td><td>60</td><td rowspan="2">M42×3</td><td rowspan="3">140</td><td rowspan="3">105</td><td rowspan="2">16</td><td>21.4</td><td rowspan="2">10</td><td>405</td><td>405</td><td>510</td><td>400</td><td>975</td><td>1118</td><td>25</td></tr>
<tr><td>225M</td><td>225</td><td>356</td><td>311</td><td>149</td><td>450</td><td>65</td><td>23.9</td><td>430</td><td>455</td><td>545</td><td>410</td><td>1050</td><td>1190</td><td>28</td></tr>
<tr><td>250M</td><td>250</td><td>406</td><td>349</td><td>168</td><td rowspan="3">540</td><td rowspan="3">24</td><td rowspan="3">M20</td><td>70</td><td>M48×3</td><td>18</td><td>25.4</td><td>11</td><td>480</td><td>515</td><td>605</td><td>510</td><td>1195</td><td>1337</td><td>30</td></tr>
<tr><td>280S</td><td rowspan="2">280</td><td rowspan="2">457</td><td>368</td><td rowspan="2">190</td><td rowspan="2">85</td><td rowspan="2">M56×4</td><td rowspan="2">170</td><td rowspan="2">130</td><td rowspan="2">20</td><td rowspan="2">31.7</td><td rowspan="2">12</td><td rowspan="2">535</td><td rowspan="2">575</td><td rowspan="2">665</td><td>530</td><td>1265</td><td>1438</td><td rowspan="2">32</td></tr>
<tr><td>280M</td><td>419</td><td>580</td><td>1315</td><td>1489</td></tr>
</table>

附录　牛头刨床执行机构的设计与分析的 MATLAB 程序

1. 程序中变量标识符的取法

为了检查和阅读方便，一般情况下按如下方式确定变量标识符。

(1)英文字母和阿拉伯数字直接使用，在不致引起混淆的情况下其大小写、角标可不区分，字母大小写也可变换。否则，字母大小写按其变量名确定。

(2)希腊字母按英文名称(表 7-2)作为变量标识符。

在下面程序中使用的部分变量标识符如附表 1 所示。

附表 1　变量标识符举例

变量	l_6	s_A	$v_{C\max}$	a_{S3x}	R_{45x}	x_{O1}	θ_1	ω_3	α_3
标识符	L6	sa	vcmax	as3x	R45x	xo1	theta1	omega3	alpha3

2. 牛头刨床执行机构的尺度设计

牛头刨床执行机构的尺度设计是根据式(4-10)～式(4-16)编写的程序。由于各构件的尺度参数在后面的运动分析和动态静力分析中都要用到，因此将所有的尺度参数储存在一个数组 L 中。

```
function [theta,L]=ChiDuSheJi(K,H,L6)
% ChiDuSheJi:机构尺度设计
%输入参数:
%    K:行程速比系数
%    H:刨刀行程
%    L6:固定铰链点 O1 与 O3 之间的距离
%输出参数:
%    theta:极位夹角(°)
%    L:机构中各构件长度与位置参数的数组,其中:
%    L(1):曲柄 1 的长度
%    L(2):导杆 3 上质心 S3 与 O3 之间的距离
%    L(3):导杆 3 的长度
%    L(4):连杆 4 的长度
%    L(5):连杆质心 S4 与 B 点之间的距离
%    L(6):固定铰链点 O1 与 O3 之间的距离
%    L(7):滑块 5(刨刀)导路到 O3 之间的距离
theta=(180*(K-1)/(K+1))*pi/180;
L(1)=L6*sin(theta/2);
L(3)=H/2/sin(theta/2);
L(2)=L(3)/2;
L(4)=0.32*L(3);
L(5)=L(4)/2;
```

```
L(6)=L6;
L(7)=(L(3)+L(3)*cos(theta/2))/2;
theta=theta*180/pi;
end
```

3. 牛头刨床执行机构的运动分析

牛头刨床执行机构运动分析过程是根据式(4-50)至式(4-58)编写的程序。考虑到后面动态静力分析时切削力的变化规律,还编写了计算施加切削力起始点时曲柄对应角位置的程序。

1)机构运动分析

```
function [link3,link4,link5]=YunDongFenXi(L,link1)
%YunDongFenXi:机构运动分析
%输入参数
%    L:机构中各构件长度与位置参数的数组
%    link1:由曲柄 1 的角位置、角速度和角加速度组成的 3×n 数组
%        第一行为角位置(°),第二行为角速度,第三行为角加速度
%        n 为曲柄角位置计算采样点数
%输出参数:
%    link3:由导杆 3 的角位置、角速度和角加速度组成的 3×n 数组
%        意义与 link1 类似
%    link4:由连杆 4 的角位置、角速度和角加速度组成的 3×n 数组
%        意义与 link1 类似
%    link5:由滑块(刨刀)5 上 C 点的位移、速度和加速度组成的 3×n 数组
%        第一行为位移,第二行为速度,第三行为加速度
theta1=link1(1,:)*pi/180;
omega1=link1(2,:);
%位置分析
theta3=atan((L(6)+L(1)*sin(theta1))./(L(1)*cos(theta1)));
theta3(theta3<0)=theta3(theta3<0)+pi;
theta4=asin((L(7)-L(3)*sin(theta3))/L(4));
sa=L(1)*cos(theta1-theta3)+L(6)*sin(theta3);
sc=L(3)*cos(theta3)+L(4)*cos(theta4);
%速度分析
omega3=L(1)*omega1.*cos(theta1-theta3)./sa;
omega4=-(L(3)*omega3.*cos(theta3))./(L(4)*cos(theta4));
va=L(1)*omega1.*sin(theta3-theta1);
vc=-L(3)*omega3.*sin(theta3)-L(4)*omega4.*sin(theta4);
%加速度分析
alpha3=(L(1)*omega1.^2.*sin(theta3-theta1)-2*va.*omega3)./sa;
alpha4=L(3)*(omega3.^2.*sin(theta3)-alpha3.*cos(theta3))./(L(4)*cos
(theta4))+omega4.^2.*tan(theta4);
ac=-L(3)*(omega3.^2.*cos(theta3)+alpha3.*sin(theta3))-L(4)*(omega4.^2.
```

```
* cos(theta4)+alpha4. * sin(theta4));
    link3=[theta3 * 180/pi;omega3;alpha3];
    link4=[theta4 * 180/pi;omega4;alpha4];
    link5=[sc;vc;ac];
    end
```

2)点运动分析

```
    function pointB=DianYunDong(L,link,pointA)
    %DianYunDong:点运动分析
    %输入参数
    %    L:构件的杆长
    %    link:由构件的角位置、角速度和角加速度组成的3×n数组
    %        第一行为角位置(°),第二行为角速度,第三行为角加速度
    %        n为构件角位置计算采样点数
    %    pointA:由构件上A的位移、速度和加速度的分量组成的6×n数组
    %        第一行为x位移,第二行为y位移,第三行为x速度,第四行为y速度
    %        第五行为x加速度,第六行为y加速度,n为构件角位置计算采样点数
    %输出参数:
    %    pointB:由构件上B的位移、速度和加速度的分量组成的6×n数组
    %        第一行为x位移,第二行为y位移,第三行为x速度,第四行为y速度
    %        第五行为x加速度,第六行为y加速度,n为构件角位置计算采样点数
    %参考点A的运动参数赋值
    xa=pointA(1,:);ya=pointA(2,:);
    vxa=pointA(3,:);vya=pointA(4,:);
    axa=pointA(5,:);aya=pointA(6,:);
    %构件运动参数赋值
    theta=link(1,:) * pi/180;omega=link(2,:);alpha=link(3,:);
    %指定点运动参数计算
    xb=xa+L * cos(theta);yb=ya+L * sin(theta);
    vxb=vxa-L * omega. * sin(theta);vyb=vya+L * omega. * cos(theta);
    axb=axa-L * omega.^2. * cos(theta)-L * alpha. * sin(theta);
    ayb=aya-L * omega.^2. * sin(theta)+L * alpha. * cos(theta);
    pointB=[xb;yb;vxb;vyb;axb;ayb];
    end
```

3)施加切削力起始点曲柄角位置计算

```
    function beta1=ShiLiDian(theta,H,L)
    % ShiLiDian:施加切削力起始点位置(beta1)的计算
    %输入参数
    %    theta:极位夹角(°)
    %    H:滑块行程
    %    L:机构中各构件长度与位置参数的数组
```

```
%输出参数：
%    beta1:施加切削力起始点位置 beta1(°)
scmax=HuaKuaiWeiYi(L,360-theta/2);
theat10=360-theta/2;
sc0=HuaKuaiWeiYi(L,theat10)-scmax+0.05*H;
h=18;
theat11=theat10+h;
sc1=HuaKuaiWeiYi(L,theat11)-scmax+0.05*H;
while sc0*sc1>0
    theat10=theat11;
    sc0=sc1; h=2*h; theat11=theat10+h;
    sc1=HuaKuaiWeiYi(L,theat11)-scmax+0.05*H;
end
theat12=(theat10+theat11)/2;
sc2=HuaKuaiWeiYi(L,theat12)-scmax+0.05*H;
while abs(sc2)>1.0e-6
    if sc0*sc2>0
        theat10=theat12; sc0=sc2;
    else
        theat11=theat12;
    end
    theat12=(theat10+theat11)/2;
    sc2=HuaKuaiWeiYi(L,theat12)-scmax+0.05*H;
end
beta1=theat12-360;
end
```

4)滑块 5 的位移计算

```
function sc=HuaKuaiWeiYi(L,theta1)
% HuaKuaiWeiYi:根据杆长和 theta1,计算滑块 5 的位移
%输入参数
%    L:机构中各构件长度与位置参数的数组
%    theta1:曲柄 1 的角位置(°)数组
%输出参数：
%    sc:滑块 5 上 C 点的位移
theta1=theta1*pi/180;
theta3=atan((L(6)+L(1)*sin(theta1))/(L(1)*cos(theta1)));
if theta3<0
    theta3=theta3+pi;
end
theta4=asin((L(7)-L(3)*sin(theta3))/L(4));
```

```
sc=L(3) * cos(theta3)+L(4) * cos(theta4);
end
```

4. 牛头刨床执行机构的动态静力分析

机构的动态静力分析是根据式(4-60)～式(4-66)编写的程序。为了充分利用 MATLAB 向量化运算的优点,没有采用求解方程组的方法,而是将方程组进行变换后依次进行求解。

```
function Fdata=LiFenXi(mdata,P,link1,link3,link4,L)
%LiFenXi:机构动态静力分析
%输入参数
%    mdata:质量与转动惯量数组
%    P:切削力数组
%    link1:由曲柄 1 的角位置、角速度和角加速度组成的 3×n 数组
%        第一行为角位置(°),第二行为角速度,第三行为角加速度
%        n 为曲柄角位置计算采样点数
%    link3:由导杆 3 的角位置、角速度和角加速度组成的 3×n 数组
%        意义与 link1 类似
%    link4:由连杆 4 的角位置、角速度和角加速度组成的 3×n 数组
%        意义与 link1 类似
%    L:机构中各构件长度与位置参数的数组
%输出参数:
%    Fdata:力分析结果数组
M=length(link1);
k=1 : M;
pointO1=zeros(6,M);
pointO3=zeros(6,M);
pointO1(2,k)=L(6);
m3=mdata(1);m4=mdata(2);m5=mdata(3);Js3=mdata(4);Js4=mdata(5);
%计算各运动副的运动参数
pointA=DianYunDong(L(1),link1,pointO1);
pointB=DianYunDong(L(3),link3,pointO3);
pointS3=DianYunDong(L(2),link3,pointO3);
pointS4=DianYunDong(L(5),link4,pointB);
pointC=DianYunDong(L(4),link4,pointB);
F5x=-m5 * pointC(5,k);F5y=-m5 * (pointC(6,k)+9.8);
F4x=-m4 * pointS4(5,k);F4y=-m4 * (pointS4(6,k)+9.8);
M4=-Js4 * link4(3,k);
xs4=pointS4(1,k);ys4=pointS4(2,k);xb=pointB(1,k);yb=pointB(2,k);
xc=pointC(1,k);yc=pointC(2,k);Xs=L(8);Ys=L(9);Yp=L(10);
%计算 R45
R45x=-F5x-P;
R45y=(F4x. * (ys4-yb)-F4y. * (xs4-xb)-R45x. * (yc-yb)-M4). /(xb-xc);
```

```
R45=[R45x;R45y];
%计算 R65
R65y=-F5y-R45y;M65=-R45y.*Xs-R45x.*Ys-P.*(Yp+Ys);
R65=[R65y;M65];
%计算 R34
R34x=R45x-F4x;R34y=R45y-F4y;R34=[R34x;R34y];
xo1=pointO1(1,k);yo1=pointO1(2,k);xb=pointB(1,k);yb=pointB(2,k);
xs3=pointS3(1,k);ys3=pointS3(2,k);xa=pointA(1,k);ya=pointA(2,k);
F3x=-m3*pointS3(5,k);F3y=-m3*(pointS3(6,k)+9.8);
M3=-Js3*link3(3,k);
theta3=link3(1,k)*pi/180;
%计算 R23
delta=ya.*sin(theta3)+xa.*cos(theta3);
delta1=-(-M3-F3y.*xs3+F3x.*ys3+R34y.*xb-R34x.*yb).*sin(theta3);
R23x=delta1./delta;R23y=-R23x.*cos(theta3)./sin(theta3);
R23=[R23x;R23y];
%计算 R63
R63x=-F3x-R23x+R34x;R63y=-F3y-R23y+R34y;R63=[R63x;R63y];
%计算 R12
R12x=R23x;R12y=R23y;R12=[R12x;R12y];
%计算 R61、M1
R61=R12;M1=-R12x.*(ya-yo1)+R12y.*(xa-xo1);
Fdata=[R61;R12;R23;R63;R34;R45;R65;M1]';
end
```

5. 牛头刨床机械系统的等效力学模型参数计算

牛头刨床机械系统的等效力学模型参数计算是根据式(4-67)编写的计算等效转动惯量和等效力矩的程序。

```
function [Je,Me]=DengXiaoMoXing(m,P,link3,link4,L,omega1)
%DengXiaoMoXing:机械系统等效力学模型参数计算
%输入参数
%    m:质量与转动惯量的数组
%    P:切削力数组
%    link3:由导杆 3 的角位置、角速度和角加速度组成的 3×n 数组
%        第一行为角位置(°),第二行为角速度,第三行为角加速度
%        n 为曲柄角位置计算采样点数
%    link4:由连杆 4 的角位置(°)、角速度和角加速度组成的 3×n 数组
%        意义与 link3 类似
%    L:机构中各构件长度与位置参数的数组
%    omega1:曲柄的角速度
%输出参数:
%    Je:等效转动惯量
```

```
%    Me:等效质量
M=length(link3);
k=1:M;
%计算各质心运动参数
pointO3=zeros(6,M);m3=m(1);m4=m(2);m5=m(3);Js3=m(4);Js4=m(5);
pointB=DianYunDong(L(3),link3,pointO3);
pointS3=DianYunDong(L(2),link3,pointO3);
pointS4=DianYunDong(L(5),link4,pointB);
pointC=DianYunDong(L(4),link4,pointB);
vs3x=pointS3(3,k);vs3y=pointS3(4,k);as3x=pointS3(5,k);as3y=pointS3(6,k);
omega3=link3(2,k);alpha3=link3(3,k);
F3x=-m3*as3x;F3y=-m3*(as3y+9.8);M3=-Js3*alpha3;
E3=m3*(vs3x.^2+vs3y.^2)+Js3*omega3.^2;
P3=F3x.*vs3x+F3y.*vs3y+M3.*omega3;
vs4x=pointS4(3,k);vs4y=pointS4(4,k);as4x=pointS4(5,k);as4y=pointS4(6,k);
omega4=link4(2,k);alpha4=link4(3,k);
F4x=-m4*as4x;F4y=-m4*(as4y+9.8);M4=-Js4*alpha4;
P4=F4x.*vs4x+F4y.*vs4y+M4.*omega4;
E4=m4*(vs4x.^2+vs4y.^2)+Js4*omega4.^2;
vs5x=pointC(3,k);vs5y=pointC(4,k);as5x=pointC(5,k);as5y=pointC(6,k);
F5x=-m5*as5x;F5y=-m5*(as5y+9.8);
P5=F5x.*vs5x+F5y.*vs5y+P.*vs5x;
E5=m5*(vs5x.^2+vs5y.^2);
%计算 Je、Me
Je=(E3+E4+E5)/omega1^2;
Me=(P3+P4+P5)/omega1;
end
```

6. 飞轮参数设计

飞轮参数设计是根据式(4-69)～式(4-78)编制的计算飞轮力矩、盈亏功、转动惯量等参数的程序。

```
function [Wd,Wr,W,dWmax,Jf,GD2]=FeiLunSheJi(Mr,theta1,delta,omega1)
%FeiLunSheJi:飞轮参数设计
%输入参数
%    Mr:阻力矩数组
%    theta1:飞轮转角(°)数组
%    delta:设定的速度不均匀系数
%    omega1:飞轮的角速度
%输出参数:
%    Wd:驱动功数组
%    Wr:阻力功数组
```

```
%   W：盈亏功数组
%   dWmax：最大盈亏功
%   Jf：飞轮转动惯量
%   GD2：飞轮矩
theta1=theta1*pi/180;
R=length(Mr);
Wr=zeros(1,R);
dphi=zeros(1,R);
for k=2:R
    dphi(k)=theta1(k)-theta1(k-1);
    S=(Mr(k-1)+Mr(k))*dphi(k)/2;
    Wr(k)=Wr(k-1)+S;
end
Md=Wr(R)/(theta1(R)-theta1(1));
phi=theta1-theta1(1);
Wd=Md*phi;
W=Wd-Wr;
Wmax=max(W);Wmin=min(W);
dWmax=Wmax-Wmin;
Jf=dWmax/(omega1^2*delta);
GD2=4*9.8*Jf;
end
```

7. 主程序

```
clear all
clc
%设定已知参数
K=1.5;H=0.5;L6=0.43;Yp=0.18;Xs=0.15;Ys=0.04;
[theta,L]=ChiDuSheJi(K,H,L6);
L=[L,Xs,Ys,Yp];
%求解施力点位置
beta1=ShiLiDian(theta,H,L);
%给定曲柄角位置计算采样点
theta1=(180+theta/2):(theta/12):(540+theta/2);
theta1=[theta1,360+beta1,540-beta1];theta1=sort(theta1);M=length(theta1);
%给定曲柄1的角速度,设omega1=52r/min
omega1=52*2*pi/60;
link1=[theta1;omega1*ones(1,M);zeros(1,M)];
%机构运动分析
[link3,link4,link5]=YunDongFenXi(L,link1);
%输出运动分析结果
```

```
Result1=[1:M;theta1;link3;link4;link5];
fprintf('机构运动分析结果\n');
fprintf(' k theta1 theta3 omega3 alpha3 theta4 omega4 alpha4 sc vc ac\n');
fprintf('%3d%10.3f%10.3f%10.3f%10.3f%10.3f%10.3f%10.3f%10.3f%10.3f%10.3f\n',Result1);
%绘制运动线图
scmax=max(abs(link5(1,:)));vcmax=max(abs(link5(2,:)));acmax=max(abs(link5(3,:)));
Sc=link5(1,:)/scmax;Vc=link5(2,:)/vcmax;Ac=link5(3,:)/acmax;
figure;plot(theta1,Sc,'k-',theta1,Vc,'k-.',theta1,Ac,'k:');
tmax=max(theta1);tmin=min(theta1);axis([tmin tmax -1.2 1.2]);
box off; set(gcf,'color','w');
xlabel('曲柄转角/(°)');ylabel('滑块(刨刀)位移、速度、加速度');
legend('滑块位移','滑块速度','滑块加速度','Location','northeast');legend('boxoff');
%设定切削力变化规律
P=zeros(1,M);P((theta1>=360+beta1)&(theta1<=540-beta1))=5880;
Js3=0.12;Js4=0.00025;G3=196;G4=29.4;G5=607.6;
m3=G3/9.8;m4=G4/9.8;m5=G5/9.8;
mdata=[m3,m4,m5,Js3,Js4];
%机构动态静力分析
Fdata=LiFenXi(mdata,P,link1,link3,link4,L);
%输出动态静力分析结果
fprintf('\n机构动态静力分析结果\n');
fprintf(' k theta1 R61x R61y R12x R12y R23x R23y R63x R63y R34x R34y R45x R45y R65y M65 M1\n');
Result2=[1:M;theta1;Fdata'];
fprintf('%3d%10.2f%10.2f%10.2f%10.2f%10.2f%10.2f%10.2f%10.2f%10.2f%10.2f%10.2f%10.2f%10.2f%10.2f%10.2f%10.2f\n',Result2);
%绘制平衡力矩曲线
M1=Fdata(:,end);M1=M1';
figure;plot(theta1,M1,'k-');box off;set(gcf,'color','w');
xlabel('曲柄转角/(°)');ylabel('平衡力矩/(N·m)')
%等效力学模型计算
[Je,Me]=DengXiaoMoXing(mdata,P,link3,link4,L,omega1);
em=abs(M1+Me);
emmax=max(em);
fprintf('\n等效力矩Me与平衡力矩M1的最大误差=%g\n',emmax);
%飞轮设计
delta=1/25; %速度不均匀系数
```

```
[Wd,Wr,W,dWmax,Jf,GD2]=FeiLunSheJi(M1,theta1,delta,omega1);
%绘制功的变化曲线
figure;plot(theta1,Wd,'k-',theta1,Wr,'k-.',theta1,W,'k:');
box off;set(gcf,'color','w');
xlabel('曲柄转角/(°)');ylabel('W/J');
legend('驱动功','阻力功','盈亏功','Location','north');legend('boxoff');
[Wmax,kmax]=max(W);[Wmin,kmin]=min(W);hold on;
text(theta1(kmax),Wmax,['\leftarrowWmax=' num2str(Wmax)]);
text(theta1(kmin),Wmin,['\leftarrowWmin=' num2str(Wmin)]);
fprintf('\n 最大盈亏功 dWmax=%10.3f\n',dWmax);
fprintf('飞轮转动惯量 Jf=%10.3f\n',Jf);
fprintf('飞轮矩 GD2=%10.3f\n',GD2);
```

参考文献

[1] 孙桓,陈作模,葛文杰.机械原理[M].7版.北京:高等教育出版社,2006.

[2] 郑文纬,吴克坚.机械原理 [M].7版.北京:高等教育出版社,1997.

[3] 杨家军.机械原理[M].武汉:华中科技大学出版社,2009.

[4] 高中庸,汪建晓,孙学强.机械原理[M].武汉:华中科技大学出版社,2011.

[5] 濮良贵,纪名刚.机械设计[M].8版.北京:高等教育出版社,2006.

[6] 王为,汪建晓.机械设计[M].2版.武汉:华中科技大学出版社,2011.

[7] 姜琪.机械运动方案及机构设计[M].北京:高等教育出版社,1991.

[8] 邹慧君.机械原理课程设计手册[M].北京:高等教育出版社,1998.

[9] 邹慧君,张青.机械原理课程设计手册[M].2版.北京:高等教育出版社,2010.

[10] 陆凤仪.机械原理课程设计[M].北京:机械工业出版社,2004.

[11] 师忠秀,王继荣.机械原理课程设计[M].北京:机械工业出版社,2004.

[12] 刘毅.机械原理课程设计[M].武汉:华中科技大学出版社,2008.

[13] 罗洪田.机械原理课程设计指导书[M].北京:高等教育出版社,1986.

[14] 裘建新.机械原理课程设计指导书[M].北京:高等教育出版社,2005.

[15] 王淑仁.机械原理课程设计[M].北京:科学出版社,2006.

[16] 牛鸣岐,王保民,王振甫.机械原理课程设计手册[M].重庆:重庆大学出版社,2001.

[17] 吴宗泽,罗圣国.机械设计课程设计手册[M].3版.北京:高等教育出版社,2006.

[18] 唐增宝,常建娥.机械设计课程设计[M].3版.武汉:华中科技大学出版社,2006.

[19] 孟宪源,姜琪.机构构型与应用[M].北京:机械工业出版社,2005.

[20] 成大先.机械设计手册[M].5版.北京:化学工业出版社,2008.